WEIKUANG ZUOYE
ANQUAN PEIXUN JIAOCHENG

四川省安全培训系列教材

尾矿作业
安全培训教程

四川省安全科学技术研究院 编
四川省安全生产监督管理局 审

西南交通大学出版社
·成 都·

图书在版编目（CIP）数据

尾矿作业安全培训教程 / 四川省安全科学技术研究院编. —成都：西南交通大学出版社，2013.6
四川省安全培训系列教材
ISBN 978-7-5643-2104-8

Ⅰ．①尾… Ⅱ．①四… Ⅲ．①尾矿处理－安全技术－技术培训－教材 Ⅳ．①TD926.4

中国版本图书馆 CIP 数据核字（2012）第 297694 号

四川省安全培训系列教材
尾矿作业安全培训教程
四川省安全科学技术研究院 编

责 任 编 辑	王 旻　孟苏成
封 面 设 计	墨创文化
出 版 发 行	西南交通大学出版社 （成都二环路北一段 111 号）
发行部电话	028-87600564　028-87600533
邮 政 编 码	610031
网 　 　 址	http://press.swjtu.edu.cn
印 　 　 刷	成都蜀通印务有限责任公司
成 品 尺 寸	165 mm×230 mm
印 　 　 张	28.5
字 　 　 数	254 千字
版 　 　 次	2013 年 6 月第 1 版
印 　 　 次	2013 年 6 月第 1 次
书 　 　 号	ISBN 978-7-5643-2104-8
定 　 　 价	66.00 元

四川省安全培训系列教材

编审委员会名单

主　任

孙建军

常务副主任

邢建国

副主任

何成炳　文卫平　黄锦生　苏国超　刘　健　吴金炉　鄢正文

委　员

杨　林　姚世栋　张仕勇　赵志宏　王建国　帅　旗　黄志文
陈建春　唐克农　蒋兴飞　李　文　陈德耀　田建文　汪晓青
唐渔海　廖永涛　蒋天才　王　兵　吕俊高　施富强　张晓风
武玉梁　白清文　谢　霖　张　静　邱　成

尾矿作业安全培训教程

编写人员

江光平

审读人员

余秀英　刘青松

安全生产，培训为要；安全培训，教材优先；培训教材，实效为本。抓安全培训，是提高从业人员安全素质的重要途径，是确保安全发展的治本之策。科学实用的教材，是教与学的重要助手，是实现安全培训目标的基础性、保障性条件。

我省安全培训系列教材的编写与出版，标志着我省安全培训"六统一"（培训大纲统一、考核标准统一、培训教材统一、考试题库统一、考试方式统一、证书制发统一）目标的实现。从省局的策划部署，到有关机构的组织落实，一年多来，风雨兼程，动员之广，牵动各方。最终将参与编撰、审读的百余名专家教师们的集体智慧，聚合成这套以安全科普为经，以职业安康为纬的精神大餐，献给全省各行各业各个层次的从业者。

百余名长期从事安全培训工作的专家和教师，成为了这套教材编写的中坚力量。符合省情、简明实用，重点突出、选材新颖，图文并茂、通俗易懂，是编写这套教材所确定的基本原则。这套教材涵盖了我省各行各业的主要负责人、安全管理人员和特种作业人员的安全培训，共计87本，都以国家安全监管总局制定的培训大纲和考核大纲为依据，结合我省生产安全实际进行知识要点设计，并将安全培训机考题库与教材融合，既方便学员学习，又突出我省特点，在内容上既是全国同类教材的精华和浓缩，又是切合我省省情的细化和完善。

序

　　我由衷地希望广大学员能从教材中有所收获，并举一反三，融会贯通为自己日常工作中"三不伤害"的意识和技能；由衷地希望各级安全培训机构用好这套教材，为建设西部经济发展高地造就一大批符合生产安全要求的从业人员；由衷地希望安全培训教师们能以教材为基础，给学员以真知，予从业者以保障，让学员终生受益，安全地创造生活，健康地享受人生。

　　积跬步至千里，聚小流为大海。愿与全体从业人员共享这份安康美餐；更愿与各位同仁一道，为福佑万民的安全发展事业携手共勉。

　　应约援笔，寥寥数语，实乃有感而发，谨以为序。

孙建军

2012 年 12 月于成都

前言

金属非金属矿山生产是工业生产的高危行业，尾矿作业又是金属非金属矿山安全生产的重要环节，而尾矿库则属于该领域的重大危险源。从事尾矿库岗位作业的操作人员，较长时间暴露在危险作业环境，操作过程中稍有不慎，就可能造成对本人、他人的人身伤亡事故，造成财产损失，甚至导致重大的社会灾难危害。因此，国家相关法规和规章规定尾矿操作属于矿山特种作业，尾矿操作工属于矿山特种作业人员，必须接受安全生产培训，经考核取得资格证书并经企业正式聘任才能持证上岗。

按照国家安全生产监督管理总局《特种作业人员安全技术培训大纲和考核标准》中"尾矿作业人员安全技术培训大纲和考核标准"规定，结合我省统一的安全培训考试题库建设，配套适合四川省情的统一培训教材，有益于培训教材与计算机考试的无缝衔接，基于此，我们编写了本教材。

本教材共分为三篇五章，第一篇安全生产基础知识（第一章），主要介绍尾矿库运行中涉及的主要危险有害因素、矿山企业安全生产管理及职业卫生条件要求。第二篇安全技术基础知识（第二章），主要介绍尾矿库设施基本概念、专业术语及常规设施。第三篇尾矿岗位操作技能，包括第三章、第四章和第五章。第三章尾矿设施操作、维护与管理，重点从尾矿库各个工艺流程的实际操作及安全控制要求等方面进行介绍；第四章主要介绍尾矿库病害治理的危险隐患排查、主要治

前言

理措施及事故应急处置；第五章主要介绍尾矿库安全生产管理体系建设、事故现场救护常规知识。

本教材为配合计算机统考题库建设，每一章正文之前列出了培训大纲和考核标准的要求（学习要点），便于学员学习。

考虑到我省已经有矿山企业实施尾矿干堆技术，以及方便尾矿库安全管理人员的需求，本教材增添了尾矿干堆技术知识和尾矿坝稳定性分析、尾矿库洪水计算等相关公式和数据，但这部分内容未列入计算机考试范围。

本教材由四川省安全科学技术研究院统筹编写，由江光平主编，武玉梁统稿。

由于编者水平有限，编写时间仓促，书中难免有不妥之处，敬请学员和行业专家批评指正。

武玉梁

2013 年 4 月

目录

第一篇　安全生产基本知识

第二篇　安全技术基础知识

目录

目录

第一篇　安全生产基本知识

第一章　矿山企业安全生产管理体系

【学习要点】

1. 大纲要求：了解我国金属非金属矿山的基本安全管理制度，尾矿作业人员在防治矿山灾害中的重要作用。掌握金属非金属矿山从业人员安全生产的权利和义务，劳动保护的相关知识；尾矿作业人员的任务，尾矿作业人员的职业道德要求和安全职责要求。掌握矿山常见职业病危害、职业病、职业禁忌及其防范措施；掌握安全色及安全标志的识别知识。熟练掌握矿山从业人员职业病预防的权利和义务。

2. 本章要点：按以上大纲要求展开相关内容。

【考核比例及课时建议】

矿山企业安全生产管理及职业病防治属于综合部分试题，考试中所占比例为 10%；建议初训时间 8 学时，复训时间 1 学时。

第一节　矿山企业安全生产管理制度

一、矿山企业安全生产制度建设

为保证安全生产方针的贯彻落实，《安全生产法》及有关法律法规确立了一系列安全生产法律制度，这些法律制度是生产经营单位及其从业人员必须遵守的。

1. 安全生产监督管理制度

《安全生产法》确立了我国安全生产监督管理制度。安全生产的监督管理既包括政府及有关职能部门对安全生产的监管，也包括社会力量的监管。具体有以下几个方面：

一是县级以上地方各级人民政府的监督管理。主要是组织有关部门对本行政区域内容易发生重大生产安全事故的生产经营单位进行严格的检查并及时处理发现的事故隐患等。

二是负有安全生产监督管理职责的部门的监督管理，包括严格依照法定条件和程序对生产经营单位涉及安全生产的事项进行审查批准和验收，并及时进行监督检查等。同时，负有安全生产监督管理职责的部门应当建立举报制度，受理有关安全生产事项的举报。国家安全生产监督管理总局对全国安全生产工作实施综合安全管理，县级以上地方各级人民政府负责安全生产监督管理的部门对行政区域内的安全生产实施综合监督管理。政府有关职能部门如公安部门、建设行政管理部门、质量技术监督部门、工商行政管理部门等，在各自的职责范围内负责安全生产的监督管理。

三是监察机关的监督。监察机关依照《中华人民共和国行政监察法》的规定，对负有安全生产监督管理职责的部门及其工作人员依法履行安全生产监督检查的情况进行监察。

四是对安全生产社会中介机构的监督。承担安全评价、认证、检测、检验等工作的安全生产中介机构要具备国家规定的资质条件，并对其出具的有关报告、证明等结果负责。

五是社会公众的监督。任何单位或者个人对事故隐患或者安全生产违法行为，都有权向负有安全生产监督管理职责的部门报告或者举报；

居民委员会、村民委员会等基层群众性自治组织发现所在区域的生产经营单位存在事故隐患或者安全生产违法行为时，应向当地政府或有关部门报告。

六是新闻媒体的监督。新闻、出版、广播、电影、电视等部门有进行安全生产宣传教育的义务，有对违反安全生产法律、法规的行为进行舆论监督的权利。

2. 安全生产保障制度

生产经营单位要按规定建立健全安全生产管理机构和管理制度，配备安全生产管理人员；要保障安全生产的资金投入；要对从业人员进行安全生产教育和培训，特种作业人员要持证上岗；建设工程项目的安全设施与主体工程要符合"三同时"的要求；对危险性较大的建设项目要进行安全认证和评价；安全设备要符合国家或行业标准；生产、经营、储藏、使用危险物品的车间、商店、仓库不得与员工宿舍在同一建筑层内，并与员工宿舍保持安全距离；生产经营场所的员工宿舍应设有符合紧急疏散要求、标志明显、保持畅通的出口；生产经营单位必须为从业人员提供符合国家标准或行业标准的劳动防护用品，并应安排用于配备劳动防护用品和安全生产活动的经费。

3. 隐患排查与治理制度

生产经营单位应该建立健全隐患排查及整改制度。职工在发现安全生产事故隐患后应立即报告单位负责人，生产经营单位对事故隐患应及时整改；对重大事故隐患应立即按规定报告当地安全生产监管部门及当地人民政府有关主管部门。国家对报告重大事故隐患的有功人员给予奖励。

4. 安全生产教育培训与持证上岗制度

生产经营单位必须坚持管理、装备、培训并重的原则，依法对从业人员进行安全生产教育和培训，未经安全生产教育和培训合格的从业人员不得上岗作业。危险物品的生产、经营、储存单位及矿山企业、建筑施工单位的主要负责人，应当由有关主管部门对其安全生产知识与管理能力考核合格后方可任职；特种作业人员必须按照国家的有关规定经专门的安全技术培训，取得特种作业操作资格证书后，方可上岗作业。

5. 安全设施"三同时"制度

生产经营单位新建、改扩建工程项目的安全设施必须与主体工程同时设计、同时施工、同时投入使用。安全设施一经投入生产和使用，不得擅自闲置或拆除，确有必要闲置或拆除，必须征得有关部门同意。

二、尾矿库常用安全生产管理制度

1. 尾矿库安全管理的重要性

尾矿设施是矿山企业的重大危险源和环境保护项目。尾矿库是尾矿设施的主体构筑物，但它又是一座人为形成的高位泥石流危险源，一旦失事将对矿山企业及下游民众的生命财产造成惨重损失。因此，对矿山企业尾矿库的安全设施配置及管理，国家和各级政府在有关法规标准中都有明确的规定。随着全国人民生活水平的提高，国家对环境保护的要求也越来越严厉，即使在人烟稀少的偏远山区，也严禁将尾矿向江、河、湖、海、沙漠及草原等处任意排放，所以尾矿设施在环境保护方面也承担着重大责任。

尾矿库能否安全运行取决于多种因素：在尾矿库投入运行之前，尾矿库的工程地质、水文地质勘察，尾矿库设计，初期坝及排洪构筑物的施工与监理等工作是确保尾矿库安全运行的基础。尾矿库投入运行以后，企业的技术管理、生产操作与维护、安全检查与监督等工作是确保尾矿库安全运行的关键。所以，尾矿库安全管理是从项目建设规划阶段即开始，一直到尾矿库闭库及闭库后的维护管理的全过程管理，任何一个环节出现纰漏，都可能造成严重的人身伤亡事故或环境污染事故。

此外，尾矿库技术属于一门边缘性科学应用技术。其涉及面广，不确定因素较多，还有一些意外的天然及人为因素长期或周期性地威胁着它的安全，由此产生各种病害也是难免的，因此尾矿库病害的治理和抢险工作也属于安全管理范畴。

由上可知，尾矿库安全管理的涵盖面是多方面的。目前，尾矿库的勘察、设计、施工都有比较成熟的规范或管理规程可遵循，但尾矿库投入运行后的安全管理，尤其是闭库及闭库后的维护管理尚缺乏比较完善和统一的规范，所以《尾矿库安全监督管理规定》考虑到上述各种影响因素，将尾矿库的项目建设、生产运行、安全检查、安全鉴定、闭库规定与监督监察等统一纳入尾矿库安全管理的范围，并分别提出详细的要求。

2. 尾矿库安全管理的基本要求

尾矿库属于金属非金属矿山企业的生产设施之一，其安全生产管理首先从属于矿山企业安全生产管理的范畴，因此前面提到的矿山企业安全生产管理体系要求，如安全生产责任制的建立、安全生产管理规章制度的完善、安全管理组织机构的设置及专兼职安全管理人员的配置、特种作业人员的持证上岗、安全检查及安全奖惩、操作人员的安全教育培训、企业安全文化建设的参与，等等，尾矿库管理机构及员工均应自觉遵循和实施。

但尾矿库又是矿山企业一个相对独立运行的部门，尤其是属于危险性较大的生产设施，因此国家规定矿山企业取得安全生产许可证后，尾矿库还需单独取得安全生产许可证，同时明确规定矿山的主要负责人为尾矿库安全生产的第一责任人。这就要求尾矿库根据自身的特点,在矿山统一的安全管理体系基础上,增加和完善自身的安全管理系统和机制。

尾矿库安全管理特别强调的制度至少应当有以下方面:

(1) 尾矿库新改扩建项目安全设施"三同时"制度。

(2) 尾矿操作工持证培训、复训管理制度。

(3) 尾矿库车间(工段)安全责任制度。

(4) 尾矿库班组安全责任制度。

(5) 尾矿工岗位安全责任制度。

(6) 尾矿库安全检查制度(包括日常检查、汛期检查、特别检查等)。

(7) 尾矿库机电设备设施安全管理制度。

(8) 尾矿库安全评价及安全鉴定制度。

(9) 尾矿库监测设施管理制度。

(10) 尾矿库技术档案管理制度。

(11) 尾矿库安全操作规程,包括:

① 尾矿浓缩工艺安全操作规程。

② 尾矿输送工艺安全操作规程。

③ 尾矿回水设施安全操作规程。

④ 尾矿库筑坝、排矿安全操作规程。

⑤ 尾矿库排渗安全操作规程。

⑥ 尾矿库巡检安全操作规程。

⑦ 尾矿库水位控制及防汛安全操作规程。

⑧ 高处作业及防坠落操作规程。

⑨ 防电气伤害操作规程。

⑩ 防雷击操作规程。

⑪ 防山体滑坡、泥石流操作规程等。

(12) 尾矿库防洪管理制度。

（13）尾矿库防震管理制度。

（14）尾矿库职业健康管理规定。

（15）尾矿库应急救援管理规定。

（16）尾矿库事故现场急救规定。

（17）尾矿库事故报告及事故调查管理制度等。

第二节　从业人员的安全权利和义务

一、企业从业人员的安全权利和义务

（一）职工安全生产的权利

《安全生产法》等法律法规，赋予了从业人员安全生产的权利。从业人员在享有安全生产权利的同时，也必须依法履行安全生产的义务。企业员工安全生产的权利概括起来主要有以下几点：

1. 要求获得劳动保护的权利

从业人员有要求用人单位保障从业人员的劳动安全、防止职业危害的权利。职工与用人单位建立劳动关系时，应当要求订立劳动合同，劳动合同应当载明为职工提供符合国家法律、法规、标准规定的劳动卫生条件和必要的劳动保护用品；工作场所存在的职业危害因素以及有效的防护措施；对从事有毒有害作业的从业人员定期进行健康检查；依法为从业人员办理工伤保险等。

2. 知情权

从业人员有权了解作业场所和工作岗位存在的危险因素、危害后果，以及针对危险因素应采取的防范措施和事故应急措施，用人单位必须向从业人员如实告知，不得隐瞒和欺骗。如果用人单位没有如实告知，从业人员有权拒绝工作，用人单位不得因此做出对从业人员不利的处分。

3. 民主管理、民主监督的权利

从业人员有权参加本单位安全生产工作的民主管理和民主监督，对本单位的安全生产工作提出意见和建议。用人单位应重视和尊重从业人员的意见和建议，并及时做出答复。

4. 参加安全生产教育培训的权利

从业人员享有参加安全生产教育培训的权利。用人单位应依法对从业人员进行安全生产法律、法规、规程及相关标准的教育培训，使从业人员掌握从事岗位工作所必须具备的安全生产知识和技能。用人单位没有依法对从业人员进行安全生产的教育培训，从业人员可拒绝上岗作业。

5. 获得职业健康防治的权利

对于从事接触职业危害因素，可能导致职业病的作业的从业人员，有权获得职业健康检查并了解检查结果。被诊断为患有职业病的从业人员有依法享受职业病待遇，接受治疗、康复和定期检查的权利。

6. 合法拒绝权

违章指挥是指用人单位的有关管理人员违反安全生产的法律法规和有关安全规程、规章制度的规定，指挥从业人员进行作业的行为；强令冒险作业是指用人单位的有关管理人员，明知开始或继续作业可能会有重大危险，仍然强迫从业人员进行作业的行为。违章指挥、强令冒险作业违背了"安全第一"的方针，侵犯了从业人员的合法权益，从业人员有权拒绝。用人单位不得因从业人员拒绝违章指挥和强令冒险作业而打击报复，降低其工资、福利等待遇或解除与其订立的劳动合同。

7. 紧急避险权

从业人员发现直接危及人身安全的紧急情况时，有权停止作业，或者在采取可能的应急措施后，撤离作业场所。用人单位不得因从业人员在紧急情况下停止作业或者采取紧急撤离措施而降低其工资、福利待遇或者解除与其订立的劳动合同。但从业人员在行使这一权利时要慎重，要尽可能正确判断险情危及人身安全的程度。

8. 工伤保险和民事索赔权

用人单位应当依法为从业人员办理工伤保险，为从业人员缴纳工伤保险费。从业人员因安全生产事故受到伤害，除依法应当享受工伤保险外，还有权向用人单位要求民事赔偿。工伤保险和民事赔偿不能互相取代。

9. 提请劳动争议的权利

当从业人员的劳动保护权益受到伤害，或者与用人单位因劳动保护问题发生纠纷时，有向有关部门提请劳动争议处理的权利。

10. 批评、检举和控告权

从业人员有权对本单位安全生产工作中存在的问题提出批评；有权对违反安全生产法律、法规的行为，向主管部门和司法机关进行检举和控告。检举可以署名，也可以不署名；可以用书面形式，也可以用口头形式。但是，从业人员在行使这一权利时，应注意检举和控告的情况必须真实，要实事求是，用人单位不得因从业人员行使上述权利而对其进行打击、报复，包括不得因此而降低其工资、福利待遇或者解除与其订立的劳动合同。

（二）从业人员的安全生产义务

1. 遵守安全生产规章制度和操作规程的义务

从业人员不仅要严格遵守安全生产的有关法律法规，还应当遵守用人单位的安全生产规章制度和操作规程，这是从业人员在安全生产方面的一项法定义务，从业人员必须增强法纪观念，自觉遵章守纪，从维护国家利益、集体利益以及自身利益出发，把遵章守纪、按章操作落实到具体的工作中。

2. 服从管理的义务

用人单位的安全生产管理人员一般具有较多的安全生产知识和较丰富的经验，从业人员服从管理，可以保持生产经营活动的良好秩序，有效地避免、减少生产安全事故的发生，因此，从业人员应当服从管理，这也是从业人员在安全生产方面的一项法定义务。当然，从业人员对于违章指挥、强令冒险作业的行为有权拒绝。

3. 正确佩戴和使用劳动防护用品的义务

劳动防护用品是保护从业人员在劳动过程中安全与健康的一种防御性装备，不同的劳动防护用品有其特定的佩戴和使用规则、方法，只有正确佩戴使用，方能真正起到防护作用。用人单位在为从业人员提供符合国家或行业标准的劳动防护用品后，从业人员有义务正确佩戴和使用劳动防护用品。

4. 发现事故隐患及时报告的义务

从业人员发现事故隐患和不安全因素后，应及时向现场安全生产管理人员或本单位负责人报告，接到报告的人员应当及时予以处理。一般说来，从业人员报告得越早，接受报告的人员处理得越早，事故隐患和其他职业危险因素可能造成的危害就越小。

5. 接受安全生产培训教育的义务

从业人员应依法接受安全生产的教育和培训，掌握所从事岗位工作所需的安全生产知识，提高安全生产技能，增强事故预防和应急处理能力，特殊性工种作业人员和有关法律法规规定须持证上岗的作业人员，必须经培训考核合格后，依法取得相应的资格证书或合格证书，方可上岗作业。

二、尾矿操作工安全职责

尾矿工是尾矿设施安全生产的直接操作人。尾矿工已被国家列为矿山特种作业人员，因此，必须经专业培训机构正规培训，通过专业考试并取得合格成绩，具备特种作业安全操作资格，才能上岗作业；作业过程中应持证上岗，自觉接受安全生产监督监察机关的检查审核。其主要安全生产职责如下：

（1）时刻牢记自己是尾矿库安全生产的岗位责任人，明确自身承担的安全生产责任，自觉遵守尾矿岗位安全生产责任制的每一条款，并能督促其他人员共同维护尾矿操作的安全生产秩序。

（2）认真学习尾矿库安全管理的专业知识，熟练掌握尾矿库相关工序的专业操作技能；自觉参加岗位复训，熟悉尾矿库操作的新工艺、新材料和新设备；在完成车间（或班组）下达的生产任务时，确保其操作符合相关安全生产法律法规的要求。

（3）自觉遵循设计文件的要求和有关技术规范的规定，在尾矿库项目建设和运行管理过程中，依法依规操作，确保其技术指标达到《尾矿库安全监督管理规定》和《尾矿库安全技术规程》的相关标准。

（4）在尾矿输送、浓缩、分级、尾矿排放、筑坝、防洪排洪、坝体位移和浸润线的观测记录等项工作中，严格按照规范条款和安全操作规程的要求进行，既确保尾矿各个工序的操作质量可靠，又保障操作人员的人身安全和职业健康。

（5）在巡坝过程中，如发现库区周围存在爆破、滥挖尾矿、堵塞排水口等危害尾矿库安全的活动，应及时劝阻并制止。

（6）熟练掌握尾矿库观测、监测和报警设施的操作运行及数据采集和处理，发现隐患和险情，应及时报告上级，必要时有权当机立断采取排险措施。

（7）积极参与企业组织的事故应急处置培训，具备突发情况的应急救援能力和现场抢险能力，掌握基本的现场医疗救助技能。

（8）如有事故发生，能积极配合事故调查组的调查取证工作。

第三节 尾矿作业的劳动保护

一、矿山职业病防治

（一）职业危害的基础知识

1. 职业危害因素的主要类型

（1）生产过程中的有害因素：包括化学因素、物理因素、生物因素等。

（2）劳动过程中的有害因素：包括劳动组织和劳动制度不合理、劳动姿势造成的局部紧张、劳动强度过大或劳动安排不当、不良工作体位的设置且长期没有纠正等。

（3）生产环境中的有害因素：包括生产场所不卫生、车间布局不合理、通风照明不标准、防尘防毒防暑降温设施及个体防护设施配置不符合要求等。

2. 职业危害因素的危害

（1）出现职业特征（有害因素引起自体的外表改变）。

（2）身体素质及抗病能力下降。

（3）引发职业病。

3. 职业病的种类

职业病包括尘肺、职业性放射性疾病、职业中毒；职业性皮肤病、职业性眼病、职业性耳鼻喉口腔病、职业性肿瘤和其他职业病等 115 种。

职业病病人依法享受职业病待遇，不适宜继续从事原岗位的职业病人应调离并妥善安置，接触职业病危害的岗位应给予适当岗位津贴。

4. 相关职业危害因素介绍

（1）生产性粉尘：生产过程中形成的能够较长时间浮游于空气中的固体微粒。含游离二氧化硅的粉尘能引起严重的职业病矽肺病，此外还影响设备设施和产品质量、污染环境。粉尘引起的职业病主要有全身中毒性，局部刺激性，变态反应性，光感应性，感染性，致癌性，尘肺等。

（2）高温作业：高气温（35～38 ℃ 以上）伴有热辐射，高气温伴有高气湿（相对湿度超过 80%）的作业环境，以及露天受气候影响等作业环境。高温作业严重时可能发生中暑；分为先兆中暑、轻症中暑、重症中暑等。

（3）生产性噪声：机械性噪声，流体动力性噪声，电磁性噪声均属生产性噪声。生产性噪声对健康的危害有：听觉系统听力下降；神经系统的头痛、耳鸣、心悸、易激怒等；心血管系统的心率加快或血压不稳；消化系统的肠胃功能紊乱，食欲减少、消瘦等。

（二）矿山企业常见职业危害

我国金属非金属矿山常见的职业病有：氮氧化物中毒、一氧化碳中毒、铅锰及化合物中毒、矽肺、石棉肺、滑石尘肺、噪声聋及其由放射性物质导致的肿瘤等。另外，噪声与振动危害也较严重。井工开采中随着井下机械化水平的提高，柴油设备大量使用，柴油设备产生的废气没有得到有效治理，对井下空气污染严重。

1. 矿尘的危害

人体长期吸入矿尘，轻者会引起呼吸道炎症，重者会引起尘肺病。根据致病粉尘的不同，尘肺病分为矽肺病、石棉肺病、铁矽肺病、煤肺病、煤矽肺病等。有些粉尘会引起支气管哮喘、过敏性肺炎，甚至呼吸系统肿瘤。矿尘还可以直接刺激皮肤，引起皮肤炎症；刺激眼睛引起角膜炎；进入耳内，使听觉减弱，有时也会导致炎症。

游离二氧化硅普遍存在于矿岩中，其含量对尘肺病的发生和发展起着重要作用。尘肺病是指在生产活动中吸入粉尘而发生的肺组织纤维化为主的疾病。尘肺病是我国发病范围最广、危害最为严重的职业病，特别是矿山。我国的尘肺病人约80%源自矿山。

作业场所粉尘浓度对尘肺病的发生和发展起着决定性的作用，《金属非金属矿山安全规程》要求，入风井巷和采掘工作面的风源含尘量不得超过 0.5 mg/m³。

2. 有毒物质危害

矿山大量产生的生产性毒物主要有爆破产生的氮氧化物、一氧化碳，硫铁矿氧化自然产生的二氧化硫，某些硫铁矿会产生硫化氢、甲烷等；人们呼吸和木料腐烂产生的二氧化碳，铅、锰等重金属及其化合物中汞、砷等有毒矿石，以及柴油设备大量使用产生的废气等。生产性毒物对人体不同系统或部位产生不同的危害，如侵入神经系统，可引发脑病变、精神症状；侵入血液系统，可出现细胞减少，贫血、出血等。

3. 噪声及其危害

噪声一般用声强或声压大小的变化程度来衡量，单位为分贝(dB)。矿山的空压机、凿岩机、球磨机等是重要的噪声源。矿山噪声的危害一是听力损伤，长期在高分贝的噪声场所作业，会发生耳痛或耳鸣，还可能发生噪声性耳聋或听力丧失。此外，噪声使人难以入眠，造成眩晕和眼球震颤，引发头痛、头晕、心悸、易疲劳、易激怒、睡眠障碍等神经衰弱综合征，以及心血管病、肠胃功能紊乱等。二是影响生产过程中的语言交流，干扰对声音报警及其他信号的感觉和鉴别，掩蔽设备异常和事故苗头，影响安全生产。三是对人的心里造成强烈刺激，易使人烦躁，情绪波动，注意力分散，易发安全事故。

4. 振动及其危害

矿山手持式凿岩机等作业中产生振动，操作人员长期接触会得振动病。振动对人体作用分为全身振动和局部振动两种。全身振动可引起前庭器官刺激和自主神经功能紊乱，如眩晕、恶心、血压升高、心跳加快、疲倦、睡眠障碍等。全身振动引起的功能性改变，脱离接触（振动）和休息后，多能自动恢复。局部振动则引起以末梢循环障碍为主的病变，还可累及肢体神经及运动功能，发病部位多在上肢，典型表现为发作性手指发白（白指症），患者多为神经衰弱症和手部症状。

二、矿山职业危害的防治要求

（一）法规标准要求

在《安全生产法》、《劳动法》、《职业病防治法》，《工作场所职业卫生监督管理规定》、《职业病危害项目申报办法》等法律法规中，在《工业企业设计卫生标准》（GBZ 1—2010）、《生产过程卫生要求总则》（GB/T 12801—2007）、《作业场所空气中呼吸性岩尘接触浓度管理标准》（AQ 3203—2008）等技术规范中，均对职业危害因素的防范及管理要求做出了详细具体的规定，矿山企业及职工应清楚并遵循这些法规和规范的要求，严格执行。

（二）职业卫生管理的基本要求

1. 职业危害的三级预防

（1）病因预防：从根本上不接触职业危害因素，如通过新工艺新技术淘汰接触职业危害的设备设施；采取各种措施减少接触量和时间，达到规定的范围；对人群中的易感染者定出就业禁忌等。

（2）早期发现病损：及时发现职业病隐患者，加强治疗，调离原岗位，定期疗养等；早期发现病损的重点是实行体检和环境监测。

（3）防止病损进一步恶化：已患病者要尽快做出正确诊断，及时处理。

2. 健康监护机制

基本内容包括健康检查、建立健康监护档案、健康状况分析和劳动能力鉴定。其中健康检查分为：就业前检查、定期体检和职业病普查。

3. 职业卫生管理体系一般要求

（1）企业职业卫生管理组织机构是否健全，管理人员配置是否符合要求，人员是否接受过专业知识培训。

（2）企业医疗、健康服务设施是否达到标准；企业医疗室的药品、器械是否满足需求；存在风险的作业场所是否配备有急救箱，并确保每一班次都有会熟练使用的人员。

（3）员工在上岗前、换岗前、退休前是否进行了体检且档案齐全准确；接触职业危害因素的岗位人员是否定期进行体检并档案齐全。

（4）员工作业场所的卫生条件及状况是否符合要求；有无出现过职业伤害事故和重大隐患问题。

（5）对本矿山存在的粉尘、噪声和振动、有毒有害物质、高低温场所、辐射、潮湿等职业危害因素分别采取了哪些工程控制、管理控制、行为控制、个人保护的措施？是否编制有详细准确的企业职业危害清单。

（6）员工掌握职业危害控制的能力是否达标：接受职业危害知识培训的情况及记录，具备职业危害因素辨识的能力，运用职业危害防范工具、物质的熟练程度。

（7）对企业存在的职业危害因素是否建立了监测制度。监测手段应符合要求，监测数据应完善准确，监测人员要技术熟练，监测工具要先进可靠。

4. 常规职业危害因素防治

（1）尘毒危害防治。① 组织管理措施：加强领导、宣传教育、健全制度、督促检查和整改；② 技术措施：物质替代、设备封闭、自动化控制、隔离措施、通风排毒和净化回收；③ 个人防护措施：防护服、手套、口罩、鞋盖、防毒面具、送风面盔等；④ 卫生保健措施：保健食品、定期体检、讲究个人卫生。

（2）噪声危害的防治。① 严格执行国家规定标准，一般容许 85dB（A），放宽企业不得超过 90dB（A）；接触不足 8 小时岗位容许放宽 3dB（A），最大强度不得超过 115dB（A）；控制和消除噪声源：隔离、替代、加强维修；噪声厂房与居民区安全卫生距离符合规定。② 技术措施：吸声、消声、隔声、隔振。③ 个体防护设施：作业人员定期体检、合理安排作息时间等。

（3）振动危害的防治。局部振动卫生标准为：使用振动工具或工件的作业，工具手柄或工件 4h 等能量频率计全振动加速度不得超过 $5\,m/s^2$。逐步淘汰振动超标设备；严格控制购置及安装质量，防止振动。

（4）防暑降温措施。改进工艺操作条件和工作环境条件，采用隔热措施使设施外表不超过 60 ℃、最好在 40 ℃ 以下，厂房建筑方位与自然通风协调，避免阳光直射，特殊高温作业场所采用空调；岗前体检，进行岗位适应性检测，炎热季节巡回医疗观察、保证饮料等保健品的供应，配置适宜的工作服等劳动防护用品；组织措施：合理的劳动作息时间，保证作业人员的休息条件，车间设休息室，加强对作业人员的防暑急救教育。

三、尾矿作业危险有害因素

（一）尾矿库危害因素类型

尾矿库属于矿山生产的一个相对独立的环节，其主要危险有害因素具有矿山危害因素的共同性，也有尾矿库自然条件及操作工艺的独特性。

国内外尾矿库的破坏事故均有众多的案例，美国克拉克大学公害评定小组的研究表明，在世界 93 种事故、公害的隐患中尾矿库事故的危害名列第 18 位。它仅次于核爆炸、神经毒气、核辐射等灾难，而比航空失事、火灾等其他 60 种灾难严重，直接引起百人以上死亡的尾矿库事故并不鲜见。尾矿库的事故类型主要是洪水漫坝、坝基沉陷、渗漏及垮塌等，概括起来主要有：

1. 洪水漫顶

据资料介绍，尾矿库因洪水漫坝而失事的比例为 35%～50%，居首位。1972 年 2 月 26 日，美国布法罗尼河矿尾矿坝，因洪水漫顶而溃决，造成 125 人死亡，4 000 人无家可归，冲毁桥梁 9 座，公路一段，损失 6 200 万美元。我国湖南东坡铅矿尾矿坝，于 1985 年 7 月 23 日因洪水漫顶而溃坝，下泄的泥石流将东坡区洗劫一空，造成 49 人死亡，200 多户居民受灾，矿区直接经济损失 1 300 万元。

2. 坝体失稳

坝体施工质量不合格，或坝体外坡过陡，或坝体浸润线过高而引起坝坡出现裂缝、坍塌、滑落等，进而使坝体丧失稳定导致事故。云南锡业公司新冠先厂火谷都尾矿坝，对坝顶开裂、渗水、滑坡等异常险情未能予以重视，未能针对库水位过高，坝体质量差，浸润线过高，抗剪强度低，排水能力小等隐患做好应急准备，1962 年 9 月 26 日凌晨溃坝，造成下游村民伤亡 263 人，受灾 12 970 人，万亩良田被淹没，河道淤塞 1 700 m，地方一批厂矿停产。

3. 坝体振动液化

坝体振动液化，主要指发生地震时，坝体丧失稳定而破坏。智利的埃尔科布雷等 12 座尾矿坝，1965 年 3 月 28 日因圣地亚哥以东 140 km 处发生 7.25 级强烈地震而溃坝，矿浆冲出决口涌到对面山坡上高达 8 m，短时间里下泄 12 km，造成 270 人死亡。

4. 渗流造成管涌、流土破坏

渗流能引起管涌、流土、跑浑、滑坡、塌坑、坝脚沼泽化等现象，进而造成尾矿库溃坝。意大利普尔皮（Prealpi）尾矿坝，1985 年 7 月 15 日因坝体内水饱和，溢洪道破坏淤堵而引起渗漏溃坝。溃坝时 150 万 m³ 尾砂席卷整个河谷冲出 3 km，所有建筑物包括宾馆全部被毁，250 人丧生。我国安徽黄梅山铁矿尾矿坝由于澄清水距离不足，生产中采取坝两端放矿，使坝体中部细粒矿泥增多而形成软弱坝壳，外坡出现沼泽化，1986 年 4 月 30 日因渗流破坏导致溃坝，死亡 19 人，经济损失严重。

5. 坝基过度沉陷

陕西省金堆城钼矿栗西沟尾矿坝，1988 年 4 月 13 日因排洪隧洞基础塌陷破坏造成库区尾砂大量外泄，1 500 t/d 规模的百花岭选矿厂停产，损失 3 200 万元，污染栗峪河、西麻坪河、石门河、伊洛河及洛河达 440 km。

6. 非法生产导致溃坝

2008 年 9 月 8 日，山西襄汾县塔山矿区新塔矿业公司尾矿库发生溃坝事故，276 人遇难，是迄今为止全世界最大的尾矿库事故。这起重大责任事故的直接原因是非法矿主违法生产、尾矿库超储导致溃坝引起。

（二）尾矿库危害因素辨识

导致尾矿库溃坝和尾矿泄漏事故的因素很多，可归纳为：自然因素、设计因素、施工因素、管理因素、社会因素、技术因素。在尾矿库安全监督管理中，直接导致尾矿库事故的危险因素主要有：尾矿堆积坝边坡过陡，浸润线逸出，裂缝，渗漏，滑坡，坝外坡裸露拉沟，排洪构筑物排洪能力不足，排洪构筑物堵塞，排洪构筑物错动、断裂、垮塌，干滩长度不够，安全超高不足，抗震能力不足，库区渗漏、崩岸和泥石流，地震，淹溺，雷击等。

1. 尾矿堆积坝边坡过陡

尾矿堆积坝边坡直接决定尾矿库的稳定性。造成尾矿堆积坝边坡过陡的主要原因有：放矿工艺不合理；为增加库容人为改陡坡比。造成初期坝边坡过陡的主要原因有：盲目节省投资，人为改陡坡比；有的堆石坝是用生产废石进行堆坝，没有控制陡坡比。

2. 浸润线抬高

浸润线的高低和变化直接决定其稳定。浸润线抬高，说明坝坡的稳定性很差，有可能发生滑坡事故。造成浸润线抬高的主要原因有：无排渗设施；排渗设计不合理；排渗设施施工质量不良；排渗设施管理不当。

3. 裂缝

裂缝是尾矿坝较为常见的危险因素。某些细小的横向裂缝有可能成为坝体的集中渗漏通道，有的纵向裂缝或水平裂缝也可能是坝体出现滑塌的预兆。裂缝的主要原因有：坝基随载能力不均衡；坝体施工质量差；坝身结构及断面尺寸设计不当。

4. 渗漏

渗漏是尾矿库常见的危险因素，会导致溢流出口处坝体冲刷及管涌等多种形式的破坏，严重的会导致垮坝事故。按渗漏的部位可分为：坝体渗漏、坝基渗漏、接触渗漏和绕坝渗漏。

坝体渗漏的主要原因包括设计、施工、管理和其他方面的因素；接触渗漏的主要原因有基础施工质量差等；绕坝渗漏的主要原因是与土坝两端连接的岸坡工程地质条件差而处理不当等。

5. 滑坡

滑坡是尾矿坝最危险的因素之一。较大规模的滑坡，往往是垮坝事故的先兆，即使是较小的滑坡也不能掉以轻心。有些滑坡是突然发生的；有的是先由裂缝开始，如不及时处理，逐步扩大和蔓延，则可能造成垮坝重大事故。产生滑坡的主要原因有勘探设计和施工两个方面。

6. 坝外坡裸露拉沟

坝外坡裸露，遇暴雨冲刷造成坡面拉沟，影响坝体的稳定性，严重时导致决口溃坝。其主要原因有：坝坡太陡；地表水未拦截或拦截不彻底；坝坡没有植被覆盖。

7. 排洪构筑物排洪能力不足

排洪构筑物不能及时排泄设计频率暴雨的洪水，导致库水位升高，安全超高不够，甚至漫顶溃坝。其主要原因有：设计洪水标准低于现行标准；为节约投资，人为缩小泄洪道断面尺寸；排洪通道存在限制性"瓶颈"。

8. 排洪构筑物堵塞

排洪构筑物堵塞导致排洪能力急剧下降，库水位上升，安全超高不够，直接危及坝体安全。其主要原因有：进水口杂物淤积；构筑物垮塌。

9. 排洪构筑物错动、断裂、垮塌

排洪构筑物断裂造成大量泄漏，垮塌造成堵塞，排洪能力急剧下降，危及坝体安全。其主要原因有：无设计或设计不合理；未按设计要求施工；地基不均匀沉陷；出现不均匀或集中荷载等。

10. 干滩长度不够

干滩长度不够的主要原因有：干滩坡度过小；坝前放矿不均匀，滩顶高程不一；库水位控制不当。

11. 安全超高不足

库水位接近坝顶时，干滩面过短，导致上游式尾矿堆积坝浸润线过高，使坝体处于饱和状态。其主要原因有：库水位控制不当；调洪库容不足；滩顶高程不一；排洪设施能力不足。

12. 抗震能力不足

抗震能力不足会引起库区或坝体滑坡；在库区或坝体附近进行爆破等作业，会对尾矿库的安全构成威胁。

13. 库区渗漏、崩岸和泥石流

库区发生泥石流阻塞截洪沟、排洪系统等造成洪水漫坝；库区崩岸造成涌浪，对坝体冲刷甚至漫顶。

14. 地震

地震是人类无法控制和消除的自然灾害，它对尾矿库的破坏是致命的，强烈地震将导致尾矿坝坝体滑坡、裂缝，排洪构筑物错位、变形、倒塌，还可能引起库内水面大波浪冲击坝顶而造成洪水漫顶垮坝。

15. 淹溺

操作人员在进行添加井盖板、封井、库内回水等作业时，不慎坠入水中，将造成人员淹溺事故。

16. 雷击

护坝人员在雷雨天气巡坝检查时，有可能造成雷击事故，导致人员伤亡。

17. 毒害性因素

尾矿废水超标排放，废水中含有悬浮物、油类、COD 和有毒有害元素，将对环境造成污染。使用尾矿废水灌溉，直接导致农作物减产，还可能导致谷物、蔬菜、水果等农产品有毒有害元素超标，人长期食用将导致慢性中毒。

18. 粉尘

尾矿是经破碎磨细选矿后丢弃的矿渣，粒度细，表面干燥无覆盖时，遇大风将导致尾矿飞扬，形成砂尘，污染环境；人过量吸入，则可能导致尘肺病。

第四节 安全标志和安全色

国家标准《安全色》（GB 2893—2008)、《安全标志使用导则》（GB 2894—2008）和《矿山安全标志》（GB 14161—2008）分别对安全标志及安全色的规范使用作出了具体规定，尾矿岗位作业人员应能清楚识别并在日常安全生产管理中自觉使用。

一、安全标志及使用

（一）基本概念及类型

1. 基本概念

安全标志是用以表达特定安全信息的标志，由图形符号、安全色、几何形状（边框）或文字构成。安全标志一般分为禁止标志、警告标志、指令标志和提示标志 4 类；矿山安全标志将 4 类标志划为主标志，标志上的文字说明和方向指示划为补充标志。

2. 主要类型

1）禁止标志

禁止标志是禁止或制止人们的某种行为的标志。禁止标志的基本形状为带斜杠的圆环（见图 1-1）；禁止标志的颜色为白底、红圈、红斜杠。禁止标志的基本尺寸要求根据最大观察距离，按逆向反射标志、自发光标志等不同材料特性来确定。禁止标志的基本种类有 22 种，其布置地点主要在禁止烟火使用、人员进出井口和坑口、不允许启动的机电设备、停电检修维修作业、放炮警戒区、禁止行人通行道口等位置。

图 1-1　禁止标志图形符号

2）警告标志

警告标志是警告人们注意可能发生危险的标志。警告标志的基本形状为等边三角形（见图 1-2）；警告标志的颜色为黄底、黑边、黑图形符号。警告标志的基本尺寸也要根据最大观察距离，按逆向反射标志、自发光标志等不同材料特性来确定。警告标志的基本种类有 19 种，其布置地点主要在需要提醒人们注意安全的场所、设备设施安置的地方、井下瓦斯集聚地段、盲巷口、仓库、爆炸物资储存及适用场所、电气设施及设备位置等。

3）指令标志

指令标志是指示人们必须遵守某种规定的标志。指令标志的基本形状为圆形（见图1-3）；指令标志的颜色为蓝色、白图形符号。指令标志的基本尺寸仍然要根据最大观察距离，按逆向反射标志、自发光标志等不同材料特性来确定。指令标志的基本种类有 12 种，其布置地点主要在人员进出井口、井下人员休息候车等醒目的地方，高压电器设备处、建井施工处、高空作业、井筒检修地点、打眼施工及喷浆产生粉尘作业地点、井口等必须出示上岗证的地点等。

图 1-2　警告标志图形符号　　　　图 1-3　指令标志图形符号

4）提示标志（路牌、名牌）

提示人们目标方向、地点的标志。提示标志的基本形状为长方形（见图1-4）；提示标志的颜色为绿底、白图案，亦可用黑字。提示标志的基本尺寸仍然要根据最大观察距离，按逆向反射标志、自发光标志等不同材料特性来确定。提示标志的基本种类有 21 种，其布置地点主要在安全出口沿线、躲避硐室指示及硐室入口、爆破警戒线、风口及交叉道口、井下运输及送风回风巷道、井下避灾路线等。

3. 文字补充标志规定

文字补充标志必须与主标志联用，单独使用没有任何安全含义。文字补充标志的底色应与联用的主标志的底色相统一，

图 1-4　提示标志图形符号

其文字的颜色，除警告标志用黑色外，其他标志均为白色。

（二）基本要求

1. 矿山标志牌的制作与检验

安全标志各种材料的色度坐标和亮度因素，以及逆向反射材料的反射系数应符合相关规范要求。一般选用金属或其他阻燃材料为底板，有触电危险场所的标志牌，应使用绝缘材料制作。矿山安全标志牌必须经国家技术监督部门认可的安全产品质量检验单位检验合格后方可使用。

2. 矿山标志牌的设置与管理

矿山安全标志牌应设置在与安全有关的明显的地方，并保证人们有足够的时间注意它所表示的内容。标志牌的设置高度应尽量与人眼的视觉高度一致；标志牌不应设置在门、窗、架等可移动的物体上，标志牌前不得放置妨碍认读的障碍物。多个标志牌在一起设置时，应按警告、禁止、指令、提示的顺序，先左后右、先上后下排序。标志牌应定期清洗，每季度至少检查一次，如有变形、损坏、变色、图形符号脱落、亮度老化等现象应及时维修或更换。

二、安全色

安全色是指传递安全信息含义的颜色，包括红、蓝、黄、绿 4 种颜色。为使安全色更加醒目的反衬色为对比色，包括黑、白两种颜色。

安全色的表征意义：红色传递禁止、停止、危险或提示消防设备设施的信息；蓝色传递必须遵守规定的指令性信息；黄色传递注意、警告的信息；绿色传递安全的提示性信息。安全色与对比色同时使用时，应按红/白、蓝/白、黄/黑、绿/白规定搭配。

黑色用于安全标志的文字、图形符号和几何边框，白色用于安全标志中红、蓝、绿的背景色，也可用于安全标志的文字和图形符号；红色与白色的相间条纹，表示禁止或提示消防设备、设施位置的安全标记；黄色与黑色的相间条纹，表示危险位置的安全标记；蓝色与白色的相间条纹，表示指令的安全标记，传递必须遵守规定的信息；绿色与白色相间条纹，表示安全环境的安全标记。

使用安全色要考虑周围的亮度及同其他颜色的关系，保证安全色能正确辨认；凡涂有安全色的部位每半年应检查一次，保持整洁、明亮，如有变色、褪色等不符合安全色的现象，应及时重涂或更换。

第二篇　安全技术基础知识

第二章　尾矿设施基础知识

【学习要点】

1. 大纲要求：了解尾矿设施的内容，尾矿库的类型、特点、库容和等别；了解尾矿坝稳定性的基本概念及影响因素，浸润线的基本概念及对尾矿坝稳定性的重要意义；了解尾矿库的防洪标准、排洪构筑物的类型及特点。

2. 本章要点：尾矿库选址原则，尾矿概念及尾矿类型特点，尾矿库的类型，尾矿库设施，尾矿库库容及性能曲线，尾矿库等别及划分标准，尾矿坝的类型，相关名词术语，尾矿坝稳定性分析及影响因素，尾矿库排洪设施，尾矿输送机回水设施，尾矿库观测设施，尾矿干堆工艺。

【考核比例及课时建议】

安全技术基础知识属于专业部分考试内容，占考试比例的50%，其中：尾矿设施的概念及基础知识占15%，尾矿浓缩与输送占5%，尾矿库放矿与筑坝占12%，尾矿库防洪及排渗占18%。

本章为尾矿设施的基础知识，尾矿放矿与筑坝、防洪及排渗仅作概念性介绍，详细内容放在第三章。因此本章知识考核比例为27%；建议初训时间 24 学时，复训时间 2 学时。

第一节 尾矿库概况

一、尾矿库选址基本原则

尾矿库是具有高势能人造泥石流的危险源，尾矿库下游溃坝影响范围内不应存在大型生产或生活设施。设计时一般须选择多个库址，进行技术经济比较予以确定。寻找库址应综合考虑下列原则：

（1）一个尾矿库的库容力求能容纳全部生产年限的尾矿量。如确有困难，其服务年限以不少于五年为宜。

（2）库址离选矿厂要近，最好位于选矿厂的下游方向，可使尾矿输送距离缩短，扬程小，且可减少对选厂的不利影响。

（3）尽量位于大的居民区、水源地、水产基地及重点保护的名胜古迹的下游方向。

（4）尽量不占或少占农田，不迁或少迁村庄。

（5）未经技术论证，不宜位于有开采价值的矿床上部。

（6）库区汇水面积要小，纵深要长，纵坡要缓，可减小排洪系统的规模。

（7）库区口部要小，"肚子"要大。可使初期坝基建的工程量小，库容大。

（8）尽量避免位于有不良地质现象的地区，以减少处理费用。

此外，在不少大中型矿山、尾矿库周围地方小型采矿活动比较盛行，不仅破坏国家资源，而且严重威胁尾矿库安全，成为事故风险隐患。因此国家相关主管部门明确规定严禁在库区和尾矿坝上及周围乱采、滥挖、进行爆破等非法作业。这也涉及尾矿库选址的取舍，不能摆脱或制止此类问题发生的地区，也不宜作为尾矿库选址区域。

二、尾矿类型及特点

（一）尾矿概念

尾矿是选矿厂将矿石磨细、选取"有用组分"后所排放的废弃物，也是矿石选别出精矿后剩余的固体废料。尾矿一般由选矿厂排放的尾矿矿浆经自然脱水而形成，是固体工业废料的主要组成部分，其中含有一定数量的有用金属和矿物，可视为一种"复合"的硅酸盐、碳酸盐等矿物材料，并具有粒度细、数量大、成本低、可利用性大的特点。通常尾矿作为固体废料排入河沟或抛置于矿山附近筑有堤坝的尾矿库中。因此，尾矿是矿业开发、特别是金属矿业开发造成环境污染的重要来源。同时，因受选矿技术水平、生产设备的制约，也是矿业开发造成资源损失的常见途径。因此，尾矿具有二次资源与环境污染双重特性。

（二）尾矿的类型和特点

1. 尾矿的选矿工艺类型

不同种类和不同结构构造的矿石，需要不同的选矿工艺流程，而不同的选矿工艺流程所产生的尾矿在工艺性质上，尤其在颗粒形态和颗粒级配上存在一定差异，按照选矿工艺流程，尾矿可分为如下类型：

（1）手选尾矿：适合于结构致密、品位高、与脉石界限明显的金属或非金属矿，尾矿一般呈大块的废石状。根据对原矿石的加工程度不同，又可进一步分为块状尾矿和碎石状尾矿，前者粒度差别较大，但多在100~500 mm，后者多在20~100 mm。

（2）重选尾矿：重选是利用有用矿物与脉石矿物的密度差和粒度差选别矿石，一般采用多段磨矿工艺，致使尾矿的粒度组成范围比较宽。按照作用原理及选矿机械的类型不同，可进一步分为淘汰选矿尾矿、重介质选矿尾矿、摇床选矿尾矿、溜槽选矿尾矿等。其中前两种尾矿粒级较粗，一般大于 2 mm；后两种尾矿粒级较细，一般小于 2 mm。

（3）磁选尾矿：磁选主要用于选别磁性较强的铁锰矿石，尾矿一般为含有一定量铁质的造岩矿物，粒度范围比较宽，一般从 0.05 mm 到 0.5 mm 不等。

（4）浮选尾矿：浮选是有色金属矿产最常用的选矿方法，其尾矿的典型特点是粒级较细，通常在 0.5～0.05 mm，且小于 0.074 mm 的细粒级占绝大部分。

（5）化学选矿尾矿：由于化学药剂在浸出有用元素的同时，也对尾矿颗粒产生一定程度的腐蚀或改变其表面状态，一般能提高其反应活性。

（6）电选及光电选尾矿：目前这种选矿方法用得较少，通常用于分选砂矿床或尾矿中的贵重矿物，尾矿粒度一般小于 1 mm。

2. 尾矿的岩石化学类型

按照尾矿中主要组成矿物的组合搭配情况，可将尾矿分为镁铁硅酸盐型尾矿，钙铝硅酸盐型尾矿，长英岩型尾矿，碱性硅酸盐型尾矿，高铝硅酸盐型尾矿，高钙硅酸型尾矿，硅质岩型尾矿，碳酸盐型尾矿等 8 种岩石化学类型。

3. 尾矿的特点

1）尾矿是丰富的二次资源

我国工业固体废物综合利用率平均为 43%，但尾矿利用率仅为 8% 左右。尾矿含大量有用成分，铁矿山若能回收尾矿中所含铁的 10%，全国年产出的铁尾矿可回收品位 60% 左右的铁精矿约 300 万 t，相当于一个年产铁矿石 1 000 万 t 左右的大型铁矿。我国早期选金水平较低，尾矿中的含金量普遍很高。尾矿中还含有石英、长石、绢云母、石榴子石、硅灰石、透辉石、方解石等，是许多非金属材料的原料。因此，随着采选业的蓬勃发展，尾矿资源将源源不断地增加，这是一个尚未被挖掘且潜力很大的"二次资源"。若能充分加以开发和利用，则可创造出不可估量的财富。

2）尾矿粒度细、泥化严重

尾矿一般多为细砂至粉砂，具有较低的孔隙度，水分含量也较高，并具有一定的分选性和层理。我国多数矿山矿石嵌布粒度细，共生复杂，为获得高品位精矿，多数采用细磨后选别。因此，排出的尾矿中的有价物质多以细粒、微细粒存在，尾矿泥化与氧化程度较高，同时还有未单体解离的连生体存在，相对难磨难选。

由于尾矿是矿石磨选后的最终剩余物，因此含有大量的矿泥，且矿泥以细粒、微细粒形式存在，严重干扰了尾矿中有价物质的回收。

3）尾矿资源量庞大、种类繁多

据不完全统计，国内金属矿山堆存的尾矿中铁矿占 13 亿 t，各种有色金属尾矿 14 亿 t，其余为黄金、煤炭、化工、建材、核工业等矿山所生产的尾矿。尾矿种类繁多，性质复杂，以铁矿山为例，攀枝花、白云鄂博等矿山尾矿中含有铜、钴、钒、钛，有的含有价值很高的贵金属和稀有元素等。

（三）尾矿库的类型

1. 山谷型尾矿库

山谷型尾矿库是在山谷谷口处筑坝形成的尾矿库，如图 2-1 所示。它的特点是初期坝相对较短，坝体工程量较小；后期尾矿堆坝相对较易管理和维护，当堆坝较高时，可获得较大的库容；库区纵深较长，澄清距离及干滩长度易于满足设计要求；但汇水面积较大，排水设施工程量大。我国大中型尾矿库大多属于这种类型的尾矿库。

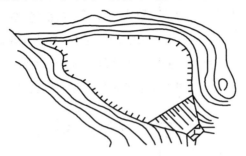

图 2-1　山谷型尾矿库示意图

2. 傍山型尾矿库

傍山型尾矿库是在山坡脚下依山筑坝所围成的尾矿库，如图 2-2 所示。它的特点是初期坝相对较长，初期坝和后期尾矿堆坝工程量较大，由于库区纵深较短，澄清距离及干滩长度受到限制，后期堆坝高度一般不太高，故库容较小；汇水面积虽小，但调洪能力较小，排洪设施的进水构筑物较大；由于尾矿水的澄清条件和防洪控制条件较差，管理、维护相对比较复杂。国内低山丘陵地区的尾矿库大多属于这种类型。

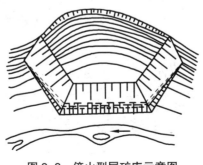

图 2-2　傍山型尾矿库示意图

3. 平地型尾矿库

平地型尾矿库是在平地四面筑坝围成的尾矿库,如图 2-3 所示。其特点是初期坝和后期尾矿堆坝工程量大,维护管理比较麻烦;由于周边堆坝,库区面积越来越小,尾矿沉积滩坡度越来越缓,因而澄清距离、干滩长度以及调洪能力都随之减少,堆坝高度受到限制,一般不高;但汇水面积小,排水构筑物相对较小;国内平原或沙漠地区多采用这类尾矿库。

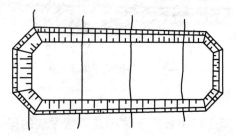

图 2-3　平地型尾矿库示意图

4. 截河型尾矿库

截河型尾矿库是截取一段河床,在其上、下游两端分别筑坝形成的尾矿库,如图 2-4 所示。有的在宽浅式河床上留出一定的流水宽度,三面筑坝围成尾矿库,也属此类,它的特点是不占农田;库区汇水面积不太大,但库外上游的汇水面积通常很大,库内和库上游都要设置排水系统,配置较复杂,规模庞大。这种类型的尾矿库维护管理比较复杂,国内采用不多。

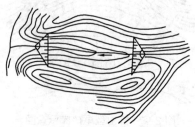

图 2-4　截河型尾矿库示意图

（四）尾矿库设施

一般在山谷口部或洼地的周围筑成堤坝形成尾矿储存库，将尾矿排入库内沉淀堆存，这种专用储存库简称为尾矿库或尾矿场、尾矿池。将选矿厂排出的尾矿送往指定地点堆存或利用的技术叫做尾矿处理。从广义上说，为尾矿处理所建造的全部设施系统，均称为尾矿设施。尾矿处理的方式有湿式、干式和介于两者之间的混合式。

尾矿设施最初由尾矿输送系统、尾矿堆存系统、尾矿库排洪系统、尾矿库回水系统和尾矿水净化系统等几部分组成。但随着矿山生产的不断进行，尾矿坝不断加高，有些尾矿库新增了排渗系统和观测系统、坝面排水等设施。因此，也有人把尾矿设施按以下方式进行分类，如图 2-5 所示。

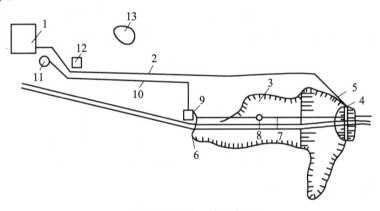

图 2-5　尾矿设施示意图

1—选矿厂；2—尾矿运输管；3—尾矿沉淀池；4—初期坝；5—尾矿堆积坝；
6—进水头部设施；7—排出管；8—排水井；9—水泵房；10—回水管；
11—回水池；12—中间砂泵站；13—事故沉淀池

1. 尾矿输送系统

尾矿输送系统的任务是将选矿厂排出的尾矿送往尾矿库堆存，可分为干式输送和湿式输送两大类，目前大部分矿山采用湿式水力输送。对干式输送来说，如果选矿厂为湿式工艺流程，一般应当先进行浓缩脱水，才能进行干式输送。如果是干选工艺，就不存在脱水的问题。对于水力输送来说，为减少矿浆输送的流量，一般需先经过浓缩池浓缩提高矿浆的浓度，再经泵站加压或自流至尾矿场。尾矿水力输送系统一般包括尾矿浓缩池、尾矿输送管道、砂泵站和尾矿分散管槽、尾矿自流沟、事故泵站及相应辅助设施等。

2. 尾矿堆存系统

一般简称为尾矿库，包括库区、尾矿坝、尾矿池，用以堆存尾矿，并将尾矿中的水澄清。

3. 尾矿库排水系统

排水系统一般包括截洪沟、溢洪道、排水井、排水管、排水隧洞等构筑物，用以将库内的尾矿澄清水以及雨水排出尾矿库。

4. 排渗设施

排渗设施包括渗水设施、集水设施、导水设施、排渗设施。渗水设施一般有渗水盲管、无砂混凝土、挡水板墙、砂石级配反滤层、无纺土工布等。集水设施一般有集水井、抽排水系统等，导水设施一般有导水管、边坡排水沟等。排渗设施用来排除尾矿坝体内的渗流水，降低坝体的浸润线，确保坝体安全。

5. 观测系统

观测系统一般有位移观测设施、水位观测设施、水力渗透观测设施。观测设施用来观测坝体的形变、坝体内浸润线位置，以便于采取措施治理坝体内存在的隐患。

6. 尾矿回水及水处理系统

尾矿库排出的澄清水，多数情况下设回水系统回收一部分，供选矿生产重复使用，多余的部分则排往下游河道。尾矿回水设施包括回水泵站、回水管道和回水池等。有的尾矿库利用库内排水井、管将澄清水引入下游回水泵站，再扬至高位水池；也有在库内水面边缘设置活动泵站直接抽取澄清水，扬至高位水池；有条件的也采用自流回水到选矿厂循环利用。

当往下游河道排放的澄清水中含有有害成分，且超过废水排放标准时，则要设净化设施对废水进行净化处理。尾矿水处理系统包括水处理站和截渗、回收设施等，用以处理不符合重复利用或排放标准的尾矿水，使之达到标准。

三、尾矿库库容及性能曲线

1. 尾矿库内库容组成

尾矿库的库容有全库容、总库容和有效库容之分，用图 2-6 来解释其间的区别，该图为尾矿库典型断面示意图。

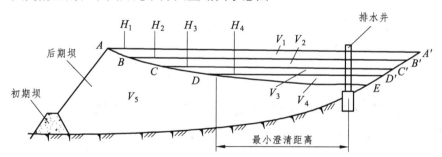

图 2-6 尾矿库库内库容示意图

图中：

V_1——空余库容：指水平面 AA' 与 BB' 之间的库容，它是为确保设计洪水位时坝体安全超高和沉积滩面以及地面以上所形成的空间容积，此库容是不允许占用的，故又称安全库容。

V_2——调洪库容：水平面 BB' 和 CC' 之间的库容，它是在暴雨期间用以调洪的库容，是设计确保最高洪水位不致超过 BB 水平面所需的库容。因此这部分库容在非雨季一般不许占用，雨季绝对不许占用。

V_3——蓄水库容：指水平面 CC' 和 DD' 之间的库容，供矿山生产水源紧张时使用，一般的的尾矿库不具备蓄水条件时，此值为零，CC' 和 DD' 重合。

V_4——澄清库容：指水平面 DD' 和滩面 DE 之间的库容，它是保证正常生产时水量平衡和溢流水水质得以澄清的最低水位所占用的库容，俗称死库容。

V_5——有效库容：是指滩面 $ABCDE$ 以下沉积尾矿以及悬浮状矿泥所占用的容积。它是尾矿库实际可容纳尾矿的库容。设计时根据选矿厂在全部生产期限内产出的尾矿总量 $W(t)$ 和尾矿平均堆积干密度 $d(t/m^3)$ 按下式算得：

$$W_5 = W / d$$

尾矿库的全库容 V 是指某坝顶标高时的各种库容之和，可用下式表示

$$V = V_1 + V_2 + V_3 + V_4 + V_5$$

尾矿库的总库容是指尾矿堆至最终设计坝顶标高时的全库容。

2. 尾矿库的性能曲线

尾矿库的库区面积、全库容、有效库容和汇水面积都将随坝体堆积高度的变化而变化。为了清楚地表示出不同堆坝高度时的具体数值，可绘制出尾矿库的性能曲线，如图 2-7 所示。图中的曲线 $H\text{-}F_k$ 是高程-库区面积曲线；曲线 $H\text{-}V_q$ 是高程-全库容曲线；曲线 $H\text{-}V_y$ 是高程-有效库容

曲线；曲线 $H\text{-}F_h$ 是高程-汇水面积曲线。

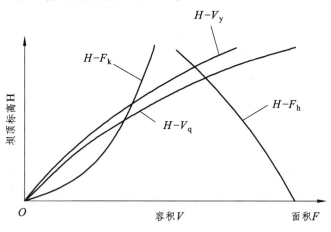

图 2-7　尾矿库性能曲线图

设计时，可根据全库容曲线确定各使用期的尾矿库等别；生产部门可根据有效库容曲线推算各年坝顶所达标高，以便制订各年尾矿坝筑坝生产计划；设计者根据汇水面积曲线进行各使用期尾矿库排洪验算。

四、尾矿库等别及构筑物级别划分标准

1. 尾矿库等别的划分标准

尾矿库各生产期的设计等别应根据该期的全库容和坝高分别按表2-1 进行确定。当用尾矿坝高和库容分别确定的等别相差一等时，以高者为准。当等差大于一等时，按高者降低一等。如果尾矿库失事后会使下游重要城镇、工矿企业或重要铁路干线、高速公路遭受严重灾害，其设计等别可提高一等。

表 2-1　尾矿库等别划分表

尾矿库等别	全库容 V/万 m³	坝高 H/m
一	二等库具备提高等别条件者	
二	$\geqslant 10\,000$	$H \geqslant 100$
三	$1\,000 \leqslant V < 10\,000$	$60 \leqslant H < 100$
四	$100 \leqslant V < 1\,000$	$30 \leqslant H < 60$
五	$V < 100$	$H < 30$

尾矿库失事造成灾害的大小与库内尾矿量的多少以及尾矿坝的高矮成正比。尾矿库使用的特点是尾矿量由少到多，尾矿坝由矮到高，在不同使用期失事，造成危害的严重程度是不同的。因此，同一个尾矿库在整个生产期间根据库容和坝高划分为不同的等别是合理的；再者，在尾矿库使用过程中，初期调洪能力较小，后期调洪能力较大。同一个尾矿库初期按低等别设计，中期及后期逐渐将等别提高，这样一次建成的排洪构筑物就能兼顾各使用期的防洪要求，设计更加经济合理。因此，我国制定的设计规范允许按上述原则划分尾矿库等别。

2. 尾矿库构造物的级别划分标准

尾矿库构筑物的级别是根据尾矿库的等别及其重要性按表 2-2 划分的。

表 2-2　尾矿库构筑物级别划分表

尾矿库等别	构筑物的级别		
	主要构筑物	次要构筑物	临时构筑物
一	1	3	4
二	2	3	4
三	3	5	5
四	4	5	5
五	5	5	5

第二节 尾矿坝

一、初期坝类型及构造

尾矿坝是尾矿库用来拦挡尾矿和水的围护构筑物。一般尾矿坝是由初期坝（又称基础坝）和后期坝（又称尾矿堆积坝）组成。只有当尾矿颗粒极细，无法用尾矿堆坝者，才采用类似建水坝（即无后期坝）的形式贮存全部尾矿，习惯称之为一次建坝。

（一）初期坝的类型

初期坝的类型可分为不透水坝和透水坝。

不透水初期坝 ——用透水性较小的材料筑成的初期坝。因其透水性远小于库内尾矿的透水性，不利于库内沉积尾矿的排水固结；当矿堆高后，浸润线往往从初期坝坝顶以上的子坝坝脚或坝坡逸出，造成坝面沼泽化，不利于坝体的稳定性。这种坝型适用于不用尾矿筑坝或因环保要求不允许向库下游排放尾矿水的尾矿库。

透水初期坝 ——用透水性较好的材料筑成的初期坝。因其透水性大于库内尾矿的透水性，可以加快库内沉积尾矿的排水固结，并可降低坝体的浸润线，有利于提高坝体的稳定性，因而是初期坝比较理想的坝型。透水初期坝的主要坝型有堆石坝或在各种不透水坝体上游坡面设置排渗通道的坝型。

1. 均质土坝

均质土坝是用黏土、粉质黏土或风化土料筑成的坝，如图 2-8 所示，它像水坝一样，属典型的不透水坝型。在坝的外坡角设有毛石堆成的排水棱体，以加强排渗，降低坝体浸润线。该坝型对坝基工程地质条件要求不高，施工简单，造价较低，在早期或缺少石材地区应用较多。

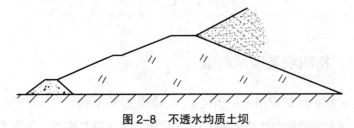

图2-8　不透水均质土坝

若在均质土坝内坡面和坝底面铺筑可靠的排渗层，如图2-9所示，使尾矿堆积坝内的渗水通过此排渗层排到坝外。这样，便成了适用于尾矿堆坝要求的透水土坝。

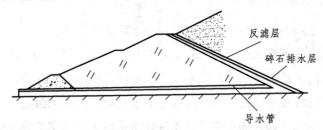

图2-9　透水均质土坝

2. 透水堆石坝

透水堆石坝是用毛石堆筑成的坝，如图2-10所示。在坝的上游坡面用砂砾料或土工布铺设反滤层，其作用是有效地降低后期坝的浸润线。由于它对后期坝的稳定有利，且施工简便，成为20世纪60年代以后广泛采用的初期坝型。

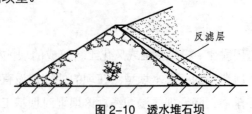

图2-10　透水堆石坝

该坝型对坝基工程地质条件要求也不高，当质量较好的石料数量不足时，也可采用一部分较差的砂石料来筑坝。即将质量较好的石料铺筑在坝体底部及上游坡一侧 （浸水饱和部位），而将质量较差的砂石料铺筑在坝体的次要部位，如图 2-11 所示。

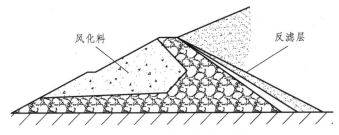

图 2-11　混合料透水坝

3. 废石坝

废石坝是用采矿场剥离的废石筑坝，有两种情况：当废石质量符合强度和块度要求时，可按正常堆石坝要求筑坝；另一种是结合采场废石排放筑坝，废石不经挑选，用汽车或轻便轨道直接上坝卸料，下游坝坡为废石的自然安息角，为了安全起见，坝顶宽度较大，如图 2-12 所示。在上游坡面应设置砂砾料或土工布做成的反滤层，以防止坝体土颗粒透过堆石而流失。

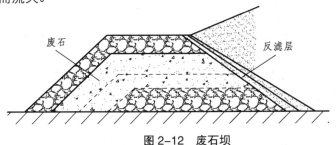

图 2-12　废石坝

4. 砌石坝

砌石坝是用块石或条石砌成的坝。这种坝型的坝体强度较高，坝坡可做得比较陡，能节省筑坝材料，但造价较高。可用于高度不大的尾矿坝，但对坝基的工程地质条件要求较高，坝基最好是基岩，以免坝体产生不均匀沉降，导致坝体产生裂缝。

5. 混凝土坝

混凝土坝是用混凝土浇筑成的坝，这种坝型的坝体整体性好，强度高，因而坝坡可做得很陡，筑坝工程量比其他坝型都小，但工程造价高，对坝基条件要求高，采用者比较少。

（二）初期坝的构造

1. 坝顶宽度

为了满足敷设尾矿输送主管、放矿支管和向尾矿库内排放尾矿操作的要求，初期坝坝顶应具有一定的宽度。一般情况下坝顶宽度不宜小于表 2-3 所列数值。当坝顶需要行车时，还应按行车的要求确定。生产中应确保坝顶宽度不被侵占。

表 2-3　初期坝坝顶最小宽度

坝高/m	坝顶最小宽度/m
< 10	2.5
10~20	3.0
20~30	3.5
>30	4.0

2. 坝坡

坝的内、外坡坡比的确定，应通过坝坡稳定性计算来确定。土坝的下游坡面上应种植草皮护坡，堆石坝的下游坡面应干砌大块石护面。

3. 马道

当坝的高度较高时，坝体下游坡每隔 10~15 m 设置一宽度为 1~2 m 的马道，以利坝体的稳定，方便操作管理。

4. 排水棱体

为排出土坝坝体内的渗水和保护坝体外坡脚，在土坝外坡脚处设置毛石堆成的排水棱体。排水棱体的高度为初期坝坝高的 1/5~1/3，顶宽为 1.5~2.0 m，边坡坡比为 1∶1~1∶1.5。

5. 反滤层

为防止渗透水将尾矿或土等细颗粒物料通过堆石体带出坝外，在土坝坝体与排水棱体接触面处以及堆石坝的上游坡面处或与非基岩的接触面处都须设置反滤层，早期的反滤层采用砂砾料或卵石等组成，由细到粗顺水流方向敷设，反滤层上再用毛石护面，因对各层物料的级配、层厚和施工要求很严格，反滤层的施工质量要求较高，现在普遍采用土工布（又称无纺土工织物）作反滤层。在土工布的上下用粒径符合要求的碎石作过滤层，并用毛石护面。土工布作反滤层施工简单，质量易保证，使用效果好，造价也不高。

二、后期坝类型及构造

（一）后期坝的类型

在初期坝坝顶以上用尾矿砂逐层加高筑成的坝体，称为子坝；子坝连同子坝坝前的尾矿沉积体统称为后期坝（也称尾矿堆积坝）。子坝用以形成新的库容，并在其上敷设放矿主管和放矿支管，以便持续向库内排放尾矿。尾矿堆积坝实质上是尾矿沉积体，这种水力充填沉积的砂性土边坡稳定性能较差。大中型尾矿堆积坝最终的高度往往比初期坝高得多，是尾矿坝的主体部分；堆积坝一旦失稳，造成的灾害损失惨重，其安全可靠性是设计和生产部门十分重视的工作。后期坝除下游坡面有明显的边界外，没有明确的内坡面分界线，也可认为沉积滩面即为其上游坡面。

后期坝根据其筑坝方式可分为下列几种基本类型：

1. 上游式尾矿筑坝

在初期坝上游方向充填堆积尾矿的筑坝方式，称为上游式尾矿筑坝。上游式筑坝的特点是子坝中心线位置不断向初期坝上游方向移升，坝体由流动的矿浆自然沉积而成，如图 2-13 所示。上游式尾矿坝受排矿方式的影响，往往含细粒夹层较多，渗透性能较差，浸润线位置较高，故坝体稳定性较差。但它具有筑坝工艺简单，管理相对简单，运营费用较低等优点，且对库址地形没有太特别的要求，所以国内外均普遍采用。

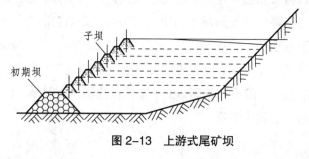

图 2-13   上游式尾矿坝

2. 下游式尾矿筑坝

下游式尾矿筑坝是在初期坝下游方向用水力旋流器将尾矿分级，溢流部分（细粒尾矿）排向初期坝上游方向沉积；底流部分（粗粒尾矿）排向初期坝下游方向沉积。其特点是子坝中心线位置不断向初期坝下游方向移升，如图 2-14 所示。由于坝体尾矿颗粒粗，抗剪强度高，渗透性能较好，浸润线位置较低，故坝体稳定性较好。但分级设施费用较高，且只适用于颗粒较粗的原尾矿，又要有比较狭窄的坝址地点，国外使用较多，国内使用尚少见。

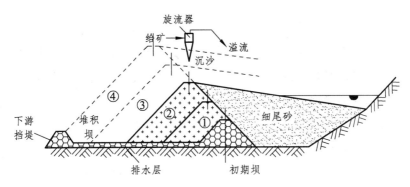

图 2-14　下游式尾矿坝

3. 中线式尾矿筑坝

在初期坝轴线处用旋流分级粗尾砂冲击尾矿的筑坝方式，称为中线式尾矿筑坝。中线式尾矿筑坝工艺用水力旋流器将尾矿分级，溢流部分（细粒尾砂）排向初期坝上游方向沉积，底流部分（粗粒尾矿）排向初期坝下游方向沉积。在堆积过程中保持坝顶中心线位置始终不变，如图 2-15 所示。其优缺点介于上游式与下游式之间。也有将原来采用上游式筑坝改为中线法筑坝的情况，目的是加高增容时为增加坝体的稳定。

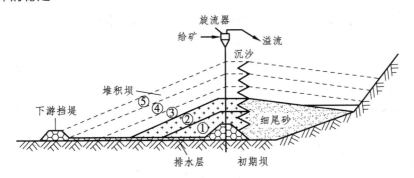

图 2-15　中线式尾矿坝

4. 其他尾矿筑坝模式

(1) 浓缩锥式筑坝法：将尾矿浆浓缩至 75%左右，在尾矿库内集中放矿，尾矿按照强迫沉降规律（不出现自然分级）呈锥体形状堆积；周边建有很低的围堤，拦截析出的尾矿水和雨水，排出库外。此种尾矿干堆模式在后面将详细介绍。

(2) 综合建坝模式：有些尾矿库在使用过程中需要在周围多处陆续建坝，通常将坝基标高最低处、也就是最先建的坝称作主坝，后建的称为副坝（多处建坝的可分为 1 号副坝、2 号副坝等）。副坝的类型及筑坝要求与主坝相同。

（二）后期坝的构造

1. 坝型确定

后期坝坝型主要由后期坝的高度、库址的地形、尾矿粒度组成和地震设防烈度等条件综合分析确定。一般坝高大于 100 m、山谷型尾矿库且坝址狭长、尾矿颗粒较粗、地震设防烈度为 8 度及 8 度以上的地区，宜采用下游式或中线式后期坝；抗震设防烈度为 7 度及 7 度以下地区宜采用上游式筑坝。不论采用哪种坝型，最终都必须通过坝体稳定分析，满足安全要求后，才能最后确定。

下游式或中线式尾矿筑坝还要求坝址地形较窄，否则，筑坝上升速度满足不了库内沉积滩面上升速度，也无法筑坝。我国德兴铜矿原设计的下游式筑坝，虽然具备一定的地形条件，但仍因筑坝上升速度满足不了库内沉积滩面上升速度而改用中线法。可见下游式或中线式尾矿筑坝虽然具有较好的稳定性，但也是有其严格适用条件的。在设计上，尤其应对筑坝用粗尾砂数量和堆坝上升速度进行详细的平衡计算，并且应充分考虑各种不利因素的影响。

尾矿库的挡水坝一般常采用土石坝和重力坝，其功能和工作条件基本上与水库挡水坝相同，故应按水库坝的要求进行设计。

2. 排矿方式确定

上游式筑坝，中、粗尾矿可采用直接冲填筑坝法，尾矿颗粒较细时宜采用分级冲填筑坝法。上游式筑坝尾矿颗粒较细时，可采用旋流器将尾矿进行分级，相对较粗的尾矿置于坝前区域，细尾矿排至库尾部，这种分级充填上游式筑坝已取得了成功经验。

下游式或中线式尾矿筑坝分级后用于筑坝的尾矿，其粗颗粒（$d \geqslant 0.074\ mm$）含量不宜小于 70%，否则应进行筑坝试验。筑坝上升速度应满足库内沉积滩面上升速度和防洪的要求。采用分级粗尾砂进行堆筑，需增强尾矿坝的渗透性和稳定性，当坝基不具有满足排渗要求的天然排渗层时，应于堆积坝底设置可靠的排渗设施。

3. 安全参数

上游式尾矿坝沉积滩顶至设计洪水位的高差不得小于表 2-4 中的最小安全超高值，同时，滩顶至设计洪水位水边线距离不得小于表 2-4 中的最小滩长值。下游式和中线式尾矿坝坝顶外缘至设计洪水位水边线的距离不宜小于表 2-5 中的最小滩长值。当坝体采取防渗斜（心）墙时，坝顶至设计洪水位的高差亦不得小于表 2-4 中的最小安全超高值。

表 2-4　上游式尾矿坝的最小安全超高与最小滩长

坝的级别	1	2	3	4	5
最小安全超高/m	1.5	1.0	0.7	0.5	0.4
最小滩长/m	150	100	70	50	40

表 2-5　下游式与中线式尾矿坝的最小滩长

坝的级别	1	2	3	4	5
最小滩长/m	100	70	50	35	25

尾矿库挡水坝在设计洪水位时安全超高不得小于表 2-4 中的最小安全超高值、最大风壅水面高度和最大风浪爬高三者之和。最大风壅水面高度和最大风浪爬高可按《碾压式土石坝设计规范》推荐的方法计算。

地震区尾矿坝应符合下列规定：

上游式尾矿坝沉积滩顶至正常高水位的高差不得小于表 2-4 中最小安全超高值与地震壅浪高度之和，滩顶至正常高水位水边线的距离不得小于表 2-4 中的最小滩长值与地震壅浪高度对应滩长之和。

下游式与中线式尾矿坝坝顶外边缘至正常高水位水边线的距离不宜小于表 2-5 中的最小滩长值与地震壅浪高度对应滩长之和。

尾矿库挡水坝坝顶至正常高水位的高差不得小于表 2-4 中最小安全超高值与地震壅浪高度之和。

地震壅浪高度可根据抗震设防烈度和水深确定，可采用 0.5～1.5 m。

对于全部采用当地土石料或废石堆筑的尾矿坝，其安全超高按尾矿库挡水坝要求确定。

（三）尾矿库相关名词术语

1. 沉积滩

沉积滩是指水力冲击尾矿形成的沉积体表层，通常指露出水面部分。

2. 滩顶

沉积滩面与堆积坝外坡的交线，为沉积滩的最高点。在操作中通常说的坝顶很容易被理解为子坝顶，而子坝是由松散的尾砂堆成，一般是不能拦挡洪水的，在评价安全超高和安全滩长时自然不能以子坝顶作依据。因此引用了滩顶的概念。坝顶一般是指滩顶，而不是指子坝顶。从图 2-16 中可以分辨出，滩顶和子坝顶二者在一般情况下是有区别的。在防洪安全检查或事故分析时是不能通用的。只有在滩顶达到子坝顶时，二者才是一致的。

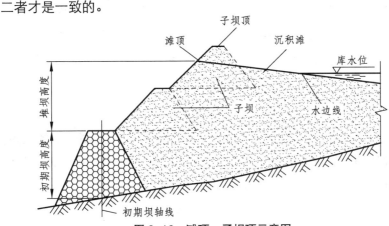

图 2-16　滩顶、子坝顶示意图

3. 滩长

由滩顶至库内水边线的水平距离。

4. 最小干滩长度

设计洪水位时的干滩长度，如图 2-17 所示。

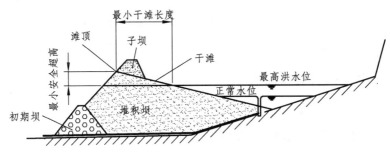

图 2-17　滩顶、滩长、超高示意图

5. 安全超高

尾矿坝沉积滩顶至设计洪水位的高差。

6. 最小安全超高

规定的安全超高最小允许值称为最小安全超高,如图 2-17 所示。需要注意的是:《尾矿库安全技术规程》规定的安全超高最小允许值只限于设计控制标准,而设计文件规定的最小安全超高值是根据坝体稳定和防洪计算确定的,有可能大于规范规定值,后者才是生产单位必须遵循的防洪控制标准。

7. 坝高

初期坝和中线式、下游式筑坝,坝高为坝顶与坝轴线处坝底的高差;上游式筑坝,坝高为堆积坝坝顶与初期坝坝轴线处坝低的高差,如图 2-18 所示。

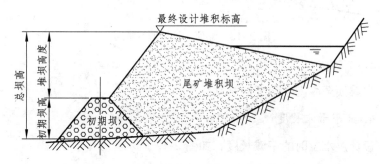

图 2-18 上游式尾矿坝坝高、堆坝高度示意图

8. 总坝高

与总库容相对应的最终堆积标高时的坝高。

9. 堆坝高度或堆积高度

尾矿库堆积坝坝顶与初期坝坝顶的高差,如图 2-19 所示。

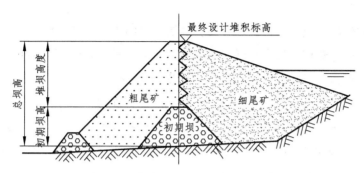

图 2-19　中线式尾矿坝坝高、堆坝高度示意图

10. 尾矿库挡水坝

长期或较长期挡水的尾矿坝,包括不用尾矿堆坝的主坝及尾矿库侧、后部的副坝,称为尾矿库挡水坝。

由于有的尾矿库采用坝后放矿,细尾砂及尾矿水集中在坝前,要求建造挡水型尾矿坝。有的尾矿库受地形条件限制,需要建造一座或若干座副坝。凡是需要直接挡水者,均应按挡水坝进行设计。

11. 尾矿库安全设施

直接影响尾矿库安全的设施,包括初期坝、堆积坝、副坝、排渗设施、尾矿库排水设施、尾矿库观测设施及其他影响尾矿库安全的设施。

三、尾矿坝稳定性分析及其影响因素

尾矿坝稳定性分析的目的是验证各种试验边坡轮廓形状和内部分带条件下坝体的安全系数或破坏概率,以决定或重新设计坝体结构和集合参数。尾矿坝稳定性分析主要指抗滑稳定、渗透稳定和液化稳定的分析。

(一)抗滑稳定性分析

1. 瑞典圆弧法计算分析

抗滑稳定分析是研究尾矿坝(包括初期坝和后期坝)的下游坝坡抵

抗滑动破坏的能力。设计时一般要通过计算给出定量的评价。

对于新建尾矿库，计算之前要选定计算剖面，如图 2-20 所示。后期坝坝坡可根据经验假定，浸润线位置由渗流分析确定，坝基土层的物理力学指标通过工程地质勘察确定；后期坝的物理力学指标可参照类似尾矿的指标确定，有条件者应在老尾矿坝上勘察确定。对于运行中的尾矿库，进行稳定计算时，应根据现状勘察结果确定其浸润线位置和坝体土层分布及物理力学指标。

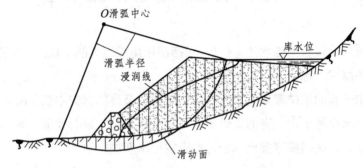

图 2-20 尾矿坝抗滑稳定性分析

计算时，假定多个滑动面，根据滑动体的受力状态，计算出各个土条所受的力对滑弧中心的抗滑力矩 M_k 和滑动力矩 M_H，用式（2-1）求出各个滑动面的抗滑稳定的安全系数 K，并找出最危险的滑动面（$K = K_{min}$）。

$$K = M_k / M_H \qquad (2\text{-}1)$$

设计的作用就是要采取多种措施，确保最小的抗滑稳定安全系数（K_{min}）不小于设计规范的规定。《尾矿库安全技术规程》第 5.3.18 条规定：按瑞典圆弧法计算坝坡抗滑稳定的安全系数不应小于表 2-6 的规定。

尾矿坝稳定性计算的荷载分下列 5 类，可根据不同情况按表 2-7 进行组合：

一类为筑坝期正常高水位的渗透压力；

二类为坝体自重；

三类为坝体及坝基中孔隙压力；

四类为最高洪水位有可能形成的稳定渗透压力；

表 2-6　坝坡抗滑稳定最小安全系数

运用情况	尾矿坝级别			
	1	2	3	4、5
正常运行	1.30	1.25	1.20	1.15
洪水运行	1.20	1.15	1.10	1.05
特殊运行	1.10	1.05	1.05	1.00

表 2-7　荷载的组合

荷载组合		荷载类别				
		一	二	三	四	五
正常运行	总应力法	有	有			
	有效应力法	有	有	有		
洪水运行	总应力法		有		有	
	有效应力法		有	有	有	
特殊运行	总应力法		有		有	有
	有效应力法		有	有	有	有

五类为地震惯性力。

1）正常运用条件

（1）水库水位处于正常蓄水位和设计洪水位与死水位之间的各种水位的稳定渗流期。

（2）水库水位在上述范围内经常性的正常降落。

（3）抽水蓄能电站的水库水位的经常性变化和降落。

2）非常运用条件 I

（1）施工期。

（2）校核洪水位有可能形成稳定渗流的情况。

（3）水库水位的非常降落，如自校核洪水位降落，降落致死水位以下，以及大流量快速泄空等。

3）非常运用条件 II

正常运用条件遇地震。

当采用简化毕肖普法与瑞典圆弧法计算结果相比较时，可参照《碾压式土石坝设计规范》有关规定选用两种方法各自的最小安全系数。简化毕肖普法与瑞典圆弧法都是基于刚体极限平衡理论的条分法。它们的主要区别在于前者计及条块间作用力，后者则没有。因而前者更合理些。但后者使用了多年，技术处理经验较多。现行的《选矿厂尾矿设施设计规范》规定的抗滑稳定最小安全系数适用于瑞典圆弧法。所以说，当采用简化毕肖普法时，最小安全系数可参照现行《碾压式土石坝设计规范》（SL 274—2001）的规定执行。

当坝基或坝体内存在软弱土层时，可采用改良圆弧法；考虑地震荷载时，应按《水工建筑物抗震设计规范》的有关规定进行计算。

2. 尾矿物理力学指标

尾矿坝稳定计算必须考虑沉积尾矿物理力学指标的不一致性，应根据该坝勘察报告确定概化分区及相应的物理力学指标。上游式尾矿坝的计算断面应考虑到尾矿沉积规律，根据颗粒粗细程度概化分区。各区尾矿的物理力学指标可参考类似尾矿坝或按表 2-8 确定。必要时通过试验研究确定。

表2-8 坝体尾矿的平均物理力学指标

项目	尾中砂	尾细砂	尾粉砂	尾粉土	尾粉质黏土	尾黏土
平均粒径 d_p/mm	0.35	0.2	0.075	0.05	0.035	0.02
有效粒径 d_{10}/mm	0.10	0.07	0.02	0.010	0.003	0.002
不均匀系数 d_{60}/d_{10}	3	3	4	6	10	5
天然密度 ρ/(g·cm^{-3})	1.8	1.85	1.9	2	1.95	1.8
孔隙比 e/%	0.8	0.9	0.9	0.95	1.0	1.4
内摩擦角 Φ/(°)	34	33	30	28	16	8
凝聚力 C/kPa	7.84	7.84	9.8	9.8	10.78	13.72
压缩系数 a_{1-2}/kPa	1.7×10^{-4}	1.7×10^{-4}	1.6×10^{-4}	2.1×10^{-4}	4.1×10^{-4}	9.2×10^{-4}
渗透系数 K/(cm·s^{-1})	1.5×10^{-3}	1.3×10^{-3}	3.75×10^{-4}	1.25×10^{-4}	3×10^{-6}	2×10^{-7}

备注：1. 表中指标均系从坝体取样试验所得的平均值；
2. C、Φ 值为直剪（固结快剪）强度指标。

对在用尾矿坝进行稳定计算时应根据该坝勘察报告确定概化分区及相应的物理力学指标。

尾矿坝坝体材料及坝基土的抗剪强度指标类别，应视强度计算方法与土类的不同按表2-9选取。上游式尾矿坝堆积至1/2~2/3最终设计坝高时，应对坝体进行一次全面的勘察，并进行稳定性专项评价，以验证现状及设计最终坝体的稳定性，确定相应技术措施。

在新建尾矿库设计中，由于尚未进行尾矿堆坝，一般是参考类似工程尾矿物理力学指标进行坝体稳定计算，确定尾矿坝设计堆积方式和堆积断面。当尾矿库投入运行并已形成一定高度的尾矿坝时（即尾矿坝堆积至 1/2～2/3 最终设计坝高时），应对该坝体进行一次全面勘察，取得更符合实际的坝体结构和各土层物理力学指标，并以此为依据进行现状坝体和设计最终坝体的稳定性验算，若稳定性不满足要求时，应采取相应的技术措施。

表 2-9　尾矿及土的抗剪强度指标

强度计算方法	土的类别	强度指标类别（取得的方法）		试验仪器	试验起始状态
		试验方法	强度指标		
总应力法	无黏性土	固结不排水剪	C_U, Φ_U	三轴仪	一、坝体材料 1. 含水量及密度与原状一样； 2. 浸润线以下及水下要预先饱和； 3. 试验应力与坝体实际应力相一致。 二、坝基用原状图
	少黏性土	固结快剪		直剪仪	
		固结不排水剪		三轴仪	
	黏性土	固结快剪		直剪仪	
		固结不排水剪		三轴仪	
有效应力法	无黏性土	慢剪	C, Φ'	直剪仪	
		固结排水剪		三轴仪	
	黏性土	慢剪		直剪仪	
		固结不排水剪、测孔压		三轴仪	
备注	1. 少黏性土指黏粒含量小于 15% 的尾矿。 2. 软弱尾黏土类黏性土采用固结快剪指标时，应根据其固结程度确定；当采用十字板抗剪强度指标时，应考虑土体固结后强度的增长。				

3. 尾矿坝坝坡坡比

坝体坡比应经稳定计算确定，透水堆石坝上游坡坡比不宜陡于 1 : 1.6；土坝上游坡坡比可略陡于或等于下游坡。初期坝下游坡比在初定时可按表 2-10 确定，但表中的参数主要用于初定时参考。由于尾矿库初期坝在投入运行后其上游坡面很快即被沉积尾矿压坡，增加了坡面稳定性，一般不会出现水库水位骤降工况，因此《尾矿库安全技术规程》规定尾矿库初期坝上游坡比较陡，以减少工程量。

表 2-10　尾矿库初期坝下游坡坡比

坝高/m	土坝下游坡坡比	透水堆石坝下游坡坡比	
		岩基	非岩基（软基础外）
5~10	1∶1.75~1∶2.0		
10~20	1∶2.0~1∶2.5	1∶1.5~1∶1.75	1∶1.75~1∶2.0
20~30	1∶2.5~1∶3.0		

影响尾矿坝稳定性的因素很多，一般情况下，尾矿堆积的高度越高、下游坡坡度越陡、坝体内浸润线的位置越浅、库内的水位越高、坝基和坝体土料的抗剪强度越低，抗滑稳定的安全系数就越小；反之，安全系数就越大。

（二）渗流稳定性分析

尾矿水在坝体、坝肩和坝基土中受重力作用总是由高处向低处渗透流动，简称渗流。在库水位一定时，坝体横剖面上稳定渗流的自由水面线（或渗流顶面线）叫浸润线。由于渗流受到土粒的阻力，浸润线就产生水力坡降，称为渗透坡降，以 J 表示。渗透坡降越大，对土粒的压力就越大。使土体开始产生不允许的管涌、流土等变形的渗透坡降称为临界坡降，以 J_c 表示。当渗流的流速较大时，将尾砂中小颗粒从孔隙中带走，并形成越来越大的孔隙或空洞，这种现象称之为管涌。当土体中的颗粒群体受渗透水作用同时启动而流失的现象称之为流土。尾矿坝渗流分析的任务之一是确定浸润线的位置，从而判断浸润线在坝体下游坡面逸出部位的渗透坡降是否超过临界坡降。渗透稳定的安全系数 K 由下式表示：

$$K = l_i / l_s \qquad\qquad (2\text{-}2)$$

现行尾矿设计规范中对 K 值尚无具体规定，一般可根据坝的级别将 K 值限制在 2~2.5 为宜。由于尾矿坝是一个特别复杂的非均质体，目前尾矿坝渗流研究成果还难以准确确定浸润线的位置。因此，设计从安全角度考虑，对级别较高的尾矿坝结合抗滑稳定的需要，大多采取措施使浸润线不致在坡面逸出；对级别较低的尾矿坝可在逸出部位采取贴坡反滤加以保护。

上游式尾矿坝的渗流计算应考虑尾矿筑坝放矿水的影响。1、2 级山谷型尾矿坝的渗流应按三维计算或由模拟试验确定；3 级以下尾矿坝的渗流计算可按下列方式进行：

将计算条件下的滩长换算为化引滩长，从而得到高于计算库水位的化引库水位。化引滩长的计算公式：

放矿水覆盖绝大部分滩面时

$$L_h = 3.3 L^{0.48} \qquad\qquad (2\text{-}3)$$

放矿水覆盖部分滩面时

$$L_h = 2.26 L^{0.645} \qquad\qquad (2\text{-}4)$$

式中　L_h ——化引滩长，m；

　　　L ——计算滩长，m。

按化引库水位和化引滩长，用二相均质渗流计算方法确定浸润线，取其下游坝坡范围内的线段作为坝下游坡部分的浸润线。从下游坡浸润线上端点至计算库水位水边线用对数曲线连接成光滑曲线，即为沉积滩部分的浸润线。

上游式尾矿堆积坝的初期透水堆石坝坝高与总坝高之比值不宜小于 1/8。

（三）液化稳定性分析

所谓液化就是饱和砂土在振动作用下抗剪强度骤然下降为零而成为黏滞液体的现象。尾矿坝在大地震时极易发生液化，如果这种液化发生在坝体下游坡部位，则会引起边坡坍塌，危害甚大，即使不坍塌，其抗滑稳定安全系数也会大大降低。

尾矿坝的抗震计算（即液化稳定性分析）包括地震液化分析和稳定分析。我国现行《构筑物抗震设计规范》规定：地震设防烈度为6度地区的尾矿坝可不进行抗震计算，但应满足抗震构造和工程措施要求，具体构造和要求见规范。6度和7度时，可采用上游式筑坝，经论证可行时，也可采用下游式筑坝工艺；8度和9度时，宜采用中游式或下游式筑坝工艺。三级及以下尾矿坝的液化分析可采用一维简化动力法计算；一级和二级尾矿坝，应采用二维时程分析法进行计算分析。

第三节 尾矿库排洪设施

一、尾矿库排洪系统

1. 排洪系统布置原则

尾矿库的排洪方式根据地形、地质条件、洪水总量、调洪能力、回水方式、操作条件与使用年限等因素，经过技术比较确定。尾矿库宜采用排水井（斜槽）-排水管（隧洞）排洪系统。有条件时也可采用溢洪道或截洪沟等排洪设施。

尾矿库设置排洪系统的作用有两个方面的原因：一是为了及时排除库内暴雨；二是兼作回收库内尾矿澄清水用。对于一次建坝的尾矿库，可在坝顶一端的山坡上开挖溢洪道排洪，其形式与水库的溢洪道相类似。对于非一次建坝的尾矿库，排洪系统应靠尾矿库一侧山坡进行布置，选线应力求短直；地基的工程地质条件应尽量好，最好无断层、破碎带、滑坡带及软弱岩层或结构面。

尾矿库排洪系统布置的关键是进水构筑物的位置。坝上排矿口的位置在使用过程中是不断改变的，进水构筑物与排矿口之间的距离应始终满足安全排洪和尾矿水得以澄清的要求；这个距离一般应不小于尾矿水最小澄清距离、调洪所需滩长和设计最小安全滩长（或最小安全超高所对应的滩长）三者之和。

当采用排水井作为进水构筑物时，为了适应排矿口位置的不断改变，往往需建多个井接替使用，相邻二井井筒有一定高度的重叠（一般为0.5～1.0 m）。进水构筑物以下可采用排水涵管或排水隧洞的结构形式进行排水。

当采用排水斜槽方案排洪时，为了适应排矿口位置的不断改变，需根据地形条件和排洪量大小确定斜槽的断面和敷设坡度。

有时为了避免全部洪水流经尾矿库增大排水系统的规模，当尾矿库淹没范围以上具备较缓山坡地形时，可沿库周边开挖截洪沟或在库后部的山谷狭窄处设拦洪坝和溢洪道分流，以减小库区淹没范围内的排洪系统的规模。

排洪系统出水口以下用明渠与下游水系连通。

2. 尾矿库防洪标准

尾矿库的防洪标准应根据各使用期库的等别，综合考虑库容、坝高、使用年限及对下游可能造成的危害等因素，按表2-11确定。

储存铀矿等有放射性和有害尾矿，失事后可能对下游环境造成极其严重危害的尾矿库，其防洪标准应予以提高，必要时其后期防洪可按可能最大洪水进行设计。

表 2-11 尾矿库防洪标准

尾矿库等别		一	二	三	四	五
洪水重现期/年	初期		100～200	50～100	30～50	20～30
	中、后期	1 000～2 000	500～1 000	200～500	100～200	50～100
备注		初期指尾矿库启用后的头 3～5 年				

尾矿库洪水计算应符合下列要求：

(1) 应根据当地水文图册或有关部门建议的适用于特小汇水面积的计算公式计算。当采用全国通用的公式时，应当用当地的水文参数。有条件时应结合现场洪水调查予以验证。

(2) 库内水面面积不超过流域面积的 10%，则可按全面积陆面汇流计算。否则，水面和陆面面积的汇流应分别计算。

设计洪水的降雨历时应采用 24 小时计算，经论证也可采用短历时计算。

当 24 小时洪水总量小于调洪库容时，洪水排出时间不宜超过 72 小时。

尾矿库排水构筑物的形式与尺寸应根据水力计算及调洪计算确定。对一、二等尾矿库及特别复杂的排水构筑物，还应通过水工模型试验验证。

尾矿库排洪构筑物宜控制常年洪水（多年平均值）不产生无压与有压流交替的工作状态。无法避免时，应加设通气管。当设计为有压流时，排水管接缝处止水应满足工作水压的要求。

排水管或隧洞中最大流速应不大于管（洞）壁材料的容许流速。

排洪计算的目的在于根据选定的排洪系统和布置，计算出不同库水位时的泄洪流量，以确定排洪构筑物的结构尺寸。

当尾矿库的调洪库容足够大，可以容纳得下一场暴雨的洪水总量时，问题就比较简单。先将洪水汇集后再慢慢排出，排水构筑物可做得较小，工程投资费用最低；当尾矿库没有足够的调洪库容时，问题就比较复杂，排水构筑物要做得较大，工程投资费用较高。一般情况下尾矿库都有一定的调洪库容，但不足以容纳全部洪水，在设计排水构筑物时要充分考虑利用调洪库容进行排洪计算，以便减小排水构筑物的尺寸，节省工程投资费用。排洪计算的步骤一般如下：

（1）确定防洪标准：我国现行设计规范规定尾矿库的防洪标准按表2-11 确定。当确定尾矿库等别的库容或坝高偏于下限，或尾矿库使用年限较短，或失事后危害较轻者，宜取重现期的下限；反之宜取上限。

（2）洪水计算：确定防洪标准后，可从当地水文手册查得有关降雨量等水文参数，先求出尾矿库不同高程汇水面积的设计洪峰流量和设计洪水总量及设计洪水过程线。

（3）作水位-调洪库容和水位-泄洪流量关系曲线：根据尾矿沉积滩的坡度求出不同高程的调洪库容，作出水位-调洪库容关系曲线；根据经验选取一定的排洪构筑物，并作出水位-泄洪流量关系曲线。

（4）调洪演算：根据洪水过程线、水位-调洪库容关系曲线和水位-泄洪流量关系曲线，逐时段进行水量平衡计算，确定尾矿库最高洪水位和排洪构筑物最大下泄流量，并作出排水过程线。设计上应选取多个排洪构筑物的过水断面，经反复计算，技术经济比较，确定最优排洪方案。

经调洪演算确定的最高洪水位，不仅应符合尾矿坝安全超高和最小干滩长度的规定，而且还应满足尾矿坝稳定性的要求。

二、排洪设施的类型、功能

排水构筑物是尾矿库重要的安全设施，又是隐蔽工程，必须安全可靠。因此要求排水构筑物的基础应尽量设置在基岩上，当无法设置在基岩上时，应进行基础处理，以满足构筑物的稳定和结构要求；对排水涵管需要填方地段，可采用素混凝土或毛石混凝土基础，对置于非基岩上的排水涵管，在结构上可采取"短管"技术，即控制每节管段长度（或沉降缝间距）不超过 5 m，以适应地基沉降。

排水构筑物的设计应按《水工混凝土结构设计规范》和《水工隧洞设计规范》进行。设计排水系统时，应考虑终止使用时在井座或支洞末端进行封堵的措施。在排水构筑物上或尾矿库内适当地点，应设置清晰醒目的水位标尺。

1. 进水构筑物

进水构筑物的基本形式有排水井、排水斜槽、溢洪道以及山坡截洪沟等。

排水井是最常用的进水构筑物，有窗口式、框架式、井圈叠装式和砌块式等形式，如图 2-21 所示。窗口式排水井整体性好，堵孔简单，但进水量小，未能充分发挥井筒的作用，早期应用较多。框架式排水井由现浇梁柱构成框架，用预制薄拱板逐层加高，结构合理，进水量大，操作也比较简便，从 20 世纪 60 年代后期起，得到广泛采用。井圈叠装式和砌块式等形式排水井分别用预制拱板和预制砌块逐层加高，虽能充分发挥井筒的进水作用，但加高操作要求位置准确性较高，整体性较差，应用不多。

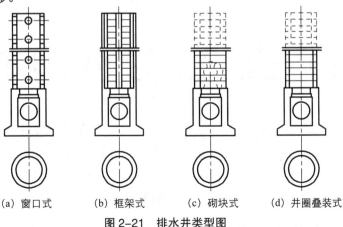

(a) 窗口式 　　 (b) 框架式 　　 (c) 砌块式 　　 (d) 井圈叠装式

图 2-21　排水井类型图

排水斜槽既是进水构筑物，又是输水构筑物，随着库水位的升高，进水口的位置不断向上移动。它没有复杂的排水井，但毕竟进水量小，一般在排洪量较小时经常采用。

溢洪道常用于一次性建库的排洪进水构筑物，为了尽量减小进水深度，往往作成宽浅式结构。山坡截洪沟也是进水构筑物兼作输水构筑物，沿全部沟长均可进水。在较陡山坡处的截洪沟易遭暴雨冲毁，管理维护工作量大。

2. 输水构筑物

尾矿库输水构筑物的基本形式有排水管、隧洞、斜槽、山坡截洪沟等。

排水管是最常用的输水构筑物，一般埋设在库内最底部，荷载较大，一般采用钢筋混凝土管，如图 2-22 所示。斜槽的盖板采用钢筋混凝土板，槽身有钢筋混凝土和浆砌块石两种，如图 2-23 所示。钢筋混凝土管整体性好，承压能力高，适用于堆坝较高的尾矿库。但当净空尺寸较大时，造价偏高。浆砌块石管是用浆砌块石作为管底和侧壁，用钢筋混凝土板盖顶而成。整体性差，承压能力较低，适用于堆坝不高、排洪量不大的尾矿库。

图 2-22　排水管类型图

图 2-23　斜槽类型图

隧洞需由专门凿岩机械施工，故净空尺寸较大，它的结构稳定性好，是大、中型尾矿库常用的输水构筑物。当排洪量较大,且地质条件较好时,隧洞方案往往比较经济。

3. 坝坡排水沟

坝坡排水沟有两类:一类是沿山坡与坝坡结合部设置浆砌块石截水沟,以防止山坡暴雨汇流冲刷坝肩。另一类是在坝体下游坡面设置纵横排水沟,将坝面的雨水导流排出坝外,以免雨水滞留在坝面造成坝面拉沟,影响坝体的安全,如图 2-24 所示。

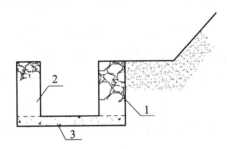

图 2-24 坝坡排水沟图

1—干砌块石; 2—浆砌块石; 3—混凝土底

三、尾矿库防洪基本要求

尾矿库防洪的含义绝不应简单地理解为仅仅防止洪水漫顶垮坝。通过确定尾矿库防洪标准、洪水计算、调洪演算和水力计算等步骤设计的排洪构筑物,应能确保设计频率的最高洪水位时的干滩长度不得小于设计规定的长度。为此,生产管理必须按下列要求严格控制和执行:

(1)库内应在适当地点设置可靠、醒目的水位观测标尺,并妥善保护。

（2）水位线应与坝顶轴线基本平行。

（3）平时库水位应按图 2-25 所示的要求进行控制。图中设计规定的最小安全滩长 l_a，最小安全超高 h_a，所需调洪水深 h_t 对应的调洪滩长 l_t 是确保坝体安全的要求；最小澄清距离 $l_{c,min}$ 是确保回水水质能满足正常生产的要求。

（4）在全面满足设计规定的最小安全滩长、最小安全超高、所需调洪水深对应的调洪滩长和最小澄清距离要求的情况下，有条件的尾矿库，干滩长度应越长越好。

（5）对于某些不能全面满足上述要求的尾矿库，在非雨季经设计论证允许，可适当抬高水位以满足澄清距离的要求。但在防汛期间必须降低水位以满足确保坝体安全的要求。紧急情况下，即使排泥，也得保坝。

（6）严禁在非尾矿堆坝区排放尾矿，以防占用必要的调洪库容。

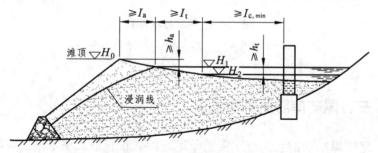

图 2-25　尾矿库水位控制图

∇H_1—设计洪水位；∇H_2—正常生产库水位；h_a—设计规定的最小安全超高；
h_t—调洪水深；l_a—设计规定的最小安全滩长；l_t—调洪水深 h_t 对应的
调洪滩长；$l_{c,min}$—最小澄清距离

（7）未经技术论证和上级主管技术部门的批准，严禁用子坝抗洪挡水，更不得在尾矿堆坝上设置溢洪口。

第四节　尾矿输送及回水设施

一、尾矿库输送系统

（一）尾矿浓缩设施

尾矿浓缩通常使用机械浓缩池、斜板（斜管）浓缩池和平流式沉淀池。

1. 机械浓缩池

机械浓缩池的特点是虽然占地面积较大，但操作管理简单，生产可靠，排泥效果好，可用于各种尾矿的浓缩，所以应用较多。

浓缩池的规格，应按定型产品进行选择，使其有效面积、池深以及耙泥设备的荷载能力均满足设计要求。浓缩池的个数，应考虑与选厂系列相配合，一般不宜少于两个。当采用两个或多个浓缩池时，其型号与规格应力求一致。

浓缩机有周边传动和中心传动两种方式。

1) 周边传动式浓缩机

直径较大的浓缩机都采用周边传动式，其结构如图 2-26 所示。池子由混凝土筑成，池中央有一个钢筋混凝土支柱，用来支撑耙子机构的一端及矿浆槽等。耙子机构的另一端借助于传动小车支撑在池子周边的环形钢轨上。为增强牵引力，防止小车轮子打滑，在环形钢轨的外缘增设一个与其平行的环形齿条。在小车轮上增设一个齿轮与环形齿条啮合。传动小车上装有电动机、减速器、小车轮及齿轮等传动部件。借此带动整个耙子机构在池中运动。

周边传动浓缩机设有提升装置，一般是安装过载继电器以保护电动机。消除耙子过载的方法，一般是加速排料并用高压水冲洗排料口。电机的电源引入采用滑环集电接点装置。

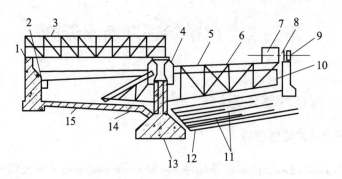

图 2-26 周边传动式浓缩机示意图

1—齿条；2—小车轮轨；3—矿浆槽及支架；4—进浆圆筒；5—耙架；6—耙齿；
7—传动小车；8—小车轮；9—齿轮；10—溢流槽；11—排料管；
12—记压水管；13—沉砂排矿口；14—中心支架；15—池体

　　矿浆沿矿浆槽流入中央进浆圆筒，并在池中沉淀，沉淀物从沿中心支柱外围分布并装有铸铁漏斗的排料口（一般 2~4 个）排出，澄清溢流从周边的环形溢流槽流出。

　　2）中心传动式浓缩机

　　中心传动式浓缩机多为中、小型的，其结构如图 2-27 所示。它是由池子、耙子及传动机构等部分组成。池子为圆形，底部成圆锥漏斗形，与水平面约成 6°~10°的倾斜角。池底中心位置上开一个圆锥形排料口。池子一般由混凝土筑成，尺寸较小的池子也可用钢板焊成。在池子的中心竖轴上悬挂着耙子机构。耙子机构由耙臂、耙齿及加固用的拉条组成，两对耙臂互相垂直成十字形。耙子与耙臂大约成 30°的倾斜角安装在耙臂上。竖轴由蜗轮传动机构驱动，并带动整个耙子机构在池子中旋转，将浓缩产品耙至中间的排料口排出。竖轴上设有手轮和离合器等组成的提升装置，以便过载时或停机检修时将耙子提起，平时可以用它来调节耙子的高度。池子上部的中央安装一圆形给料筒，矿浆由管道引入给料筒进入浓缩机，进行浓缩沉淀。溢流水由池子周边的环形溢流槽排出。

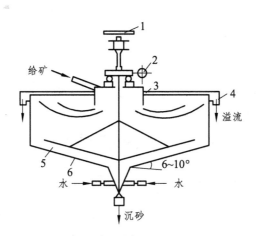

图 2-27　中心传动式浓缩机示意图

1—手轮；2—涡轮传动机构；3—给矿管；4—溢流槽；5—耙架；6—池体

2. 斜板（斜管）浓缩池

斜板浓缩池的特点是效率高，可大大减小占地面积，适用于细粒尾矿的浓缩，但维护检修麻烦。自排式斜板（斜管）浓缩池靠重力连续排矿，排泥效果差，排矿浓度不易控制，但可省掉机械排泥装置。

3. 平流式沉淀池

平流式沉淀池的特点是采用重力连续排泥和水枪定期清洗相结合的方式排泥，效果差，清池工作量大，但无机械耙泥装置，这样可节省钢材和投资，仅适用于小型选矿厂处理较均质的细粒尾矿。

随着科学技术的进步，新设备的不断涌现，除上述浓缩方式外，还有倾斜板浓缩箱、水力旋流器、高效浓缩机等已应用于尾矿浓缩。

（二）尾矿压力输送

选矿厂尾矿水力输送应结合具体情况因地制宜。如果有足够的自然高差能满足矿浆自流坡度，应选择自流输送；如果没有自然高差，可选择压力输送：如图 2-28 所示；如部分地段有自然高差可利用，则可选择自流和压力联合输送，如图 2-29 所示。

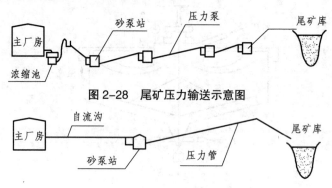

图 2-28　尾矿压力输送示意图

图 2-29　尾矿联合输送示意图

1．尾矿输送管线布置原则

尾矿输送管道（或流槽）线路的布置，一般应综合考虑下列原则：

（1）尽量不占或少占农田。

（2）避免通过市区和居民区。

（3）结合砂泵站位置的选择，缩短压力管线。

（4）避免通过不良地质地段、矿区崩落和洪水淹没区。

（5）便于施工和维护。

2．尾矿输送管的敷设方式

（1）明设。将尾矿输送管（或流槽）设置在路堤、路堑或栈桥上。其主要优点是便于检查，所以一般多采用此方式。但明设受气温影响较大，容易造成伸缩节漏矿。

（2）暗设。将尾矿输送管（或流槽）设置在地沟或隧道内，一般在厂区交通繁华处或受地形限制时，才采用这种形式。

（3）埋设。将尾矿输送管（或封闭流槽）直接埋设在地表以下。其优点是地表农田仍可耕种，同时受气温影响较小，可少设甚至不设伸缩接头，因而漏矿事故较少；缺点是一旦漏矿，检修非常麻烦。

　　此外，还有半埋设形式，即管道半埋于地下或虽沿地表敷设，其上用土简单覆盖。它也可减少气温变化的影响，甚至可不设伸缩接头。

　　管道敷设时应尽可能成直线，弯头转角尽可能小些，转角较大的弯头要尽可能圆滑些。

　　3. 砂泵站的形式及连接方式

　　尾矿压力输送是借助于泵站设备运行得以实现的，因此，砂泵站在尾矿设施中占有很重要的地位。

　　1）砂泵站的形式及连接方式

　　砂泵站有地面式和地下式两种。最常见的是地面式砂泵站，它具有建筑结构要求低，投资少，操作、检修方便等优点。因此，被国内矿山广泛采用。另一种是地下式砂泵站，这种泵站是在地形及给矿等条件受到限制的情况下所采用的。地面式砂泵站一般采用矩形厂房，而地下式砂泵站往往采用圆形厂房。

　　2）砂泵站的连接方式

　　我国有些矿山的尾矿库往往建在距选矿厂较远的地方，因此一级泵站难以将尾矿一次性输送到尾矿库，所以采用多级泵站串联输送的方式，将尾矿输送到最终目的地。串联方式有直接串联和间接串联，它们的优点、缺点见表 2-12。

表 2-12　泵站连接方式特点

连接方式	优点	缺点
直接串联	省掉了爬矿仓的水头损失，充分利用砂泵扬程；省掉了矿仓的有关工程及操作	目前矿浆输送的安全措施尚不完善，所以发生事故的可能性多；操作管理要求严格
间接串联	管理简单；发生事故的可能性少，容易发现问题，便于处理事故	多消耗矿仓的一段水头，泵的扬程不能充分利用；多了矿仓工程，占地面积较大

4. 砂泵类型及其特点

尾矿压力输送常用的砂泵有离心泵（PN 泥浆泵、PH 灰渣泵、PS 砂泵、沃曼泵、渣浆泵等）和往复泵（即马尔斯泵）两类。

1）离心泵

离心泵主要由泵壳、叶轮、轴及轴承、泵座、吸入管和排出管组成，如图 2-30 所示。其工作原理是泵的叶轮由电机带动高速转动，在此过程中叶轮中心产生负压，浆体在大气压的作用下，源源不断地由吸入池进入叶轮中心，被压入排出管，使离心泵能连续不断地吸液排液。

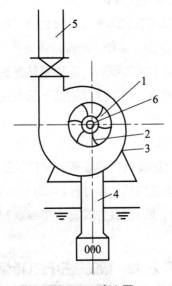

图 2-30　离心泵

1—叶轮；2—叶片；3—泵壳；4—吸入管；5—排出管；6—泵吸入口

（1）离心泵的串并联。离心泵的选择主要是根据需要扬送的尾矿量及所需要的总扬程而定的。当尾矿量有变化时，还要考虑其变化情况。选择时应尽可能以一台能扬送全部的尾矿量为原则。如有的产品不能满足尾矿量的要求时，可以选择几台同型号的泵并联同时工作，不要采用不同型号的泵进行并联使用。因为在泵并联工作时各泵的性能不尽相同，运行中会相互干扰，降低了泵的使用效率。

当用一般离心泵扬送尾矿，扬程不能满足需要时，可以采用泵串联运行。启动时应先启动一级泵，再启动前一级泵以防止次级泵在大负荷时启动而烧毁电机，离心泵串联扬送时的剩余扬程一般为 3～5 m，水柱一般不超过 10 m 水柱，否则失去泵串联的意义。

在远距离输送尾矿时，一般情况下电机的负荷都很大，容易造成烧毁电机现象。目前采用较为先进的矩形联轴器镶嵌在电机的主动轮上。当负荷较大时，联轴器可自动打滑而保护电机，待电机的运转速度转到能带动泵运行时，联轴器自动与电机同时运转而使泵运转。

（2）离心泵的给矿方式。离心泵的给矿方式有压入式和吸入式两种。压入式给矿又有动压式和静压式之分，利用前一级泵的剩余压力向后一级泵给矿属动压式。动压式给矿方式能把前一级泵输送的剩余压头充分地利用，但要保持前后两极泵的输送流量平衡，否则，易产生气蚀而加剧过流件的损耗，操作维护比较困难。由位置高于泵进口管的矿浆仓给矿属静压式，静压式给矿在操作上较为简单，便于流量的调节，但浪费剩余压头。由位置低于泵进口管的矿浆仓给矿属于吸入式给矿，由于尾矿浆中固体颗粒极易沉淀，吸入式给矿启动较困难，一般很少采用。但若受到条件的限制，必须采用吸入式给矿时，应采用真空泵或水力喷射器辅助启动。

2）往复泵

往复泵主要自活塞、泵缸，吸入阀、排出阀、吸入管和排出管等组成，活塞和吸入阀、排出阀之间的空间称为工作室，如图 2-31 所示。往复泵的工作原理可分为吸入和排出两个过程，当活塞由原动机带动，从泵缸的左端开始向右端移动时，泵缸内工作室的容积逐渐增大，压力逐渐降低形成局部真空，这时排出阀紧闭，容器中的液体在大气的作用下，便进入吸入管并顶开吸入阀而进入工作室。当活塞移动到右顶端，工作室容积达到最大值，所吸入液体也达到最大值，这是吸入过程。当活塞向左移动时，泵缸内的液体受到挤压，压力增高，将吸入阀关闭而推开排出阀，液体从排出管排出，活塞在原动机带动下这样来回往复一次，完成一个吸入过程和排出过程，称为一个工作循环。当活塞不断地作往复运动时，泵便不断输出流体。

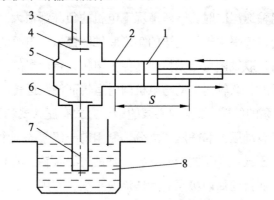

图 2-31　往复泵工作原理图

1—活塞；2—泵缸；3—排出管；4—排出阀；5—工作室；
6—吸入阀；7—吸入管；8—容器

（三）尾矿自流输送

当尾矿库低于选矿厂具有足够的自然高差能满足矿浆自流坡度要求时，可选择自流输送。尾矿自流输送多采用流槽的形式。必要时，也可采用管道自流输送，由于它不需动力，又易于管理和维护，被很多矿山采用。

（四）输送管材及零件

1. 输送尾矿管（槽）

输送尾矿管道在运转过程中极易磨蚀而损坏，由于线路长、重量大，一旦发生故障，对尾矿坝的安全构成很大的威胁，而且造成环境污染，为此，人们努力从工艺和设备材料两方面进行探索，并取得了很大的进展。目前，尾矿压力输送使用的管道一般有普通钢管、无缝钢管、铸铁管、内衬耐磨材料的复合管（如铸石复合管、高分子材料复合管、陶瓷复合管等）、高密度聚乙烯管等。离心泵大多使用普通钢管；高扬程泵的压力较大，可采用无缝钢管；对于颗粒较粗的尾矿，可采用内衬耐磨材料的复合管，如内衬铸石钢管、内衬陶瓷钢管、稀土耐磨铸钢管等。

管道连接方式有法兰连接、承插连接、焊接和卡箍连接等。

自流槽多用砖石砌筑，或混凝土浇筑。高架流槽可采用钢筋混凝土或钢板焊制的自承重流槽或用管材的形式。为了减轻磨损，也可在槽内壁贴铸石板材。

2. 主要相关零件

（1）闸阀。输送尾矿的闸阀宜采用耐磨专用矿浆衬胶闸阀，不宜采用清水闸阀。

（2）伸缩器。根据本地区的温差变化量及管材的线膨胀系数，在管线上适当位置按技术要求安装伸缩器，以防止冬季拉断输送尾矿管道。

（3）排气装置。在管线的最高点设置排气阀，用于排出管道内聚集的气体。

（4）接口。有用石棉水泥封口的承插连接方式，也有使用橡胶密封圈的；对于卡箍连接的有卡箍，紧固件；对于法兰连接的有法兰，紧固件。

二、尾矿水处理系统

（一）尾矿库澄清水回收方式

尾矿浆排入库内以后，边流动，边沉淀，经过一定时间的曝气和澄清后，自净效果是明显的。只要澄清距离足够长，在库内经过曝气自净后的澄清水一般均可直接回收，供选厂生产重复使用。

库内尾矿澄清水的回水方式大多通过溢流井或斜槽进入排水管，流至下游回水泵站，再 扬送到高位水池，供选厂使用。

如果有合适的地形条件，可在库内水区旁边建立活动回水泵站，不需经排水井和排水管，直接将澄清水扬送到高位水池。这样可减少回水的扬程，以节省电力。这样的泵站形式有缆车式取水泵站，又称斜坡道式取水泵站；囤船式取水泵站，又称浮船式取水泵站；地面简易取水泵站等。

还有的矿山在尾矿库下游设置截水池拦截坝体渗水，扬回库内或高位水池。

（二）尾矿水的排放及净化

1. 尾矿水的排放

尾矿库澄清水虽然在库内经过自净，但有极少量的有害物质尚不能完全去除，尾矿水与其他工业废水相比有以下特点：

（1）数量大。

（2）有害物质含量通常不高。

（3）经过尾矿库长时间澄清并与地表径流水混合后排出。

因此，从尾矿库排出的尾矿澄清水一般对下游危害较轻或无害，为了充分地利用尾矿水，减少选厂的生产供水成本，应尽可能地回收尾矿水。

如果有害物的含量超过有关标准又需大量外排时，须进行净化处理，使其水质达到国家和地方制定的污水排放标准。

2. 尾矿水的净化处理

尾矿水的净化处理包括自然净化和人工净化两类。

1）自然净化

自然净化就是尾矿浆排入尾矿库后，先在水面以上的沉积滩上流动，这个阶段曝气较充分，残存药剂气味大量挥发，接着进入库内水域，细粒尾矿大量沉淀，水质逐渐变清，最后澄清水由排水井溢出。

自然净化的效果同环境、温度、历时长短以及与空气接触条件有关。我国的尾矿库大多数使用这种自然净化方法，将澄清水回收循环使用，取得了满意的效果。

2）人工净化

大量排放的尾矿水中有害物质的含量超过污水排放标准规定时，一般应进行人工净化处理。净化方法与有害成分有关。

尾矿水中的有害成分来源于矿石中的元素和选矿过程加入的药剂。常见的有铜、铅、锌、硫、黄药、黑药、松油等，极少数选厂的尾矿水中还含有氰化物、砷、酚、汞等。

尾矿水中往往含有不止一种有害物质，对这些有害物质应尽可能选用单一的净化剂，在一级净化流程内完成综合净化。当不可能应用单一的净化剂完成综合净化时，则需采用几种净化剂分级进行净化。

净化剂应尽量选用当地可能供应的廉价材料。如对铅锌矿的尾矿水，可采用本矿的铅锌矿石作为净化剂，以提取有机药剂和氰化物。选厂离铝土矿较近时，则可采用铝土矿的矿石废料来提取氰化物。石灰是普遍的廉价净化剂，可广泛应用于净化铜离子和有机药剂。漂白粉对多种有害物质的净化均有效果。

（1）悬浮物的净化。个别尾矿水中因含有某些选矿药剂，致使极细粒尾矿呈胶体悬浮状态，难以澄清。对此，可适当地添加凝聚剂聚沉。

（2）金属离子的净化。铜、铅、镍等金属离子的净化可用吸附等办法进行。例如，在含铜浓度为 20 mg/L 的溶液中，加入氧化钙 0.5 g/L 时，即可使铜的剩余浓度低于 0.05 mg/L。

（3）选矿药剂的净化。对浮选常用的黄药、松根油、2 号浮选油、各号黑药和油酸等有机药剂，可使用活性炭、铅锌矿粉吸附或石灰乳、漂白粉等进行净化。

（4）氰化物的回收和净化。高浓度的含氰废水（如金矿的选矿废水）应尽量回收氰以重复利用。氰化物的净化一般可用碱性氯化法、硫酸亚铁-石灰法、空气吹脱法（酸化曝气法）和吸附等法进行。

第五节　尾矿库观测设施

一、尾矿库常规观测设施

（一）尾矿坝监测系统的基本概念

尾矿坝监测系统是指为了获取尾矿坝的运行状态和安全状况，依据尾矿坝稳定性评价准则，采取一定的观测手段，定期对尾矿坝的各项运行状态和安全状况进行观测、评价、分析、记录的技术与装备的总称。

（二）尾矿坝监测系统主要类型

根据观测方式的不同，尾矿坝监测系统通常分为人工观测和全自动在线监测两类。

1. 人工观测

1）库水位观测设施

传统的尾矿坝监测系统主要采取人工定期通过传统仪器对于尾矿坝的坝体位移、浸润线等进行测量，再通过离线计算与比对，评估尾矿坝的安全状态。这种观测方式工人工作量大，间隔时间长，受天气、现场环境、主观因素制约，不能及时反映尾矿坝的安全状态，仅能够作为一种参考手段。

一项完善的尾矿库设计必须给生产管理部门提供该库在各运行期的最小调洪深度$[H_t]$、设计洪水位时的最小干滩长度$[L_g]$和最小安全超高$[H_c]$以作为控制库水位和防洪安全检查的依据。库水位观测的目的正是根据现状库水位推测设计洪水位时的干滩长和安全超高是否满足设计的要求。但至今大多用目测估计现有干滩长来推测洪水位时的干滩长，这是极不准确的。下面介绍简便可靠的检测法。

（1）安全滩长检测法。设现状库水位为H_s，先在沉积滩上用皮尺量出$[L_g]$，并插上标杆a，用仪器测出a点地面标高H_a。当$H_t = H_a - H_s \geqslant [H_t]$时，即认为安全滩长满足设计要求。否则，不满足。如图2-32所示。

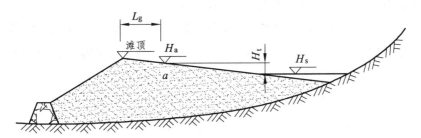

图2-32　安全滩长检测图

（2）安全超高检测法。设现状库水位为H_s，先在沉积滩上用水准仪根据$[H_c]$找出b点，并插上标杆b，用仪器测出b点地面标高$[H_b]$。当$H_t = H_b - H_s \geqslant [H_t]$时，即认为安全超高满足设计要求。否则，不满足。如图2-33所示。

对于坝前干滩坡度较大者，只要安全滩长满足要求，安全超高一般都能满足要求，而无需检测安全超高；对于坝前干滩坡度较缓者，只要安全超高满足要求，安全滩长一般都能满足要求，而无需检测安全滩长。

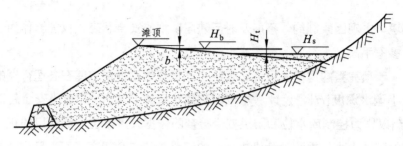

图 2-33 安全超高检测图

2)浸润线观测设施

浸润线的位置是分析尾矿坝稳定性的最重要的参数之一,因而也是判别尾矿坝安全与否的重要特征。不少尾矿坝需通过降低浸润线以增强稳定性,也必须事先了解浸润线现状的位置。因此,确切测出浸润线的观测设施是必须认真对待的一项工作。

尾矿坝浸润线观测通常是在坝坡上理设水位观测管。观测管的开孔渗水段的长度取 1 m 左右为宜。观测管埋设深度是个关键,浅了测不到水位;深了所测得的水位往往低于实际浸润线。为此,事先必须了解设计者为确保坝体稳定所需要的浸润线深度,这从初步设计的坝体稳定计算剖面图中可以找到。生产过程中浸润线的位置还会受放矿水、干滩长度、雨水以及坝体升高等因素的影响,经常有些变动。因此,观测管渗水段设置在设计所需浸润线的下面 1~1.5 m 处为宜。这样测得的水位比较接近实际浸润线。如果测不到水位,说明浸润线低于设计要求值,坝体安全;如果测得水位较高,说明需要采取降低浸润线的治理措施。

值得一提的是,盲目将观测管的渗水段埋设得很深,或将观测管从上到下都开孔渗水,这样测得的水位往往比实际浸润线低得多,使人误认为浸润线很深,坝体很安全,这是非常危险的。

有些尾矿坝曾试用过内装传感器的金属测头取代观测管,使用高级绝缘导线引至室内仪表上,进行半自动或自动检测浸润线。这在技术上已不成问题，但用于尾矿坝受到诸多因素的制约，尚未能推广。

3）坝体位移观测设施

目前我国尾矿坝位移观测仍以坝体表面位移观测为主，即在坝体表面有组织地埋设一系列混凝土桩作为观测标点，使用水准仪和经纬仪观测坝体的垂直（沉降）和水平位移。

标点的布置以能全面掌握坝体的变形状态为原则。一般可选择最大坝高剖面、地基地形变化较大的地段布置观测横断面。每个观测横断面上应在不易受到人为或天然因素损坏的地点选择几处建立观测标点，此外在坝脚下游 5~10 m 范围内的地面上布置观测标点，并同时记录下其最初的标高和坐标。为便于观测，还需在库外地层稳定、不受坝体变形影响的地点建立观测基点（又称为工作基点）和起测基点。生产管理部门定期在工作基点安装仪器，以起测基点为标准，观测各观测标点的位移。

目前，由于设计规范尚未对坝体最大位移作出限量规定，一旦发现观测的位移出现异常时，应及时通报有关部门"会诊"分析坝体变形的发展趋势，判别坝体的安全状态，进而确定是否需要采取治理措施。

4）排水构筑物的变形观测设施

较高的溢水塔（排水井）在使用初期可能受地基沉降影响而倾斜，可用肉眼或经纬仪观测。钢筋混凝土排水管和隧洞衬砌常见的病害为露筋或裂缝，前者用肉眼检查，后者可用测缝仪测量裂缝宽度以判断是否超标。

2. 全自动在线监测系统

全自动在线监测系统综合采用计算机、自动化、网络、通信、传感技术等高新技术手段，通过安装在尾矿坝待检测目标中的传感器，实时获取尾矿坝的各项运行状态，通过尾矿坝的安全性分析算法，全自动计算尾矿坝安全性。同时，尾矿坝运行状态还可以通过网络发布系统进行远程查看和管理。

二、尾矿库在线监测系统

尾矿坝在线监测系统是一项新兴的多学科、跨专业的系统集成技术，经过近年来的快速发展和实践应用，尾矿坝在线监测系统已经呈现出智能化、功能丰富、可靠度高、系统兼容性强、抗干扰能力强、可视化程度高、用户界面友好的发展趋势。系统不仅能监测尾矿坝现场各种参数，准确表达各监测点的运行状态，而且还具备对相关数据进行分析并提出初步风险评价的能力，还能多渠道多形式适时分级发布预警信息，为运行单位随时随地掌握工程结构安全和决策部门在关键时刻的决策分析提供了有效可靠的技术支持。将来尾矿坝在线监测系统还会与尾矿坝灾害应急指挥系统等其他相关系统相结合，做到功能延伸，形成具有一体化处理功能的综合系统。

与人工方式不同，尾矿坝在线监测系统利用遍布尾矿坝各监测点的传感器实时获取尾矿坝的各项运行数据，再采用多信息融合技术将数据进行整合重组，送入尾矿坝安全性分析模块进行计算，从而在线监控尾矿坝的运行状态。当尾矿坝出现安全隐患时，系统能及时判断并发出预警信号，提示相关部门进行处理，从而有效降低尾矿坝溃坝及人员伤亡事故的发生。同时，系统将尾矿坝的运行数据进行互联网发布，相关监管人员可以通过互联网方便、直观地了解尾矿坝的运行状态。当发生尾矿坝灾害事件时，相关部门也可以通过该系统进行事件跟踪、辅助决策和应急指挥调度。

尾矿坝在线监测系统包含数据自动采集、传输、存储、处理分析及综合预警等部分，并具备在各种气候条件下实现实时监测的能力。尾矿坝在线监测系统还具备数据自动采集、现场网络数据通信和远程通信、数据存储及处理分析、综合预警、防雷及抗干扰等基本功能，具备数据备份、掉电保护、自诊断及故障显示等辅助功能。

尾矿坝在线监测系统的布置，应符合下列要求：

（1）在线监测系统的更新改造设计应在完成原有仪器设备检验和鉴定后进行。

（2）在线监测系统控制中心的设置应符合国家现行的有关控制室或计算机机房的规定。

尾矿库在线监测系统设备的选择应符合下列要求：

（1）数据采集装置能适应应答式和自报式两种方式，按设定的方式自动进行定时测量，接收命令进行选点、巡回检测及定时检测。

（2）计算机系统与数据采集装置连接在一起的监控主机和监测中心的管理计算机配置应满足在线监测系统的要求，并应配置必要的外部设备。

（3）数据通信、数据采集装置和监控主机之间可采用有线和（或）无线网络通信，尾矿坝安全监测站或网络工作组应根据要求提供网络通信接口。

由于组成尾矿坝在线监测系统的各种传感设备种类多样且布设的范围广，通信距离远近不一，有线通信网络线路架设困难且成本高，野外应用环境恶劣且多样化等因素，使得尾矿坝在线监测系统的通信架构无法使用单一的通信手段，而是结合有线、无线、短距离、长距离等多样化的综合通信系统。

在线监测系统的远程发布软件采用模块化结构，主要由这样几个模块组成：浸润线软件模块、渗流量软件模块、库水位软件模块（降雨量软件模块、视频监控软件、干滩软件模块)、尾矿坝监控测值处理模块、尾矿坝监测数据远传模块、尾矿坝安全监测报警模块、尾矿坝监测分析发布模块等。通过这些模块完成所有监测数据的采集、传输、存储、处理、分析、预测、报警、发布等功能。

尾矿坝在线监测系统采用分级架构,包括监测站、监测管理站、现场监控中心以及上层监控中心。其中,监测站布置在尾矿坝监测区域内,用于在线获取监测点数据;监测管理站布置在工作环境较好的尾矿坝坝顶、两岸坝肩,也可设在远离现场的管理区内,用于现场监测数据采集、存储和备份;现场监控中心一般布置在尾矿坝现场值班室内,也可与监测管理站设置在一起,用于数据管理、展示、分析及互联网发布;矿山监控中心、集团监控中心乃至政府安监部门通过互联网进入监测系统,可以对尾矿坝的运行状态进行实时查看、分析,经授权后,可以对监测系统进行控制。

第六节　尾矿干堆模式

尾矿干堆模式在国内贵重金属矿山受到越来越多的重视和推行,四川省内也有金属矿山在摸索实践,虽然在培训大纲中未作具体要求,但不少尾矿库管理人员和操作人员也较为关注,因此在此作为技术参考资料列出,不作考核要求。

尾矿干式堆存是将尾矿压滤或过滤至低含水率滤饼状态并以胶带运输机或汽车等运输方式运至尾矿堆场排放的尾矿处置方式。

常规的湿堆尾矿库在安全及环保方面存在不利影响,尾矿库的库底渗流可能污染地下水及河流。湿式尾矿库尾矿堆体上游可形成一个高势能水体，一旦尾矿库失事，将对民众的生命财产安全及周边环境造成巨大损失。因此，尾矿的排放与堆存方式已由传统湿式排放，发展到开始尝试使用干式排放法。其特点是尾矿经过脱水后干式堆存于地表，从而可节省建设常规尾矿库的投资。此方法可以在峡谷、低洼、平地、缓坡等地形条件下应用，基建投资少，维护简单，尾矿回水率高，综合成本低。国内采用尾矿干式堆存技术的矿山多为黄金矿山，近几年在个别铁矿和有色金属矿山也有所应用，特别是在干旱少雨地区。

一、尾矿干堆工艺

尾矿干堆工艺主要由尾矿浓缩、尾矿过滤、尾矿输送、尾矿堆排及筑坝、后期维护管理等流程构成。

（一）尾矿浓缩

1. 浓缩基本原理

尾矿浓缩是将较稀的矿浆浓集为较稠的矿浆的过程，同时分离出几乎不含有固体物质或含有少量固体物质的液体。尾矿浓缩根据矿浆中固体颗粒所受的主要作用力的性质，分为重力沉降浓缩（即料浆受重力场作用而沉降）；离心沉降浓缩（即料浆受离心力场作用而沉降）；磁力浓缩（由磁性物料组成的料浆，在磁场作用下聚集成团并脱出其中的部分水分）。

1) 重力沉降浓缩

颗粒在浆体中下沉所受到的作用力主要有 3 种，即重力、浮力和阻力。对于一定的颗粒与一定的浆体，重力和浮力都是恒定的，而阻力却随颗粒与矿浆间的相对运动速度变化而改变。小颗粒有被沉降较快的大颗粒向下拖曳的趋势。在均匀颗粒的沉降过程中，拖曳力的增大主要是由速度梯度的增加造成的，而固体浓度增高引起的黏度变化对其影响则较小。由细粒矿石构成的矿浆是一种悬浮液。在其沉降过程中，由于流体中伴随有紊流发生，小颗粒有被沉降较快的大颗粒向下拖曳的趋势，微细矿粒的絮凝现象也会改变颗粒的有效尺寸。所以矿浆沉降脱水一般属于干涉沉降，其中大颗粒受干扰较大，其沉降速度减慢；而小颗粒因受拖曳，沉降速度相对加快。但是试验表明，对于固体粒度相差不超过6倍的悬浮液，其中全部粒子以大体相同的速度沉降。

由于工业上的沉降作业所处理的颗粒往往很小，颗粒与浆体间接触表面相对较大，因此，在重力沉降过程中，加速阶段的时间很短，常常可以忽略不计。

含有大小不同的矿粒的悬浮液在沉淀时，较粗的矿粒最先沉降到容器的底部，细小的则形成浑浊液，沉降速度较慢。在较浓的矿浆中，或当使用凝聚剂时，由于矿粒的凝聚，较大的矿粒带动较小的矿粒沉降，此时上层澄清的液体量逐渐增加，容器中的矿浆逐渐出现分层现象，即由上至下分成4个区，且矿粒的大小和沉淀的浓度由上往下逐渐增加，如图2-34所示。图中A区为澄清区，其固体颗粒含量低，颗粒之间的内聚力小。B区为沉降区，其浓度与开始沉降前的悬浮液相同，此区间

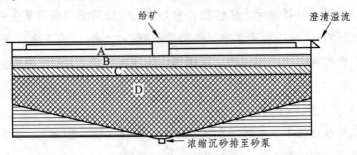

图 2-34 尾矿浓缩沉降过程

固体粒子含量增多，彼此间的内聚力大于固体颗粒沉降时所受的阻力。C 区为过渡区，该区内的固体颗粒间的内聚力增大，固体颗粒含量相应增高。D 区为压缩区，固体间的内聚力更大，浓度更高，颗粒间的黏滞性也增大。随着沉淀过程的进行，D 区和 A 区逐渐增加，而 B 区则逐渐减少以至消失，这时 C 区也随着消失，此时矿浆处于沉降过程的临界点状态。在临界点以后就只剩下 A 区和 D 区。

在连续作业的浓缩机中，矿浆不断地给入和排出，上述 4 个区总是存在的。所以矿浆的沉降速度是以沉降区的沉降速度来计算的。而浓缩产品的最终浓度，则由矿浆在压缩区停留的时间决定。压缩过程往往占用整个浓缩过程的绝大部分时间。当浓缩机的给料和排料速度一定时，浓缩机压缩区高度就决定了其底流排出的浓度大小。实践表明，压缩区的高度增加会使底流浓度提高。但由于压缩区矿浆呈变速沉降，沉降速度小，故一般不用增加压缩区的高度来提高底流浓度。因此，实际生产的浓缩机澄清区和沉降区总高度约为 0.8～1.0 m。压缩区的高度需经试验和计算确定。

2）絮凝剂对沉降浓缩的作用

选矿产品在沉降浓缩过程中，矿浆的澄清速度和所得浓缩产品的质量，在很大的程度上决定于矿粒的大小。粗颗粒很快沉降，其沉淀物含水也很少；而胶体颗粒因其所受的重力作用，已被表面能和布朗运动所平衡，在矿浆中能长久保持悬浮状态而不沉降。目前因矿石品位变低，各种有用矿物的加工粒度日趋变细，有时小于 0.043 mm 的粒级含量高达 80%～90%，其中含有相当数量的小于 5～10 μm 的微细粒。用自然沉降法浓缩这种矿浆时间长，需要的沉降面积也较大。为了强化浓缩（澄清）过程，通常必须加入适量的絮凝剂使分散的细颗粒聚合为较大的凝聚体，加速沉降。

生产中经常使用的凝聚剂和絮凝剂有两种类型。一种是电解质类的凝聚剂，如石灰、硫酸、硫酸铝、氯化铁及硫酸铁等。它们在水中溶解后产生离子，改变分散颗粒的表面电性，减小细颗粒之间的静电排斥力，使细颗粒在机械运动过程中互相碰撞而结合成较大的凝聚体。另一种为天然的或人工合成的高分子有机化合物，如淀粉、糊精、马铃薯渣、明胶、聚丙烯酰胺和聚乙烯醇等。

悬浮液中颗粒的稳定性及其对絮凝作用的灵敏性，与其中悬浮固体的表面电荷、离子吸附性质、悬浮液的 pH 值、溶解的离子类型和数量等因素有关。选用适当的絮凝剂加入矿浆中，经搅拌后与分散颗粒的表面发生物理化学变化，颗粒在内聚力作用下，彼此相互碰撞并吸附在一起，聚集成较大的絮凝团，质量增加，从而加快沉降速度。

3）离心浓缩

离心浓缩是利用离心力的作用来加快悬浮液中微细颗粒与液体的分离速度，缩短固液分离过程的一种浓缩方法。

在离心沉降过程中，离心加速度随着矿粒的回转半径而改变，因此矿粒的沉降速度也是个变数。此外，矿粒的离心力线互不平行，因此各个矿粒所受离心力作用的方向也不相同。所以一般的重力沉降规律不完全适于离心沉降。

2. 浓缩设备设施

1）耙式浓缩机

根据给排矿方式，沉降浓缩设施分为间歇排矿式和连续排矿式两大类。前者周期性地排卸浓缩产物，后者则连续地排卸浓缩产物。间歇排料式的有沉淀池、滤池等；连续排料式的有锥形浓泥斗、耙式浓缩机和离心浓缩机等。选矿厂生产中，细粒物料的脱水一般多采用连续排料的耙式浓缩机。

耙式浓缩机目前正向大型化发展，国外浓缩机的直径最大已达150～183 m。此外对传统的结构和工艺不断改进，并着重研制高效设

备，如改进给料方式，研究浓缩机的几何形状，

添加絮凝剂以提高浓缩效率和处理能力等。20 世纪 70 年代后期出现的高效浓缩机单位面积的生产能力比传统设备增长了许多倍，这对生产规模大，工业场地紧张以及气候严寒必须在

室内作业的选矿厂具有特别重要的意义。

耙式浓缩机可分成两大类型，即中心传动浓缩机和周边传动浓缩机（见表 2-13）。

表 2-13　耙式浓缩机分类情况

分类方法＼传动装置位置	中心传动浓缩机	周边传动浓缩机
按提耙方式分类	手动提耙	手动提耙
	自动提耙	自动提耙
	无提耙装置	无提耙装置
按耙臂驱动方式分类	中心竖轴蜗轮蜗杆	周边辊轮式
		周边齿条式
按浓缩机层数分类	单层式	
	多层式	
按中心轴结构形式分类	中心轴式	
	中心轴架式	
按浓缩效率分类	普通型	
	高效型	

2）高效浓缩机

在浓缩机中添加絮凝剂使微细颗粒凝聚成团，即可增大沉降颗粒的

粒度；在普通浓缩机内放入倾斜板，就可增加沉降面积，缩短颗粒的沉降距离，提高浓缩效率。高效浓缩机和加倾斜板的浓缩机正是从上述两个方面显示了其突出的优点。试验与工业生产表明，在处理能力相同的情况下，高效浓缩机的直径仅为普通浓缩机直径的 1/2～2/3，占地面积约为普通浓缩机的 1/9～1/4，而单位面积的处理能力却可以提高几倍至几十倍。

目前，国外使用的高效浓缩机直径已达 40 多 m。在美国、加拿大和澳大利亚的铁矿（精矿和尾矿）、选煤（主要是尾煤）、铂矿（酸性矿坑水和逆流洗液）、磷酸盐、发电厂 SO_2 洗涤渣及有色金属工业中广泛使用。

3）深锥浓缩机

深锥浓缩机的结构与普通浓缩机和高效浓缩机不同，其主要特点是池深尺寸大于池径尺寸，整体呈立式桶锥形。其工作原理是由于池体（一般由钢板围成）细长，在浓缩过程中又添加絮凝剂，便加速了物料沉降和溢流水澄清的浓缩过程。它具有较普通浓缩机占地面积小、处理能力大、自动化程度高、节电等优点。

淮矿和中芬矿机生产的 GSZN 型高效深锥浓缩机，是该公司综合前苏联和美国同类设备的优点及先进技术，研制、生产的一种高效浓缩澄清设备，用于处理各种煤泥水、金属选矿水及其他污水。

长沙矿冶院在深锥浓缩机研究中发现，浓缩进入到压缩阶段时，普通浓缩机中浓相层是一个均匀体系，仅依靠压力将水从浓相层挤压出来是一个极为困难和缓慢的过程。研究中还发现，通过在浓相层中设置特殊设计的搅拌装置，破坏浓相层中的平衡状态，可以在浓相层中造成低压区，并成为浓相层中水的通道，由于这一水的通道的存在，使浓缩机中的压缩过程大大加快。

4）水力旋流器

水力旋流器是一种利用离心力进行分级和选别的设备。在选矿厂中除了常用于各种物料的分级作业之外，还可作为离心选别设备，如重介质旋流器等。有时也用来作为矿浆脱泥、脱水以及浮选前的脱药、精矿浓缩及回水设施等。当原有浓缩机面积不足时，可辅以水力旋流器作第一段脱水设备。水力旋流器结构简单，易制造，生产能力大，占地面积小。设备本身无运动部件，操作维护简单。但由于它需要压力给矿，给矿压力还必须保持稳定，故采用动压给矿时，动力消耗较大。

我国于 20 世纪 50 年代开始在选矿厂使用水力旋流器。近些年随着尾矿干式堆存技术的出现及应用，水力旋流器在尾矿高效脱水环节也有很多应用。具有代表性的是以水力旋流器为核心的联合浓缩流程，该流程分为"水力旋流器-浓密机串联流程"和"水力旋流器-浓密机闭路流程"两类。前者主要用于提高尾矿浓缩效率，后者可以获得高浓度浓缩产物。

（二）尾矿过滤

过滤是从流体中分离固体颗粒的过程，基本原理是将液固两相的混合物给到多孔隙的介质（即过滤介质，一般用过滤布等）的表面，在压力差的作用下，液体通过介质，而固体颗粒残留于介质上，称为滤饼；液体通过滤饼层和介质层变为清澈的滤液。以滤液为产品的过滤机一般比以获得滤饼为产品的过滤机容易操作。对于经过初步脱水的细粒物料进一步脱水，目前最常用的方法就是过滤。与其他分离方法相比，过滤消耗能量是较低的。

1. 过滤方法

工业上应用过滤的方法，按照过滤动力的不同，可分为 4 大类型。

（1）重力过滤。该类过滤属于深床过滤（即厚滤层），其特点是固体颗粒的沉积发生在较厚的粒状介质床层内部。悬浮液中的颗粒直径小于床层孔道直径，当颗粒随流体在床层内的曲折孔道中穿过时，便黏附在过滤介质上。这种过滤适用于悬浮液中颗粒甚小而且含量甚微的场合。例如，自来水厂里用石英砂层作为过滤介质来实现水的净化。

（2）真空过滤。利用真空泵造成过滤介质两侧有一定的压力差，在此推动力作用下，悬浮液的液体通过滤布，而固体颗粒呈饼层状沉积在滤布的上游一侧。该法一般适于处理液固比较小而固体颗粒较细的悬浮液。

（3）加压过滤。利用高压空气 785 kPa 或高压水 883～1 569 kPa 充入装在滤室一侧或两侧的隔膜，借助于隔膜膨胀而均匀压榨滤饼，可以得到含水很低的滤饼。一般适于处理细黏颗粒和难过滤的物料。近几年又发展了加压-真空组合式过滤。

（4）离心过滤。利用离心力作用，使悬浮液中的液体被甩出，而颗粒被截留在滤布表面，离心力场可以提供比重力场更强的过滤推动力，分离速度高，效果好。适于处理含有微小固体颗粒的料浆。

2. 过滤介质

常用过滤介质的种类很多，主要可分为以下 3 类。

（1）粒状介质。如细砂、石砾、玻璃碴、木炭、骨炭、酸性白垩土等。此类介质颗粒坚硬，可以堆积成层，颗粒间的细微孔道足以将悬浮固体截留，而只允许液体通过。例如，城市和工厂给水设备中的砂滤池就是应用这类介质构成的。

（2）织物介质（或称为滤布介质）。是用天然的或人造的纤维编织而成的滤布。所用材料有棉花、麻、羊毛以及各种人造纤维与金属丝等。此类介质应用最广，其中尤以棉织帆布、尼龙类人造纤维、毛织呢绒等在选矿厂使用最普遍。

（3）多孔陶瓷或塑料介质。试验室中的砂滤器及饮水用的特制滤缸就用此类介质。过滤的目的在于得到含水较低的滤饼或不含固体的滤液。按性质差异，滤饼可分为两类，即不可压缩滤饼与可压缩的滤饼。前者由不变形的颗粒所组成，矿物晶体就属于此类；后者由无定形的颗粒所组成，主要为胶体滤渣，如氢氧化铅以及各种水化沉淀物等。不可压缩的滤渣积聚在过滤介质上形成滤饼时，各个颗粒的相互排列位置，粒子间的孔道，均不会因为压力的增加而发生较大的变化。但在过滤可压缩性滤渣时，粒子与粒子间的孔道随压力的增加而显著地变小，因此对滤液的流动发生阻碍作用。

选矿厂的精矿滤饼如不含有具备特殊回收价值的成分时，一般很少洗涤。但在水冶（如电解铜、锰等）厂里，滤饼要经过洗涤，以便充分回收滤液，并使滤饼更加纯洁，既可保证产品质量又可提高对有用成分的回收率。

对于可压缩的滤饼，当过滤压强增大时颗粒间的孔道变窄，有时也因颗粒过于细密而将通道堵塞。遇此情况可将一些粒度较粗的物料混入悬浮液中，改善料浆性质，形成较疏松的滤饼，提高过滤效率。这些混入的物质可以是同成分的物料，也可以是其他物料或药剂，统称为助滤剂。

3. 过滤机的分类和选择

1）过滤机的分类

工业过滤机的出现及应用比较早，种类也很多。按照过滤推动力的来源不同，过滤机可以分为 4 大类型，即真空过滤机、压滤机、磁性过滤机和离心过滤机。按照设备的形状及结构特点，又可细分为表 2-14 所列的各种形式的过滤机。

表 2-14　过滤机分类情况

分类及名称	按形状分类	按过滤方式分类	卸料方式	给料	应用范围
真空过滤机	筒形真空过滤机	筒形内滤式	吹风卸料	连续	用于矿山、冶金、化工及煤炭工业部门
		筒形外滤式	刮刀卸料		
		折带式	自重卸料		
		绳索式	自重卸料		
		无格式	自重卸料		用于煤泥和制糖厂
	平面真空过滤机	转盘翻斗	吹风卸料	连续	用于矿山、冶金、煤炭、陶瓷、环保等部门
		平面盘式	吹风卸料		
		水平带式	刮刀卸料		
	立盘式真空过滤机		吹风卸料		
磁性过滤机	圆筒形磁性过滤机	内滤式	吹风卸料	连续	用于含磁性物料的过滤
		外滤式	刮刀卸料		
		磁选过滤	吹风卸料		
离心过滤机	立式离心过滤机		惯性卸料	连续	用于煤炭、陶瓷、化工、医药等部门
	卧式离心过滤机		机械卸料		
	沉降式离心过滤机		振动卸料		
压滤机	带式压滤机	机械压滤			用于煤炭、矿山、冶金、化工、建材等部门
	板框压滤机	机械或液体加压	吹风卸料	连续	
	板框自动压滤机	液压	自重卸料	间歇	
	厢式自动压滤机	液压	自重卸料	间歇	
	旋转压滤机	机械加压	排料阀排料	连续	
	加压过滤机（筒式、带式等）	压缩空气压滤	阀控或压力排料		

我国金属矿山选矿厂目前使用的过滤设备大多为筒形真空过滤机。近几年已开始使用大型盘式、折带式和绳带式过滤机。国产 1 000 mm 宽的带式压滤机和大型自动压滤机的研制成功，为解决我国细黏物料的脱水问题提供了新的途径。近几年我国除了发展新产品外，对原有的筒式真空过滤机和折带式真空过滤机规格进行了系列化整理，增补了新的规格。

2）过滤机的选择

颗粒较粗，或粗、细夹杂，密度较大的物料，其沉淀速度也较快，一般应选用圆筒内滤式真空过滤机以使矿浆合理分层，既可提高过滤机的生产能力又可以获得较好的脱水效率。

大型筒形内滤式真空过滤机生产能力大，技术上可靠，操作容易。但是这种设备比较复杂，造价高，耗电较多，滤饼含水率较高，更换滤布不方便。

磁铁矿精矿或含有少量赤铁矿的混合精矿的脱水，可选用磁性过滤机。无论是永磁内滤式或永磁外滤式真空过滤机，对于粗粒或细粒（ -0.074 mm 粒级占 70%以下）以及浓度较稀的磁铁精矿脱水都能适应。这类设备机体小，产量却很高，脱水效率高。

对于细黏物料或密度和浓度较低的矿浆脱水，宜选用筒形外滤式真空过滤机、盘式过滤机、带式真空过滤机，折带式、无格式或绳带式真空过滤机及压滤机。

筒形外滤式真空过滤机的滤饼水分较低，过滤每吨精矿的滤布消耗量较小。但设备重，更换滤布较麻烦。

立盘式真空过滤机更换滤布方便。在机体尺寸相同的情况下，过滤面积比筒形真空过滤机大一倍左右。换滤布停车时间短。但滤饼水分较高，比鼓式过滤机约高 1%～2%。

水平盘式真空过滤机主要用于粗而重的颗粒的产品脱水，如钨、锡和含金矿物等重选产品。

　　水平带式真空过滤机是近代发展并广泛应用的过滤设备。过滤面积1～120 m²，类型、规格多种多样。该类设备对粗、细粒物料脱水的适应性与筒型内滤式真空过滤机相似。但设备结构简单，滤布寿命长，可从两面清洗，洗涤效率高，并可分出不同品级的滤液。操作方便灵活，过滤面积可以按生产要求加大，生产和维修费用低。大型带式过滤机主要用在处理矿物选、冶产品和煤粉脱水。

　　折带式和绳带式过滤机卸料方便，滤布清洗条件较好，不易堵塞，滤布磨损较小。可省去鼓风卸料设施，防止滤液倒流进入滤饼。更换滤布较方便。滤饼水分较低，但滤布易跑偏，且要求较高的给料浓度，否则会降低脱水效率。该类设备适于处理粒度较细、密度小、黏性较大、难卸落的物料。

　　对于细粒、密度小、难沉淀、浓度较低的料浆，为了提高脱水效率，通常需进行絮凝浓缩。这种浓缩产品黏性较大，絮团内含有较多的孔隙水，用真空过滤机不易大量脱出，需选用压滤机，以高于大气压力数倍或十余倍的外加压力，强行挤压才能得到含水较低的滤饼。

　　手动板框压滤机间断工作，产量低，劳动强度高，但滤饼生成及洗涤时间可以调整，洗涤作业效果好，且水量消耗较连续操作的压滤机少。该类设备占地面积较大，而且在操作过程中不便观察。自动板框压滤机可连续工作，产量高，能克服上述缺点。

　　连续工作的自动压滤机生产能力都很大。其中各种加压过滤机可利用真空和压力两种推力进行脱水，能够较经济地除去絮团的孔隙水和孔内水。

　　离心过滤机一般用来处理微细而难沉淀的物料，例如高岭土矿浆的过滤及某些粒度细、浓度低的其他料浆的过滤。其生产能力较低，设备复杂，价格高，金属矿石产品脱水一般很少采用。该类设备过滤速度快，脱水效率高，滤液质量好，但设备的操作与维护较麻烦。

（三）尾矿输送

目前，尾矿干式堆存过程中的尾矿输送主要有以下几种方式：带式输送机或汽车输送含水率很低的尾矿滤饼，管道输送过滤前的尾矿浆或膏体尾矿。

1. 带式输送机

1）带式输送机的发展

带式输送机是一种由无极环形输送带围绕着首、尾滚筒，一端由滚筒驱动，并由托辊支承而运行的一种输送松散或整件物料的运输设备。由于其具有规格众多、结构简单、操作维护方便、运行安全可靠、经营费用低等优点，几乎在所有工业部门都得到了广泛应用。

2）带式输送机的结构

带式输送机主要由输送带、驱动装置、传动滚筒、拉紧装置、制动及逆止装置、清扫器、卸料装置、给料及导料装置、机架等结构件构成（见图 2-35）。

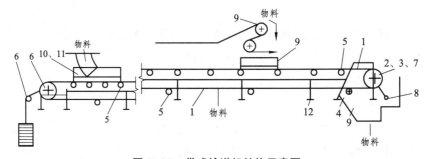

图 2-35　带式输送机结构示意图

1—输送带；2—驱动装置；3—传动滚筒；4—改向滚筒；5—托辊；
6—拉紧装置；7—制动及逆止装置；8—清扫器；9—卸料装置；
10、11—给料及导料装置；12—机架

3）带式输送机的种类

带式输送机的种类繁多。按其用途及安装条件分，有固定式、移动式、可逆配仓（梭式）式、位移式以及装载的转载带式；按输送带横截面的形状分，有平形、槽形及环形带式等；按其侧形（立面）分，有平行（平运）、上行（上运）及下行（下运）带式等；按输送机的平面线路途经方向分，有直线的、弯曲的；按驱动装置分，有单滚筒驱动、多滚筒驱动、直线摩擦驱动（使用多组小型带式驱动机对主机承载带进行直线摩擦驱动）带式输送机等；按 其中间架的结构分，有型钢结构的、钢丝绳结构的，按输送带的带面结构分，有光面的、花纹的；按输送带覆盖层的材料分，有塑料带、橡胶带等；按输送带的带芯分，有普通型（棉织帆布芯）、强力型（维尼纶、尼龙、聚酯等编织带芯）和高强力型（钢丝绳芯）带式输送机等。

2．管道输送

对于不同浓度的尾矿管道输送，浆体泵是管道输送系统的关键设备，合理选择输送泵及配置方式是保证尾矿浆体（或膏体）输送能力、安全运行和经济效益的关键。按泵的工作机理，浆体泵可划分为 3 种类型：离心式浆体泵、容积式浆体泵及特种泵。通常，浓度较低的尾矿浆多采用离心式浆体泵（如渣浆泵）输送，浓度较高的膏体尾矿多采用容积式浆体泵（如柱塞泵等）输送。

1）离心式浆体泵

离心式浆体泵是通过工作叶轮片的旋转离心作用使浆体直接获得能量的输送设备，如沃曼泵、两相流泵、离心式泥浆泵、离心式灰渣泵、衬胶泵、原矿泵等。

（1）离心式浆体泵的特点。

① 泵流量的适用范围广。此种泵国内有数十个系列和数百种型号的

产品，可供选择的流量范围从每小时数十立方米到数千立方米，单台泵的流量随扬程的变化幅度也较宽，同型号泵可以在不同的流量下工作。

② 离心式浆体泵对物料的适应性广。此泵过流部件配以不同材质或不同结构，使其适应不同的浓度、硬度、粒度、温度和酸碱度的浆体，特别是夹有大粒度的浆体是其他泵类所不及的，而 G（GH）系列沃曼泵和某些两相流泵，可以输送夹带相当于过流通道 1/2～3/4 的大粒度物料浆体。

③ 输送扬程相对较低。串联配置可以弥补扬程偏低的缺陷，但过多段串联，管理上不便，经济上也不合理，故在一定程度上影响了它的使用范围。

④ 易损件较多，更换比较频繁。由于过流部件（护套、叶片、密封结构）直接接触运动速度很高的浆体，故磨损比较严重，需经常更换易损件（通常要求备用率为 100%～200%），维修管理费用相对较高。

⑤ 离心泵构造简单，设备轻巧，易于操作，造价较低，应用广泛。

⑥ 离心式浆体泵一般采用加水的填料密封,沃曼泵和两相流泵有加水封的填料密封和副叶轮密封两种形式。通常加副叶轮密封需增加 5%左右的功率消耗，水封形式需增加 1%～3%的高压清水消耗。对于灌入压力过大的一级泵和串联的二级泵不能采用副叶轮密封形式。

⑦ 离心式浆体泵与容积式浆体泵比较，效率较低，特别是在小流量区域尤为偏低。两相流泵从固液两相流体运动规律出发，改善了水力条件，提高了浆体泵的效率，且降低了磨蚀率。

（2）离心式浆体泵的使用范围。

离心式浆体泵一般用于近距离、低扬程的精矿、尾矿、原矿、灰渣、泥沙、煤泥、沉渣等固体物料浆体的提升和输送。直接或间接串联配置，在数千米的输送距离内，有时也是经济合理的，尤 其是更适用于流量较大、粒度较粗的浆体管道系统。

（3）离心泵的分类。

根据用途，离心泵可以分为渣浆泵、泥浆泵、砂泵、砂砾泵、挖泥泵。在矿山系统，渣浆泵占相当大的比例。

2）容积式浆体泵

容积式浆体泵属于往复式泵，主要包括活塞泵、油隔离泵、柱塞泵、隔膜式浆体泵（隔膜泵）、螺杆泵等。

（1）容积式浆体泵的工作原理。

容积式活塞泵整机分为动力端和液力端两部分。动力端由电动机、转速机构、偏心轮和连杆十字头机构组成。液力端由活塞（或柱塞）、液力缸、阀端、稳压防振安全装置及其他辅助设施组成。其工作原理是：电动机驱动，经转速传动机构使偏心轮做旋转运动，再带动连杆、十字头机构往复运动，使活塞（柱塞）直接或间接推动浆体，经由阀箱进入或压出。由于多缸和双作用的功能，使各液力缸不同步的工作变成基本稳定的浆体流。

（2）容积式浆体泵的特点。

① 该类泵的主要优点是输出压力很高，国内产品最大标定输出压力为 10 MPa，国外产品高达 25 MPa。

② 该类泵的 Q-H 性能曲线是接近平行于 H 坐标的直线，即流量随压力变化系数，对缸径、冲程和冲次已确定的某种泵型，其流量基本为定值，适宜于恒定流量的输送。

③ 效率高，一般都为 85%～95%。功率消耗较低，运行费用较低。

④ 结构复杂，体积庞大，价格昂贵，维护管理要求高。

⑤ 该类泵对输送物料要求较严，一般只能输送粒度小于 1～2 mm 的物料浆体，油隔离泵一般要求进入缸体的物料颗粒粒径小于 1 mm。不同磨蚀性浆体，要求选择不同形式的泵，油隔离泵和活塞泵只能用于磨蚀性较低的浆体输送系统，柱塞泵和隔膜泵可以用于磨蚀性相对较高

的浆体输送系统。

⑥ 要求有一定的灌入压力，油隔离泵需要 2～3 m 静水压，其他泵型要求更高，国外油隔离泵的灌入压力一般为 0.2～0.3 MPa。

⑦ 除活塞泵外，其他泵型要求采用使浆体不与泵的运动部件直接接触的隔离措施。油隔离是以油介质隔离活塞泵与浆体，隔膜泵是以特制橡胶隔膜为隔离体，柱塞泵则以压力清水冲洗柱塞的方式使柱塞与浆体脱离接触。该类泵一般运行可靠，故障率低，作业率高，备用率低，通常备用率为 50%～100%。

⑧ 排出端必须设置稳压、减震和安全装置，通常采用空气罐（包）为稳压减震手段，采用安全阀为超压安全装置。国外某些知名厂家（如 GEHO）在隔膜泵压出端采用带压力开关和充氮的缓冲器为稳压安全措施。国内某些工厂生产的油隔离泵吸入端也常配备稳压空气包，以确保吸入压力和流量的均衡。

⑨ 该类泵的流量范围相对较窄。由于受缸径、冲程和冲次的限制，流量过大会引起泵的造价增加和磨蚀率上升。国内外生产的活塞泵、油隔离泵及柱塞泵单台流量均在 200 m³/h 以内。国外生产的隔膜泵流量可以达到 850 m³/h，但大流量隔膜泵推荐用于中、低磨蚀性浆体输送系统。

（3）适用性。

容积式浆体泵广泛用于长距离浆体输送系统。国内油隔离泵在尾矿输送和灰渣输送系统已得到广泛应用，输送距离以数公里至数十公里不限。在铁精矿、磷精矿及煤浆远距离输送管道设计中开始应用柱塞泵、活塞泵和隔膜泵。国内对柱塞泵及隔膜泵的开发制造技术还不是十分成熟。国外在浆体长距离输送系统采用容积式泵比较广泛，在铜精矿、铁精矿、磷精矿、煤浆、石灰石、尾矿等管道输送系统中，最长输送距离达 500 km，最大输送量为 1 200 万 t/年，最高输出压力高达 23 MPa。

容积式浆体泵对浆体的磨蚀性和物料粒度是有限制的，输送粒度一般要求在 1～2 mm 以下，对磨蚀性要求比离心泵更严格。从技术角度分析，粒度过粗或磨蚀性过强，易引起容积泵效率下降和易损件寿命缩短，如从经济角度衡量，由于容积式浆体泵远比离心泵昂贵，长距离管道系统总体造价很高，不控制物料粒度和磨蚀性，会使整个系统经营费用增加。可见长距离浆体输送应严格控制物料粒度和磨蚀性。

3）特种浆体泵

该类泵以离心泵为动力泵，直接或间接推动泵体，运用了隔离技术和压力传递技术，综合了离心泵流量大、往复泵扬程高的双重特点。

（1）特种浆体泵的特点。

① 该类泵的 Q-H 性能与配用的清水泵性能基本一致，流量范围较宽，理论上可以随用户需要配备，但流量过大，泵的体积很大，投资、占地增大，在制造和检修方面带来困难，该类泵流量一般在 800 m^3/h 之内。

② 该类泵扬程选择范围比离心式浆体泵宽。

③ 该类泵效率一般高于离心式浆体泵。因为离心式清水泵一般高于离心式浆体泵，平均效率一般可达到 70%～80%（油隔离泵为 70%～85%）。

④ 该类泵对浆料有一定要求，一般要求输送粒度小于 2 mm，输送浓度小于 70%。

⑤ 该类泵的易损件主要为排出口阀件与泵体隔离件，维护费用低。

⑥ 该类泵的运行自动化程度较高。由于该类泵体为多个并列容器，交替引入高压清水和浆体，各容器工作室不同步，但要求启闭时差一致和滞后时差相同，以保证均匀、稳定地输送浆体。所以，清水引入阀门要求由自动化程度较高的油压站微机控制，水隔泵及膜泵还要设反馈检

测装置，以准确、快速地把浮球或隔膜行程位置信号送给微机并调控清水阀的启闭。

⑦ 该类泵与容积泵相比，投资省或持平，与离心式浆体泵相比，投资较高，但经营费较省，尤其适宜取代多段远距离、间接串联离心式浆体泵输送系统。

（2）适用范围。

特殊浆体泵在中等距离和扬程的细粒级精矿、尾矿、灰渣、煤粉等浆体输送工程中应用广泛。

（四）尾矿堆排及筑坝

1. 尾矿堆排

尾矿干堆在黄金矿山使用较多。目前我国干式尾矿堆场的类型主要包括山谷型堆场、傍山型堆场、平地型堆场、截沟型堆场和填充型堆场。山谷型堆场指在山谷谷口处筑坝形成的尾矿堆场；傍山型堆场指在山坡或山脚下依山筑坝所围成的尾矿堆场，通常为三面筑坝；平地型堆场指在平地四面筑坝围成的尾矿堆场；截沟型堆场指截取一段山沟，在其上、下游两端分别筑坝形成的尾矿堆场，该方法目前已很少使用；填充型堆场是利用露天采坑或天然的低洼坑，填满后覆土造田或绿化。

根据干式尾矿入库的顺序可将干式尾矿堆排形式分为上游式、中线式、下游式及倒排式。其中上游式、中线式、下游式较倒排式基建费用高，且需要在库区上部增加库区排水设施，由于库内存在积水，达不到尾矿干式堆存的效果，因此上游式、中线式、下游式尾矿干式排放很少采用，只是在个别的老库改造中采用。

目前尾矿干式堆存多采用倒排式的排放方式，即从库尾开始堆筑，逐步向下游推进，形成库尾高，下游低。倒排式的优点是：库内不存水，周边及上游的洪水通过截洪沟排至下游；库内无水尾矿不饱和，不易液化；一旦失稳后不会长距离流动，不会形成大的泥石流危害。尾矿库出事故的最大根源就是水，把水排出后，尾矿库的安全度就大大提高了，因此，尾矿干式堆存提倡采用倒排式干堆。

2. 干式尾矿筑坝

根据尾矿堆存方式的不同，干式尾矿筑坝与否以及筑坝形式也有所区别。如前文所述，对于自由堆存的尾矿干堆场，没有必要为尾矿库的安全筑坝。只需在下游修建挡水坝，防止雨水冲刷后外流，对周围环境产生污染。此时，堆积体底部边缘与挡水坝之间距离应满足最小干滩长度的要求。对于筑坝堆存的干堆场，仅操作过程较湿式尾矿库更灵活、简单，尾矿坝的类型及要求与湿式尾矿库的尾矿坝相同。

3. 工程实例

1) 山谷型尾矿干堆场设计实例

某大型山谷型尾矿干堆场年排尾量 300 万 t,设计最终堆放尾矿 6 300 万 m^3，服务 29 年。干堆场主要构筑物有拦泥坝、干堆体、溢洪道、场内公路等。全尾矿颗粒较粗，d_p 为 0.4 mm，粒级小于 0.074 mm 的尾砂占总质量的 7.4%，脱水性能良好。在脱水车间通过多层振动筛筛选或压滤后，尾砂平均含水量在 10%～12%。此尾矿反映了该地区铁矿山的典型特点，即原矿为超贫磁铁矿，进场尾矿量大，尾砂颗粒级配较粗。

(1) 尾矿滤饼堆放。干堆场有 1 条主沟，5 条支沟。堆筑体分 6 个区进行堆筑，先堆筑 1～3 号支沟，形成运输道路后，进行主沟标高 470 m 以下的堆筑，分层向沟谷下游推进，同时通过主沟堆筑坡面运输尾砂堆筑 4、5 号支沟。主沟平均外坡比为 1∶3，支沟平均外坡比为 1∶25。堆放思路为"先支后主，先上后下"，场地平面布置如图 2-36 所示。

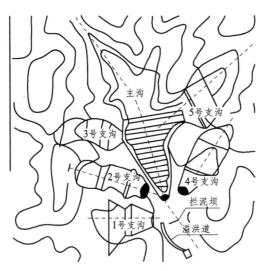

图 2-36　尾矿干堆场平面布置规划案例

（2）干堆场防洪。干堆场汇水面积为 0.94 km²，设计洪水重现期为
500 年。干堆场采用"下堆式"的尾矿堆放方式，可在堆积体和拦泥坝
之间形成较大的淤积库容和滞洪库容。在拦泥坝侧岸修建溢洪道，溢洪
道泄流能力大且安全可靠，施工费用低，还可兼作进场公路用。拦泥坝
高、淤积高度、滞洪水深、安全超高等参数依照水利部门的水土保持规
范制定，一期拦泥坝高 15 m，设计淤积高度 7 m，设计滞洪库容 92 万
m³，安全超高 1 m。图 2-37 为该干堆场的纵剖面示意图。

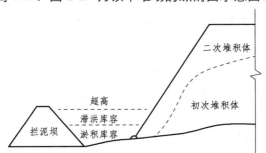

图 2-37　尾矿干堆场纵剖面图案例

2）塌陷区尾矿干式排放实例

"塌陷区尾矿干式排放工艺技术"方案是由铜兴公司和北京矿冶研究总院等科研单位针对塌陷区和尾砂特点制订的，并建成了示范工程。工艺流程是：尾砂首先经过高压深锥浓缩成浓度 50%，然后经过水隔离泵泵送至脱水车间，再经陶瓷过滤机脱水至含水 15% 的滤饼，最后经皮带输送至塌陷区。工艺流程示意图如图 2-38 所示。

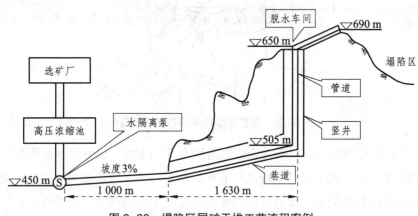

图 2-38　塌陷区尾矿干堆工艺流程案例

（1）尾矿浓缩与过滤。尾砂中值粒径 $d_{50} = 0.071$ mm，粒级 20 μm 以下颗粒占 31.5%，粒级 10 μm 以下颗粒占 21.9%，颗粒组成较细。选用两套直径为 25 m 的高压深锥浓缩池为尾砂浓缩，浓缩后浓度达 50% 左右。高压深锥浓缩池配备相应的药剂系统设备、给矿泵和自动控制系统。

高浓度尾矿采用水隔离泵输送至脱水车间。浓缩池溢流出的清水采用清水泵扬送至选厂高位水池。

脱水过程采用 4 台单台过滤面积 60 m² 的陶瓷过滤机，脱水后尾矿浓度达 90% 以上。

（2）塌陷区尾矿干式排放工艺。塌陷区总容积约 492 万 m³，四周封闭呈倒圆台形。在沟谷排放区设置装运皮带，往塌陷区排放。脱水尾砂进入塌陷区后,在平硐下方形成一个半圆锥形尾砂堆。在塌陷区选择电耙绞车运送尾砂,使之形成台阶坡面形状,形成的尾砂台阶坡面工作面往外推进。选用两台 2DPJ-55 电耙绞车运送尾砂。

(3)堆场防洪与复垦。为防止雨季大气降雨将尾砂带入塌陷区,在塌陷区底部要铺设一层土工织物。为了让土工织物受力均匀,则在尾砂堆存厚度达到约 0.5 m 后,在塌陷区尾砂上铺设土工织物滤层。塌陷区四周修建排水沟,把塌陷区以外的大气降水汇集在排水沟内排出塌陷区以外,其汇水面积大大减小,进入塌陷区的大气降水也大大减少。

塌陷区排满后,在排放尾砂上铺设一层 300 mm 厚的表土层,在表土层上种植当地耐旱草种,进行植草绿化、种植灌木,逐渐恢复自然地貌。

(五)后期维护管理

尾矿干式堆放后期维护管理主要指对尾矿剩余留存水的环境保护治理,尾矿库外洪水的防洪排涝事务,库区尾矿的洒水防尘事务,坝面覆盖及植被绿化事务等。

二、尾矿干堆模式的优缺点

辽宁省排山楼金矿在全国黄金矿山率先采用了尾矿干堆技术。采用4 台 1060 特大型板框压滤机,选矿排出的尾矿浆,进入搅拌槽缓冲后用渣浆泵送到压滤车间,经压滤机充分挤压成为干片状的尾渣饼,浓度达到 80%以上,含水量仅有 20% 左右;用皮带传送机运往尾矿干堆场里分层堆放。为防止粉尘污染,对进入干堆场的尾矿用推土机推平并进行碾压;每逢干旱季节,还在场内喷雾洒水,使其经常保持湿润状态,并在分层干堆形成的坡段上压土盖砂,栽植耐旱的沙棘树。这样,压滤处理后尾渣中含有的微量氰化物等有害物质,已被封闭在干堆场里,避免外渗和扩散，经过长期的露天曝晒和自然降解，已基本消除了对环境的危害，被环保管理部门称之为无排污口的矿山。

1. 干堆尾矿废水的处理

在黄金选矿生产工艺中，为提高金的回收率，普遍重视磨矿细度，其尾矿粒度为 200 目的达到 75%～95%，即使采取了压滤技术，尾矿中仍含有 20%左右的水分。如果干堆尾矿中含水量过高，容易造成堆积坝体的浸润线偏高；随着坝体的堆积越来越高，易出现坝外或坝面渗流、管涌、流土等现象，给坝体稳定性带来不利因素。同时，采取尾矿压滤干堆技术，在水循环利用的情况下，容易造成重金属离子富集，影响金的浸出效果。因此，对于干堆尾矿内 20%的水量及 80%左右的循环水，无论从安全环保角度还是从经济角度出发，仍有必要进行回收利用。

2. 对尾矿坝外来水的防治

干堆坝尾矿库内大部分的水分已经压滤返回到生产工艺流程中去，因此其排洪系统较为简单易行。针对防洪采取的措施主要有：

（1）沿坝坡同山坡的交界线挖截水沟，防止山坡汇流雨水冲刷坝体。

（2）在每层马道的内侧设截水沟，将坝面汇水引到坝坡脚外，以防雨水冲刷坝面。

（3）坝体下游设置集水系统，随时监测水质，必要时返回回水井利用。

3. 坝面植被

坝面植被既能防止洪水冲刷，保护坝面，又能防止尾砂飞扬，美化环境。矿山将露天开采初期剥离的山皮土集中堆积在尾矿干堆坝附近，待一台阶形成后即用积存的山皮土予以覆盖，并种植适应本地生长条件的沙棘，以恢复植被和生态环境，积极预防和治理水土流失。

4. 尾矿干堆工艺的优缺点

优点是环保效益突出，节约了大量生产用水，确保了地处干旱地区矿山的正常生产；有利于回收尾矿废水中所含金属；节约了大量的药剂消耗。

缺点是早期设备投资较多，生产运营成本较高。

(1) 若不是新建矿山，一般需要技术改造，企业需要数百万元投资，经济效益好的矿山容易接受，一般矿山难以承受。

(2) 尾矿压滤干堆一般一次性设计而无法服务 5～10 年以上，因干堆的尾矿运输量每年都要增加距离与成本。因此在利用此技术之初就应作好这方面的准备。

(3) 利用国产压滤设备，虽然备品备件供应与采购比较容易，价格也不高，但一般国产设备质量较差，需要经常修理与维护。

(4) 尾矿压滤的干堆技术对于氰化炭浆工艺有效，而采用浮选法生产的矿山一般效益不明显，其应用条件受到限制。

(5) 此技术对于北方干旱地区较为适用，而对于多雨的南方地区则要慎重考虑，权衡利弊。

近年来，尾矿干式堆存以其回水率高、操作灵活、安全度高的优点，在北方干旱地区矿山应用较为广泛，解决了部分矿山的实际问题，特别是黄金矿山应用较广泛。由于尾矿干式堆存涉及工程地质及水文地质勘测、岩土力学、渗流力学、尾砂浓缩及管道输送、固液分离技术、尾矿复垦等多学科，基础理论还不够完善，同时存在设备投资大、应用条件受限制、处理能力小等缺点，尾矿干式堆存工艺技术还处在发展之中。因此，需从解决尾矿浓缩、过滤以及输送设备投资大、能耗高的问题入手，寻求新的低成本、高效的尾矿脱水设备与工艺；研发新型低成本特殊添加剂或胶黏剂；深入研究尾矿干堆场地工程勘察与稳定性评估的实用方法、尾矿干堆场地预处理技术、尾矿干堆方式与相关参数对堆场稳定性的影响因素以及尾矿干堆场的复垦。

第三篇 尾矿岗位操作技能

第三章 尾矿设施操作、维护与管理

【学习要点】

1. 大纲要求:了解浸润线的基本概念及对尾矿坝稳定性的重要意义;了解尾矿库的防洪标准、排洪构筑物的类型及特点;掌握尾矿排放及筑坝的方法,调洪库容的重要作用及库水位的控制原则。

熟悉尾矿排放管件的使用、操作、维护管理及安全要求;筑坝方法、设施、子坝堆筑与维护及安全要求。排洪设施的操作、维护管理;坝体排渗盲沟、滤管的埋设和维护管理。能熟练进行尾矿排放作业,并符合排放安全要求;能熟练进行尾矿筑坝作业,并确保所筑坝体符合安全要求;会熟练进行库水位、干滩长度的观测,熟练操作排洪设施来控制尾矿库水位和干滩长度;能熟练进行排渗设施的操作、观测与维护。

2. 本章要点:尾矿浓缩工艺及操作要求,尾矿输送工艺及操作要求;尾矿筑坝工艺及操作要求,尾矿排矿工艺及操作要求;尾矿坝维护及常见隐患排查治理;尾矿库排洪设施建设及维护,尾矿库排洪设施操作及维护要求,尾矿库观测设施操作,尾矿库回水设施操作。

【考试比例及课时建议】

　　本章与第四章、第五章均属实际操作技能范围，考试所占比例为30%；此外本书将尾矿浓缩与输送、尾矿库排洪排渗设施的基础内容及操作要求放在本章，这部分的考试比例占23%，这样本章及第四章、第五章的考试比例增加至53%，第三篇的建议初训课时40学时，复训课时4学时。其中第三章知识占考试比例的34%，建议初训课时30学时，复训课时2学时。

第一节　尾矿浓缩与输送

一、尾矿浓缩工艺及操作

　　尾矿浓缩与分级系统是尾矿设施中的重要环节，必须按设计与设备的要求，制订明确的安全管理规章制度，做好日常管理与定期维修工作，使设备保持良好状态，防止发生事故。

（一）尾矿浓缩设施的基本要求

1. 常规要求

　　尾矿流量较大、浓度较低的尾矿输送系统宜考虑尾矿浓缩，并结合地形条件通过技术经济比较确定。尾矿浓缩设计应满足选矿工艺对水质的要求和尾矿输送、筑坝对浓度的要求。溢流澄清水供选矿厂使用时，其悬浮物含量不宜大于 500 mg/L；向下游排放时，则应符合相关环保法规条款要求。尾矿排矿浓度一般不宜小于30%，当一段浓缩满足不了溢流水水质或排矿浓度的要求时，可采用多段浓缩、分流浓缩或投加絮凝剂等处理方式。

2. 浓缩池要求

浓缩池所需面积和深度,应视要求的溢流水悬浮物含量和排矿浓度,根据有代表性矿样的静态沉降试验成果或参照类似尾矿浓缩的实际运行资料,经计算确定。必要时还应通过半工业性或工业性试验验证。浓缩池规格和数量的选择应根据选矿厂生产规模、系列数、投产过程及地形条件等因素确定,以直径大、数量少为宜。浓缩池的布置应结合选矿厂及尾矿设施总体考虑,做到布置紧凑,管槽线路短,工程量少,管理方便。

在有可能出现冰冻的地区,周边传动浓缩机应采用齿轮传动。严寒地区浓缩池的防冻措施,应通过热工计算并参考类似生产实例确定。浓缩池给矿口前应设置拦污格栅。栅条净距宜采用 15~25 mm。浓缩池给矿管(槽)应安装在桁架上,并留有便于检修的人行通道。通道宽度不应小于 0.5 m。

溢流堰形式可采用孔口、三角或平顶堰,但应满足均匀出水要求。当浓缩池直径较大或地基条件较差时,不宜采用平顶堰,宜采用可调式溢流堰。当矿浆中含有泡沫或漂浮物时,在溢流堰前应设置挡板,必要时尚应设置清除装置。浓缩池周边溢流槽和排水口的断面应通过水力计算确定,但槽宽不得小于 0.2 m。

浓缩池底部排矿口不宜少于 2 个,其上应设置双阀门。阀门之间应装设清堵水管,其水压不应小于 300 kPa。排矿管穿过池壁处应设置填料式穿墙套管。浓缩池底部通廊内排矿管、槽断面及水力坡降应通过水力计算确定。管道水力计算时的静压头可按浓缩池溢流液面减 2 m 计算。压力管道应设备用。底部通廊的净空高度不宜低于 2 m,人行道宽度不宜小于 0.7 m。通廊内应设有排水边沟,地坪的纵、横方向应有不小于

0.01 的坡度。通廊内应有安全照明，并应考虑通风要求。当自然通风无法满足时，应设置机械通风。

浓缩机应装设过载报警及必要的保护装置。有条件还应考虑必要的计量、检测仪表。

浓缩池需操作、检修的部位应设有照明设施。

（二）尾矿浓缩设施的操作管理

凡需应浓缩而未浓缩的尾矿浆，非事故处理情况，不得送往泵站和尾矿库。浓缩机是尾矿浓缩系统的核心部分，必须严格按设计要求和设备有关规定操作运行，做好日常维修和定期检修。

1. 浓缩机操作注意事项

（1）浓缩机不宜时开时停，以免发生堵塞或卡机事故。凡需开机或停机，应预先通知主厂房和泵站，采取相应的安全措施。停机前，应先停止给矿，并继续运转一定时间；恢复正常运行之前，应注意防止浓缩机超负荷运行。运行中应注意观察驱动电机的电流变化，防止压耙等事故发生。

（2）给入和排出浓缩机的尾矿浓度、流量、粒度、密度和溢流水的水质、流量等，应按设计要求进行控制，并定时测定和记录。若上述某项指标不符合要求，且对下一道作业有影响时，应及时查明原因，采取措施予以调整，直至正常。

（3）浓缩池给矿流槽出口处的格栅与挡板及排矿管（槽、沟）易发生尾矿沉积的部位，应定期冲洗清理。

（4）浓缩池周边溢水挡板应保持平齐，以便均匀溢流，排水沟应经常清理。

（5）浓缩池底部排矿阀门应定期检修，维持均匀排矿。发生堵塞时，可用高压水疏通。浓缩池底部应保持通畅，不得放置备件等障碍物。必须经常检查廊道内电缆，防止发生事故。

（6）寒冷地区必须做好防寒工作。冬季停止运行时，应采取保温措施或放空尾矿，以免冻裂浓缩池。

2. 浓缩机常见的故障及排除方法

浓缩机常见故障及排除方法见表3-1。

表3-1　浓缩机常见故障排除表

序号	常见故障	产生原因	排除方法
1	轴承过热	（1）缺油或油质不良 （2）竖轴安装不正 （3）轴承磨损或破碎	（1）补加油或更换新油 （2）停车调整或重新安装 （3）更换轴承
2	减速机发热或有噪音	（1）缺油或油质不良 （2）齿轮啮合不当 （3）齿轮磨损过度	（1）补加油或更换新油 （2）调整齿轮啮合间隙 （3）更换齿轮
3	电动机电流过高，耙架或传动机构有噪音	（1）负荷过载 （2）耙臂耙齿安装不当或排矿松动 （3）竖轴弯曲或摆动	（1）调整负荷提耙或增加 （2）重新安装或紧固 （3）校正竖轴或调整紧固
4	滚轮打滑	（1）负荷过重 （2）摩擦力不够 （3）滚轮磨小	（1）增大排矿 （2）擦净轨道上的油污 （3）恢复或更换滚轮
5	耙架、耙齿失效	腐蚀及磨蚀	更换耙架及耙齿

（三）浓缩机的类型及结构

1. 耙式浓缩机

1）浓缩机的槽体

浓缩机的槽体结构按其规格、给料性质、排除沉砂的操作要求以及地形条件，可以做成钢质、混凝土质、木质或在泥土中用块石衬砌。槽壁和槽底可用相同或不同的材质制作（或砌筑）。为了防止腐蚀，槽内壁可涂以油漆或衬以合成橡胶或塑料。在土壤好的情况下，也可用块石砌筑或黏土夯实作槽底，而无需用钢筋混凝土。

根据具体情况，浓缩机的槽体安装方式有以下几种。

（1）槽体安置在地面上，底部嵌入地面以下，并设地下通廊供排矿用。这种结构形式便于槽体的支承，土建费用较低，但浓缩机沉砂输送设施位于地面以下数米深的地方，生产操作条件较差。大、中型浓缩机常采用这种配置。

（2）槽体置于地面以上，依靠钢筋混凝土梁柱支承。沉砂可自流或在地表用砂泵扬送至下一工序。该类结构的建筑费用较高，但生产操作条件较好，池底空间可作其他使用。一般中、小型浓缩机或建于室内的浓缩机有时采用该配置方式。

2）浓缩机的给料方式

以往的浓缩机一般均采用中心给料，矿浆被送入浓缩机中心的给矿筒内，再缓缓流进沉降区。近年来国外出现了周边给料和底部给料的浓缩机。周边给料浓缩机的矿浆分配器沉浸在矿浆中，装在浓缩机的周边，距溢流堰有一定深度。与中心给料相比，周边给料浓缩机处理量大，溢流中固体含量约降低50%，例如由2.72 g/L降至1.3 g/L，底流产品浓度约增加4.2%；底部给料浓缩机的料流从浓缩机底部中心管给入，缩短了颗粒下降距离，因而处理能力大，溢流较清，占地小，反应灵敏，处理粒度范围宽。

3）安全保护装置

浓缩机设过负荷信号和保护装置是保证大型浓缩机正常运转的重要措施。目前有3种形式，即液压式、机械式和电控式安全保护装置。

（1）液压式。该装置在液压马达的线路中编入过载监控报警器，由压力安全阀控制中心轴上部的转矩极限，也可根据驱动管线直接测得液体压力，以便启动过载报警信号装置、耙架提升装置和普通指示器或转矩记录器。如果过载时间过长，则温度控制开关启动，防止液体过热，这时液压系统停止工作，耙架也停止运转。

（2）机械式。该装置装在驱动头的蜗轮轴端部。当浓缩机过负荷时，蜗轮轴的端部推动减压器，借助于齿轮系统的旋转而移动信号装置的盘面弹簧，当其转至一定位置，即可接通水银开关，立即发出声响和信号，或关停设备，同时接通提升电动机的电源，自动将耙提起。也可用手摇提升轮实行人工提耙，以免损坏设备。

（3）电控式。该装置使用过载报警器，可以单独使用，也可和机械报警系统联合使用。其控制工作建立在浓缩机的电动机驱动电流强度或电压信号传感的基础上。国外在使用液压马达情况下，使用液力过载报警器，并将其联络信号编入液压马达回路中。

4）浓缩机的传动机构

由于细粒物料沉降速度较慢，为了减小沉降过程的干扰，耙式浓缩机耙臂转速必须缓慢，因而传动减速比很大，一般采用蜗轮蜗杆减速和三级齿轮减速器能满足要求。为了确保浓缩机安全运转，传动机构必须有安全装置，以防因沉淀过浓或给料过多而损坏机件或电动机。

浓缩机常用的传动机构有以下几种。

（1）小型中心传动浓缩机。其耙臂装在中心轴上，由置于管桥中心的蜗轮蜗杆减速机构驱动中心轴，并附有安全信号及手动或电动提耙装置。

（2）大型中心传动浓缩机。耙臂由中心桁架支承，桁架和传动机构置于钢筋混凝土结构或钢结构的中心柱上，或钢筋混凝土箱体构成的中空柱上，采用锥形辊柱轴承或液体静压油膜轴承，以及具有行星齿轮系统的传动机构。国外制造的这类设备中，直径在 100 m 以下的，一般均装有自动或手动提耙装置。对于更大直径的，则配有自动润滑、测压、测负荷等自动测控装置。

（3）小型周边传动浓缩机。其传动装置装在耙臂桁架靠周边一端的小车上，经齿轮减速器驱动车轮使小车在轨道上移动。不需设特殊的安全装置。当负荷过大时，车轮打滑，小车即停止前进。

（4）大型周边传动浓缩机。其驱动小车上装有带小齿轮的减速器。浓缩池的周边上与轨道并列固定了一圈齿条。减速器的一小齿轮与齿条啮合，既推动小车前进又带动耙臂运转。通常设有熔断器以保护电动机。

5）耙式浓缩机的类型及性能

耙式浓缩机可分成两大类型，即中心传动浓缩机和周边传动浓缩机。

（1）中心传动浓缩机。中心传动浓缩机由槽体、给料装置、耙架、传动装置及其支承体（中心柱、中心桁架或沉箱式中空柱）和提升装置构成。如图 3-1、图 3-2 所示，槽体是用钢板或钢筋混凝土建造的一个圆池（槽），其底部呈水平或微倾斜的缓锥体状。槽的上部装有传动装置、提升机构和起支撑作用的桁架。排矿用的耙架置于槽底，与中心柱桁架或中心竖轴相连接。当传动装置驱动耙架旋转时，槽内沉积的物料被耙板刮运至槽中心的排料口排出。耙板刮运沉砂时给沉积物以压力，有利于从中挤出部分水分。

中心传动浓缩机工作时，矿浆给入槽体中心半浸没在澄清液面之下的给矿筒内，沿径向往四周流动（国外也有沿切线方向给矿的），逐渐沉降。澄清液从槽体上部的环形溢流槽排出。当给料量过多或沉淀物浓度过大时，安全装置发出信号，通过人工手动或自动提耙装置提起耙架，以防止烧坏电动机或损坏机件。

小型中心传动浓缩机的特点是耙臂装在中心轴上，中心轴由蜗轮蜗杆减速机构传动，并且设有安全信号装置及自动或手动提耙装置。这类耙架多数为直耙臂，但也有做成螺旋状的，呈渐开线形。

目前，我国制造的小型中心传动浓缩机规格有直径 1.8 m、3.6 m、6 m、9 m 和 12 m 五种。我国中心传动浓缩机系列产品已规划有直径 53 m、75 m 和 100 m 三种规格的大型浓缩机。另有直径 16 m、20 m、30 m 和 40 m 四种规格的中型浓缩机。前者设有自动提耙装置，后者备有自动或手动提耙装置。

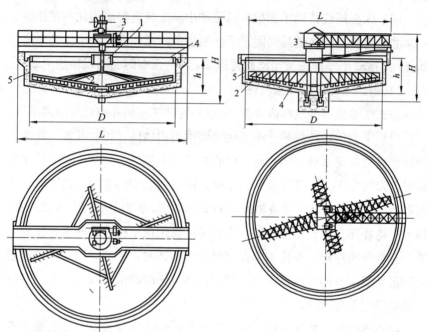

图 3-1 φ20 m 以下中心传动浓缩机
1—给料装置；2—耙架；3—传动装置；
4—支承体；5—槽体

图 3-2 φ20 m 以上中心传动浓缩机
1—给料装置；2—耙架；3—传动装置；
4—支承体；5—槽体

我国中心传动浓缩机系列化产品的结构参数见表 3-2。

表 3-2　我国中心传动式浓缩机规格及结构参数

基本尺寸和尺寸名称	型号规格										
	NZS-1 NZSF-1	NZS-3 NZSF-3	NZS-6 NZSF-6	NZ-9 NZSF-9	NZ-12 NZF-12	NZ-20 NZF-20	NZ-30 NZF-30	NZ-40 NZF-40	NZ-53 NZF-53	NZ-75 NZF-75	NZ-100 NZF-100
浓缩池直径/m	1.8	3.6	6	9	12	20	30	40	53	75	100
池中心深度/m	1.8			3	3.5	4.4	4		5	6.5	7.5
沉淀面积/m²	2.5	10	28	63	110	310	700	1 250	2 200	4 410	7 350

续表 3-2

基本尺寸和尺寸名称	型号规格										
	NZS-1 NZSF-1	NZS-3 NZSF-3	NZS-6 NZSF-6	NZ-9 NZSF-9	NZ-12 NZF-12	NZ-20 NZF-20	NZ-30 NZF-30	NZ-40 NZF-40	NZ-53 NZF-53	NZ-75 NZF-75	NZ-100 NZF-100
耙架提升高度	200 mm			260 mm		400 mm			700 mm		
耙架每转时间/min	2	2.5	3.7	4	5.2	10.4	13, 16, 20	15, 18, 20	18, 26, 33	26~60	33~80
传动装置功率/kW	1.1			3		5.2	7.5	13		17	22
带金属池总重量/kg	1 235	3 144	8 576								
不带金属池重量/kg				6 000	8 500	25 000	30 000	70 000	80 000	130 000	200 000

大型中心传动浓缩机的耙架的一端装在中心柱桁架或沉箱式中心柱的钢筋混凝土外壁上,另一端用钢结构的耙臂支承,也有用钢缆绳悬挂于较小的悬臂梁下方的。

(2)周边传动浓缩机。周边传动浓缩机按耙架支承方式可分为两种形式,即钢桁架支承式和悬臂支承式。前者的传动架与耙架成为一体,后者的耙架完全由悬臂支承。

耙架用钢桁架支承的周边浓缩机的机构如图 3-3 所示。其槽体是用钢筋混凝土建造的池子,池壁呈圆筒形,池底向中心倾斜(一般约为12°)。池子中央有钢筋混凝土柱。传动架的一端借助于轴承支承于中心柱上,另一端支承于环池轨道上。桁架可做人行道,也可敷设给矿管(槽)。传动机构使滚轮沿轨道滚动并带动桁架。中心柱上装有电动机的接线花环,电源通过电刷、滑环和敷设在桁架上的电缆给电动机供电。

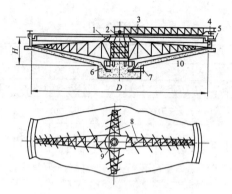

图 3-3　周边转动浓缩机结构

1—中心筒；2—中心支承部；3—传动架（桁架）；4—传动机构；5—溢流口；
6—副耙；7—排料口；8—耙架；9—给料口；10—槽体

直径 15 m 以上的大型周边传动浓缩机，在浓缩槽的环池上与轨道并列安装着固定的齿条，传动装置的齿轮减速器有一小齿轮与齿条啮合以推动小车前进。通常设有过负荷断电器来保护电动机。我国拟定系列化生产的大型周边传动浓缩机系列见表 3-3，它们均设有自动控制装置，供检查、显示和调节浓缩机的工作状况，以确保设备安全运转。

表 3-3　周边传动浓缩机技术参数

型号	NG-15	NT-15	NG-18	NT-18	NG-24	NT-24	NG-30	NT-30	NQ-38	NT-45	NTJ-45	NT-53	NTJ-53
浓缩池直径/m	15		18		24		30		38	45		53	
池中心深度/m	3.6		3.4		3.44		3.6		5.05	5.06		5.07	
沉淀面积/m²	177		255		452		707		1134	1590		2202	
耙架每转时间/min	8.4		10		12.7		16		18	19.3		23.18	
处理能力/(t/24h)	390		560		1000		1570			2400	4300	3400	6250
电动机功率/kW	5.5		5.5		7.5		7.5		7.5	10	13	10	13
总重/t	9.3	11	10	12.5	24	29	27	32	49	59	72	70	80

6）浓缩机的选型

浓缩机的类型和规格的确定，一般根据所处理的物料性质、生产和建设条件以及试验研究提供的有关技术资料进行。在国外，制造厂根据用户提供的资料进行计算和选择，然后再向用户推荐。我国则由用户或设计单位自行选用。对于生产规模较大的选矿厂，有条件的情况下应尽量采用大型浓缩机。国外资料表明，采用大直径浓缩机可节省钢筋混凝土约25%，节省建设费约50%。

（1）周边传动浓缩机。用钢筋桁架支承耙架的周边传动浓缩机，其耙架和钢桁架支承两者结合为一整体，刚性好、强度大。但桁架结构在工作过程中高出水面，对澄清层有搅动作用，不利于微细颗粒物料沉降，影响溢流的水质。耙架为悬臂结构的周边传动浓缩机，对周边轨道的技术要求不太严格，耙架运转时对沉降层影响较小，溢流水质较好。

（2）大型中心传动浓缩机。中心轴架支承（使用液体静压轴承）的中心传动式浓缩机摩擦阻力很小，具有很高的有效传动扭矩。使用精密滚珠轴承的中心传动式浓缩机，可以防止负荷过大时损坏耙臂和驱动装置。常用来处理铁、铜矿石的选矿产品。

（3）大型沉箱中心柱式浓缩机采用中空柱基础结构，沉箱内可容纳排料、电控、工艺管网和辅助设施，并可提供便于设备操作和维护的空间场地。该设备的底流用管道经桥架从中空柱内扬送到后续作业点，可省去地下通道和泵房的建设费用。该类浓缩池的底流，用多级泵并联排出。当出现峰值负荷时砂泵可自行处理，直到把中心柱周围集矿沟槽内的矿浆浓度降到正常值。这种排矿方式能使矿浆具有较高的线速度，防止排矿口堵塞。如果排矿出现短路，则底流浓度变稀，泵的吸入压头增大。生产中应尽量防止排矿短路。该类浓缩机的管线安装费高，泵的吸入管易堵，维修较困难。但其构造简单，操作方便，传递的扭矩大，运行稳定可靠。

（4）缆绳式中心传动浓缩机，直径为 12～75 m，利用钢绳自动调整耙子上下左右浮动的数据可测出浓缩机内的负荷情况。在均匀负荷条件下，通过输入数据处理，浓缩机可获得最佳工作状况。该机适合于具有波动性和间歇性负荷的脱水作业。其耙子位置的自动补偿能防止池内产生不平衡的负荷，因而排矿浓度均匀，并能自行调节扭矩，保证设备正常运行。

（5）多层中心传动浓缩机，结构简单，占地面积小，动力消耗少，基建费较低。当工业场地较紧而又要求有足够的沉降面积时宜选用该类浓缩机。该设备传递的扭矩较小，直径较小，适合于中小型选矿厂使用。

（6）高效浓缩机（槽内也可装倾斜板），给料需添加絮凝剂，经搅拌后送入浓缩机的沉降部位。该机占地面积小，浓缩效率高，适于处理细粒物料以及必须在室内脱水的物料，也适于旧厂扩大生产能力选用。

7）耙式浓缩机的计算

为了确定在一定条件下工作的浓缩机的面积、结构尺寸及台数，必须进行浓缩机的技术计算。由于在连续作业的耙式浓缩机中，矿粒的沉淀过程十分复杂，目前尚无准确的计算方法。我国目前主要根据单位浓缩面积的生产能力和矿浆在静止沉降试验中的沉降速度来确定所需要的有效沉降面积、浓缩机尺寸和台数。选矿厂生产实践表明，目前情况下较切合实际的计算方法是通过沉降试验并参照同类厂矿的生产实际资料来确定。

在满足底流浓度要求的同时，应考虑溢流水质的要求。黑色金属矿山使用循环水时，要求溢流中的固体含量小于 0.5%；有色金属矿山应以金属流失最少为度。

浓缩机单位面积的生产能力与所处理的物料颗粒或絮团的粒度、密度、给矿和底流的浓度、料浆成分、泡沫黏度、矿浆温度和物料的价值有关。单位面积的生产能力一般根据半工业试验或静止沉降试验确定，在无试验条件的情况下，可参照类似厂矿的生产指标确定。单位浓缩面积处理不同精矿的生产能力实例见表 3-4。

（1）浓缩面积计算。　浓缩面积计算可采用如下 3 种方法。

① 用半工业试验或生产定额指标计算浓缩机面积，采用下述经验公式计算

$$A = K \frac{W}{q} \tag{3-1}$$

式中　A——浓缩机总有效面积，m^2；

$\quad\quad q$——在满足溢流水质要求的条件下，浓缩机单位面积处理的固体物料质量 t/（$m^2 \cdot d$），该值由试验确定。缺乏试验资料可参照表 3-4 选取；

表 3-4　浓缩机单位面积生产能力

被浓缩物料特性	单位面积生产能力/[t/($m^2 \cdot d$)]
机械分级机的溢流（浮选前）	0.7～1.5
氧化铅精矿和铅-铜精矿	0.4～0.5
硫化铅精矿和铅-铜精矿	0.6～1.0
铜精矿和含铜黄铁矿精矿	0.5～0.8
黄铁矿精矿	1.0～2.0
辉钼矿精矿	0.4～0.6
锌精矿	0.5～1.0
锑精矿	0.5～0.8
浮选铁精矿	0.4～0.6
磁选铁精矿	3.0～3.5
锰精矿	0.4～0.7
白钨矿浮选精矿和中矿	0.4～0.7
萤石浮选精矿	0.8～1.0
重晶石浮选精矿	1.0～2.0
浮选尾矿或中矿	1.0～2.0

W——给料中的固体质量，t/d；

K——矿浆波动系数。

一般对于工业性试验$K=1$，对于模拟试验$K=1.05\sim1.20$；当矿样代表性较好，给矿数量和性质稳定，以及选择较大直径的浓缩机时可取小值，反之取大值。

② 按静止沉降试验或模拟试验资料计算浓缩机面积。

$$A = KQ_0C_0a_{max} \tag{3-2}$$

或 $$A = KWa_{max} \tag{3-3}$$

式中 A——所需浓缩机总面积，m²；

K——系数，取 $1.05\sim1.2$，取值原则同式（3-1）；

Q_0——设计的给入料浆量，m³/d；

C_0——设计给矿的单位体积含固体质量，t/m³；

a_{max}——浓缩每吨固体物料所需要的最大沉降面积，m²·d/t 由试验确定；

W——给入浓缩机的固体质量，t/d。

③ 在缺乏试验数据而又无实际经验资料时,可按斯托克斯公式近似地计算固体物料的沉降速度之后，再用式（3-4）近似计算浓缩机的面积。

$$A = \frac{W(R_1-R_2)K}{86.4v_0K_1} \tag{3-4}$$

式中 A——浓缩机面积，m²；

W——给入浓缩机的固体质量，t/d；

R_1、R_2——浓缩前后矿浆的液固比；

K_1——浓缩机有效面积系数，一般取 $0.85\sim0.95$，$\Phi12$ m 以上的浓缩机取大值；

K——矿量波动系数，视原矿品位而定，浓缩机直径小于 5 m 时取 1.5，大于 30 m 时取 1.2；

v_0 ——溢流中最大粒子在水中的自由沉降速度，mm/s。

沉降速度也可用式（3-5）近似计算。

$$v_0 = 545(\delta - 1)d^2 \tag{3-5}$$

式中　δ ——固体物料密度，g/cm³；

　　　v_0 ——溢流中最大粒子在水中的自由沉降速度，mm/s；

　　　d ——溢流中固体颗粒最大直径，mm；精矿溢流中最大粒度一般取 5 μm，浓缩煤泥时，最大不应超过 30~50 μm。

对于絮凝沉降，v_0 只能通过试验测定。A 值的计算应在进料与底流之间的整个浓度范围内选取，其中最大值作为沉降槽的横断面积。浓缩机的面积必须保证料浆中沉降最慢的颗粒有足够的停留时间沉降至槽底。因此浓缩机溢流速度 v（或上升水流速度）必须小于溢流中最大颗粒的沉降速度。选定的浓缩机面积须用式（3-6）验算，须保持 $v > v_0$。溢流速度计算如下。

$$v = \frac{V}{A} \times 1\,000 \tag{3-6}$$

式中　v ——上升水流速度，mm/s；

　　　A ——浓缩机面积，m²；

　　　V ——浓缩机的溢流量，m³/s。

（2）浓缩机深度计算。耙式浓缩机的深度决定矿浆在压缩层中的停留时间，为了保证底流的排矿浓度，矿浆在浓缩机中必须有充分的停留时间。因此，浓缩机应具有一定的高度，即

$$H = h_c + h_p + h_y \tag{3-7}$$

$$h_p = \frac{D}{2}\tan\alpha$$

$$h_y = \frac{(1+\delta R_c)t}{24\delta a_{max}}$$

式中　H——浓缩机所需的总高度，m;

　　　h_c——澄清区高度，取值为 0.5～0.8 m;

　　　h_p——耙臂运动区高度，m;

　　　D——浓缩机底部直径，m;

　　　α——底部水平倾角，通常 $\alpha = 12°$;

　　　h_y——压缩区高度，m;

　　　t——矿浆浓缩至规定浓度所需的时间（实测），h;

　　　δ——矿粒密度，g/cm³;

　　　a_{max}——澄清 1t 干矿所需的最大澄清面积，m² · d/t;

　　　R_c——矿浆在压缩区中的平均液固比，可按矿浆沉降到临界点时
　　　　　　的液固比与排矿底流液固比（均为实测）的平均值计算。

　　我国选矿厂使用国产的系列化浓缩机时，其结构尺寸已经固定了，选用这类标准规格的浓缩机时，其压缩区的高度 h_y 应满足式（3-8）的要求

$$h_y \leqslant H - (h_c + h_p) \tag{3-8}$$

　　当计算的 h_y 不能满足式（3-8）的要求时，应增加浓缩机的面积。

③浓缩机的直径计算。

$$D = \sqrt{\frac{4A}{\pi}} = 1.13\sqrt{A} \tag{3-9}$$

式中　D——浓缩机直径，m;

　　　A——浓缩机横断面面积，m²。

2. 高效浓缩机

1）高效浓缩机的结构

高效浓缩机的槽体、耙架及传动部分的结构与普通浓缩机大致相同。

其浓缩效率高的主要原因在于有一个特殊的给矿筒。国外常用的高效浓缩机主要有 3 种，即艾姆科（Eimco）型、道尔-奥利弗（Dorr oliver）型和恩维罗-克利阿（Enviro Clear）型。

艾姆科高效浓缩机的给矿筒结构如图 3-4 所示。给矿筒被分隔成 3 段竖直的机械搅拌并与浓缩机的中心竖轴同心。矿浆给入排气系统，带入的空气被排出，然后通过给矿管进入混合室，与絮凝剂充分混合后，再经混合室下部呈放射状分布的给矿管直接给到沉砂层的中、上部。液体经沉砂层的上层过滤以后上升成为溢流，絮团则留在沉砂层中进入底流。

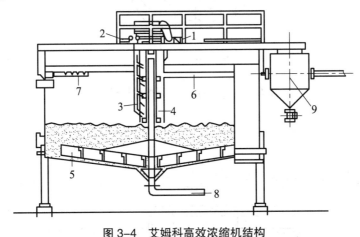

图 3-4　艾姆科高效浓缩机结构

1—耙传动装置；2—混合器传动装置；3—絮凝剂给料管；4—给料筒；5—耙臂；
6—给料管；7—溢流槽；8—排料管；9—排气系统

道尔-奥利弗高效浓缩机的结构如图 3-5（a）所示。该设备有一特殊结构的给矿筒，如图 3-5（b）所示。送进浓缩机的矿浆被分成两股，分别给到给矿筒的上部和下部的环形板上，两者流向相反，使得由给矿造成的剪切力最小。当一定浓度的絮凝剂从给矿筒中部给入后可与矿浆均匀混合，形成的絮团便从剪切力最小的区域较平缓地流到浓缩机内沉降。

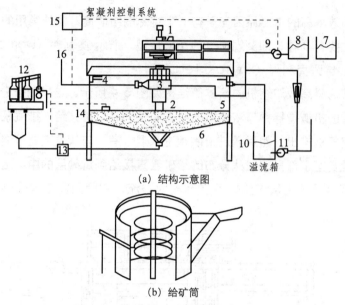

（a）结构示意图

（b）给矿筒

图 3-5　道尔-奥利弗高效浓缩机结构

1—传动装置；2—竖轴；3—给矿筒；4—溢流槽；5—槽体；6—耙臂；7—絮凝液
搅拌槽；8—絮凝液储槽；9—絮凝液泵；10—溢流箱；11—溢流泵；12—底流泵；
13—浓度计；14—浓相界面传感器；15—絮凝剂控制系统；16—给矿管

恩维罗-克利阿型高效浓缩机的结构如图 3-6 所示。其中心有一个倒

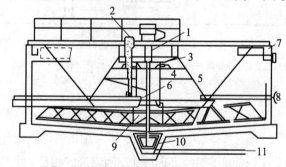

图 3-6　恩维罗-克利阿高效浓缩机结构

1—给料管；2—加药管；3—叶轮；4—缓冲器；5—反应筒；6—循环筒；
7—溢流出口；8—取样管；9—转鼓；10—锥形刮料板；11—排矿管

锥形的反应筒，矿浆沿给矿管从反应筒中心的循环筒的下部往上，经循环筒的上部进入反应筒，受旋转叶轮搅拌，与絮凝剂充分地混合后，再从反应筒底部进入沉砂层中。溶液穿过沉砂层的上部，向上运动形成溢流，进入溢流堰。该机具有放射状的或周边式的溢流槽。

2) 高效浓缩机的工业应用

目前，国外使用的高效浓缩机直径已达 40 多米。在美国、加拿大和澳大利亚的铁矿（精矿和尾矿）、选煤（主要是尾煤）、铀矿（酸性矿坑水和逆流洗液）、磷酸盐、发电厂 SO_2 洗涤渣及有色金属工业中广泛使用。其主要工业指标见表 3-5。

表 3-5 高效浓缩机的应用指标

序号	物料名称	矿浆浓度（质量分数）/%		单位定额 /[t/(m²·d)]
		进料	底流	
1	铜精矿	15～30	50～75	0.02～0.05
2	铜尾矿	10～30	45～65	0.04～0.01
3	铁精矿	15～25	50～65	0.02～0.10
4	铁尾矿	10～20	40～60	0.10～0.60
5	磷酸盐	1～5	10～15	0.10～0.29
6	氢氧化镁	3～10	15～30	0.51～2.09
7	煤泥	0.5～0.6	20～40	0.05～0.15
8	金氰化浸出渣	10～25	50～65	0.05～0.10
9	银氰化浸出渣	10～25	50～60	0.05～0.13
10	苏打细矿泥	1～2	10～20	0.31～0.62
11	铀矿酸性渣	15～25	40～60	0.02～0.05
12	铀矿碱性渣	15～25	40～60	0.03～0.08
13	铀矿中性渣	15～25	40～60	0.03～0.07
14	铀-铵沉淀	1～2	10～25	0.51～2.04

由表 3-5 可知，使用高效浓缩机处理单位质量的固体所需的面积大大低于普通浓缩机。因此，采用高效浓缩机可节省投资，减小占地面积。所增加的絮凝剂和控制系统的费用，可以从节省的基建费中得到补偿。

例如，在水冶厂，由于自动控制装置使得底流浓度稳定，而使洗涤作业回收率提高所得的收益，两年时间就弥补了设置自动化设施的投资。

近年来，我国矿山工业也开展了对高效浓缩机的研制工作。在工业试验中采用小直径的 GX-3.6 高效浓缩机处理铁矿选矿的尾矿，已取得了较好的效果。试验结果表明，在给矿浓度为 12.48% 的情况下，加凝聚剂与否，浓缩机底流浓度分别为 26.71% 和 45%，溢流中悬浮物含量分别为 268.89 mg/L 和 266.61 mg/L。单位面积的处理能力比普通浓缩机高 5 倍，达到了国外同类设备的水平。采用高效浓缩机处理选矿厂尾矿，可实现尾矿高浓度输送，节约能源，增加回水利用率，减少环境污染，其社会效益和经济效益是显著的。但是，目前尚无对任何料浆都具有高效浓缩作用的设备。因此，现在的高效浓缩机仍不能完全取代所有的普通浓缩机。这是因为絮凝剂并非在任何情况下都是适用的。例如，当后续作业不允许使用絮凝剂或添加絮凝剂在经济上根本不合算时，是不宜采用的。此外，当料浆的压缩性很差，或工艺过程要求浓缩机有较大的储浆能力而兼起缓冲作用，以及对沉砂浓度要求很高时，也不宜采用高效浓缩机。

3）高效浓缩机的自动控制

浓缩机自动控制可以提高浓缩效率，确保获得浓度较高的底流及合乎要求的溢流，并保持底流均匀排出。主要控制项目如下。

（1）絮凝剂加入量。通过对给料浓度和给料流量的测定与计算，使矿浆中固体量与絮凝剂加入量的比例保持恒定，维持矿浆中有足够数量的絮凝剂。改变絮凝剂泵的转数可以控制絮凝剂的加入量。

（2）底流浓度及压缩层的高度。将底流浓度与底流泵的转速联锁，通过控制底流泵的转数来控制底流浓度。当底流浓度高时，泵的转速加快，扬出量加大，底流浓度由稠变稀；反之，则减少泵的转速，扬出量相应减小，底流浓度变稠。只有当底流浓度符合要求时，泵的转速才保持不变。压缩区界面高度与底流泵的转速联锁而又与底流流量之间有一定的对应关系，所以底流泵的转速必须同时满足这两个参数的要求。底流泵在上、下限转速之间使底流浓度保持稳定。转速过大容易将浓缩机的压缩区内的物料抽空，造成底流浓度下降；转速过慢，则底流浓度增高，排料不畅易造成排矿管堵塞。底流泵的最佳转速应控制压缩区界面具有最适宜的高度，以便更好地发挥沉积层的作用。

3. 深锥浓缩机

深锥浓缩机的结构与普通浓缩机和高效浓缩机不同，其主要特点是池深尺寸大于池径尺寸，整体呈立式桶锥形。其工作原理是由于池体（一般由钢板围成）细长，在浓缩过程中又添加絮凝剂，便加速了物料沉降和溢流水澄清的浓缩过程。它具有较普通浓缩机占地面积小、处理能力大、自动化程度高、节电等优点。

淮矿和中芬矿机生产的 GSZN 型高效深锥浓缩机是综合前苏联及美国同类设备的优点及先进技术，研制、生产的一种高效浓缩澄清设备，用于处理各种煤泥水、金属选矿水及其他污水。

产品特点：① 处理能力大，浓缩效果好，单位处理能力为 2～3.5 m³/(m²·h)，最高可达 5～8 m³/(m²·h)（煤泥水），溢流水浓度小于 1 g/L，底流浓度大于 400 g/L；② 机内配置倾斜板，有效沉积面积增大；③ 占地面积小，投资少，省电，运行费用低，管理方便。其技术参数见表 3-6。

表 3-6 GSZN 型高效深锥浓缩机主要技术参数（淮矿、中芬矿机）

型号	有效沉淀面积/m²	处理能力/(m³/h)	相当于普通浓缩机
GSZN-5000/7500	72	180～250	Φ12m
GSZN-7000/10500	128	320～450	Φ18m
GSZN-9000/13500	213	530～750	Φ24m
GSZN-11000/16500	315	780～1 100	Φ30m

长沙矿冶院研制、生产的 HRC 型高压高效深锥浓缩机是以获得高

浓度底流为目的的高效浓缩机。这种大锥角的浓缩机采用高的压缩高度以及特殊设计的搅拌装置，但由于锥角大，设备大型化困难较大，固体颗粒在沉降段和过滤段的工作过程中，采用絮凝浓缩，可大大增加固体通过量，设备可以获得大的处理量。但进入浓缩过程的压缩段，固体颗粒的沉降变成了水从浓相层中挤压出来的过程。长沙矿冶院在深锥浓缩机研究中发现，浓缩进入到压缩阶段时，普通浓缩机中浓相层是一个均匀体系，仅依靠压力将水从浓相层挤压出来是一个极为困难和缓慢的过程。研究中还发现，通过在浓相层中设置特殊设计的搅拌装置，破坏浓相层中的平衡状态，可以在浓相层中造成低压区，并成为浓相层中水的通道，由于这一水的通道的存在，使浓缩机中的压缩过程大大加快。

4. 水力旋流器

水力旋流器是一种利用离心力进行分级和选别的设备。在选矿厂中除了常用于各种物料的分级作业之外，还可作为离心选别设备，如重介质旋流器等。有时也用来对矿浆脱泥、脱水以及浮选前的脱药、精矿浓缩及回水设施等。当原有浓缩机面积不足时，可辅以水力旋流器作第一段脱水设备。水力旋流器结构简单，易制造，设备费低，生产能力大，占地面积小。设备本身无运动部件，操作维护简单。但由于它需要压力给矿，给矿压力还必须保持稳定，故采用动压给矿时，动力消耗较大。

我国于 20 世纪 50 年代开始在选矿厂使用水力旋流器。近些年，随着尾矿干式堆存技术的出现及应用，水力旋流器在尾矿高效脱水环节也有很多应用。具有代表性的是以水力旋流器为核心的联合浓缩流程，该流程分为"水力旋流器-浓密机串联流程"和"水力旋流器-浓密机闭路流程"两类。前者主要用于提高尾矿浓缩效率，后者可以获得高浓度浓缩产物。

1) 水力旋流器-浓密机串联流程

该流程的特点是选矿厂尾矿首先经过一段旋流器获得高浓度底流；

旋流器溢流给入常规浓密机进行细粒级的澄清浓缩，获得细粒浓缩产物和澄清的溢流（见图3-7）。这一方面可以大大减轻浓密机处理能力的压力，避免浓密机跑浑，同时可获得高浓度的尾矿，并提高尾矿浓缩系统的处理能力，从而在整体上提高尾矿浓缩脱水效率。

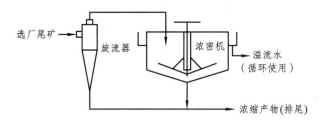

图3-7　水力旋流器–浓密机串联流程

2）水力旋流器-浓密机闭路流程

该流程由水力旋流器、分泥斗以及浓密机组成闭路流程（见图3-8）。选矿厂尾矿给入水力旋流器，产出两种产品，沉砂送分泥斗进行脱泥，旋流器溢流与分泥斗的溢流一起送浓密机处理。在浓密机中加入絮凝剂，得到清的溢流和较稀的沉砂。浓密机的沉砂返回至旋流器给矿，经旋流器进一步提高浓度。

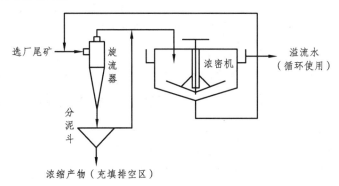

图3-8　水力旋流器–浓密机闭路流程

二、尾矿输送工艺及操作

（一）尾矿分级设备的操作管理

1. 分级旋流器操作要求

尾矿分级设备的种类较多，在尾矿坝上应用较多的是水力旋流器，它是尾矿分级系统的关键设备，必须严格按设计要求和设备有关规定操作运行，做好日常维护和定期检修。

给入和排出水力旋流器的尾矿浆压力、浓度、流量和粒度等，应按设计要求进行控制，并定时测定和记录。若上述某项指标不符合要求，且对下一道作业有影响时，应及时查明原因，采取措施予以调整，直至正常。

应及时更换水力旋流器的易损件，以保证正常工作。

2. 尾矿输送泵站操作要求

矿浆泵应根据输送的矿浆流量、所需扬程、矿浆浓度、尾矿粒度及磨蚀性等因素进行选型。泵站的数量应根据所需扬程和选用的泵型经计算确定。在设备允许的前提下，应减少泵站的数量。泵站位置宜设计成地上式，并避免过大的挖方。泵站的事故矿浆及外部管道放空的矿浆可自流排往附近的事故池。泵站应设在稳定的地基上，避免设在洼地或洪水淹没区，当不能避免时，泵站的地坪应高出洪水重现期为 50 年的洪水位 0.5 m 以上，或考虑其他防洪措施。有适当的交能条件。每台（组）泵宜设单独的矿浆池。矿浆池的容积，对于离心式矿浆泵，可采用 1～3 min 的扬送矿浆量；对于油隔离、水隔离泥浆泵，可采用 10 min 的扬送矿浆量。兼起调节和事故池作用的矿浆池容积可适当加大。矿浆池池底应有 1∶1～1∶3 的坡度坡向吸入管口，必要时可设置搅拌装置。矿浆池可设于室外，并应设有上下用的斜梯、池内爬梯以及有栏杆围护的操作平台。矿浆池应设溢流管，其泄流能力应按最大矿浆流量计算。溢流矿浆应引入事故池。

尾矿泵站（简称砂泵站）是输送尾矿的关键设施，应确保将尾矿浆稳定无漏损地送至尾矿库。泵站能否正常运行，与泵站人员的实际操作技能有关，不同操作者操作设备运行的效果及使用寿命是不同的。

（1）操作人员必须熟练掌握本岗位设备的基本性能及正常运行状态的技术参数，如工作压力、工作电流、流量等。严格按照安全生产条例和设备仪表的技术规定进行操作。

（2）注意观察设备和仪表的运转与变化情况，并做好记录。如发现异常，应查明原因，及时排除。

（3）加强配电室安全管理，非值班人员不得进入配电室。对车间内的配电设施应有专门保护措施，以免因矿浆喷溅发生事故。

（4）矿浆池来矿口处的格栅，应经常冲洗，池内液位指示器应定期维护。注意观察池内液位，当液位过低时，必须及时调整，保证液位高于排矿口足够高度，防止空气进入泵内。

（5）地下或半地下式泵站内的排污泵必须保持良好状态，严防淹没泵站。

（6）适当储备必要的备品和备用的设备仪表，以满足检修需要。

（7）当泵站发生事故停车后，操作人员应及时开启事故阀门实施事故放矿。待恢复生产时，事故池必须及时清理，使池内保持足够的储存容积。池内矿浆不得任意外排。

（8）备用泵站应及时检修，使其尽快处于完好的状态。

（9）操作中做到"五勤"，即勤检查、勤联系、勤分析、勤调整、勤维护。

（10）在检查中要勤"看"，即看设备工作仪表的指示是否在正常的范围内；勤"摸"，即摸电机的温度是否太高，轴承的温度是否在允许的范围内等。泵体是否振动，如有振动现象其原因是什么？勤"嗅"，即设备在运行过程中是否有焦味，在什么部位发出焦味；勤"听"，即听设备在运行过程中声音是否正常。并在设备运行记录中认真填写设备的运行状况。

常见故障的处理方法：

（1）矿浆浓度过高、粒度过粗，可能引起电机过载，且长时间运转易造成烧毁电机。一般采用补加清水稀释的方法解决。

（2）给矿不足，泵池打空，泵体进气发生气蚀现象，引起泵体强烈振动，严重损坏泵体及过流件。一般处理方法是调整给矿量，或补加清水。

（3）轴承件运转不正常，引起轴承体发热。一般检查润滑的油质和油量。如油质太差，应予以更换，补加油量适当。如电机轴与泵轴不同心应予以校正。轴承损坏应及时更换。

（二）尾矿输送线路维护

1. 输送线路常规要求

尾矿水力输送可根据地形条件采用无压自流输送、静压自流输送和加压输送等方式，也可以采用几种形式联合的输送方式。尾矿输送管槽线路的选择和设计，应符合企业及线路通过地区总体布置要求，尽量自流或局部自流输送，不占或少占农田，线路短；土石方及构筑物工程量小，减少及减小平面与纵断面上的转角，避免形成 V 形管段，避免穿过居民住宅区、铁路及公路，避开不良工程地质地段和洪水淹没区。不得通过陷（崩）落区、爆破危险区和废石堆放区，邻近道路、水源和电源，便于施工及维修。

尾矿管槽的输送能力应与选矿厂排出尾矿量相适应。当选矿厂各期尾矿量变化较大，设置一条工作管道不经济、不合理时，可分期敷设多条工作管道。

无压自流输送管槽可不用设备，静压自流和加压输送管道应用设备，但矿浆对管道磨蚀较轻或采用耐磨管材及管件时也可不用设备。寒冷地区的输送管槽经热工计算矿浆有可能冻结时，应采取防冻措施。

尾矿输送管槽的临界流速（临界管径或断面）及摩阻损失（水力坡

降)，可根据计算或经验数据确定。但对线路较长，矿浆浓度较高，固体密度较大的输送管槽宜通过试验确定。

2. 输送线路常规维护

尾矿输送线路包括管、槽、沟、渠和洞，是输送矿浆的重要通道，必须加强管理和维护，保证畅通无阻。

(1) 应经常巡视检查输送线路，防治堵、漏、跑、冒。对易造成磨损和破坏的部位，应特别注意观察，若发现异常现象，要认真分析原因，及时排除。

(2) 对无浓缩设施的尾矿系统，应定期测定输送矿浆的流量、流速、浓度和密度，使其各项指标符合设计的要求。如有不符，需通知主厂房、浓缩池及上下泵站，查明原因，采取措施以保证正常输送。

(3) 输送线路应保持矿浆的设计流量，维持水力输送的正常流速，以保证输送管道不堵塞。当流速低于正常流速时，应及时加水调节。

(4) 寒冷地区应加强管、阀的维护管理和防冻措施，尽量避免停产。如停产必须及时放空，严防发生冻裂事故。

(5) 当停产时，必须及时开启输送管线的放空阀门，排放矿浆，以免堵塞。

(6) 通过居民区、农田、交通线的管、槽、沟、渠及构筑物应加强检查和维修管理，防止发生破管、喷浆和漏矿等事故。

(7) 输送渠槽磨损严重部位，在停产时应及时检修。衬铸石沟槽，如铸石板脱落必须及时修补。管道焊接时尽可能地减少错口。

(8) 自流输送渠槽上设置的拦污栅，应定期维护和修缮，及时清除树枝、石块等杂物，防止发生堵塞漫溢矿浆的现象。设有盖板的沟槽必须及时处理掉入沟槽的盖板。发现正在使用的沟槽中有液面壅高时，应立即查明原因，如有沉积杂物应及时清除。

(9) 输送管路通过填土堤处，应保持排水沟畅通，防止雨水冲刷路堤；发现塌落应及时修补。

（10）山区管路应加强巡视，保持沿线边坡稳定；发现塌方应及时处理。

（11）金属管道应定期翻转，延长使用年限，防止漏矿事故。备用管道应保持良好状态，能随时转换使用。

（12）严禁在输送线路附近（包括线路上）采石、放炮、建房或堆料等危及线路安全的活动。

（13）应加强巡视输送线路通过的隧洞。发现衬砌破坏、围岩松动、冒顶或大量喷水漏砂及其他险情，必须及时采取措施，保持隧道内排水畅通。

（14）应加强巡视输送管路通过的栈桥，防止洪水冲毁桥墩和破坏桥面。

（15）管道敷设应避免凹形管段，如避免不了，应在凹形管段的最低点设置可迅速开启的放矿阀。

3. 输送管道事故处理措施

（1）尾矿管槽一般情况下多数是明设于地表，在北方寒冷地区明设长距离的矿浆管道容易产生冻裂或冻结，从而造成严重事故。尾矿管槽的保温可加保温层或改明设为埋设（全埋或半埋）。由于尾矿管道磨损严重，每隔一段时间应将管道翻身。采取保温措施会给管道维修带来很大的麻烦，故在实践中曾做过一些既不加温又可防止输送系统冻结的试验。试验情况如下：

① 增大矿浆流速可提高尾矿输送系统的抗冻能力，流速达到1.5 m/s 以上时，矿浆管槽多不会产生冻结。

② 为保证及时放空管槽内的矿浆和积水，并保证放空矿浆时有一定的流速，管槽敷设坡度应适当加大，并应严格控制施工坡度的准确度。

（2）引起输送管道堵塞的原因很多，但归结到底就是管道中矿浆的实际流速低于当时输送矿浆的临界流速而造成的。究其原因有矿浆的浓度突然增大、粒度变粗和矿浆中尾砂的级配不合理；另外还有泵本身的原因，如叶轮及过流件严重磨损而引起的输送能力下降；还有操作上的原因，如给矿不平衡等。

（3）输送尾矿管道堵塞事故的处理比较困难，其处理的方法应根据堵塞的程度不同而采取相应的处理措施。如管道堵塞不是太严重，一般采用清水清洗即可；而管道堵塞比较严重时，一般采取先用高压水小流量向管内注水，使管道内沉积的尾砂慢慢稀释，待管道的末端有少量高浓度的矿浆外溢时，再加大洗管的清水量，直至疏通为止；如管道堵塞很严重时，在管道堵塞段每间隔一段距离开外溢口逐段疏通，直至堵塞段全部疏通为止。

（4）爆管是尾矿输送中最常见的事故，引起爆管事故的原因主要有：管道局部堵塞后引起管道内压力增高，当其压力超过管道所能承压的范围时，即发生管道爆裂。管道长时间不检修导致磨损严重，当超过承受压力时，管道也会产生爆裂。处理的方法有：

① 及时将爆管处修复。

② 根据管道的使用寿命及运行时间有计划地进行检修。如将管道翻身或更换管道等。

③ 使用耐磨耐压的高分子复合管。

第二节 尾矿筑坝与排放

一、尾矿筑坝工艺及操作

（一）尾矿筑坝基本要求

尾矿筑坝一般先堆筑子坝，再通过排放尾矿，靠尾矿自然沉积形成尾矿坝主体，子坝最后成为尾矿坝的下游坡面的一层坝壳。所以说尾矿筑坝应包含堆筑子坝和尾矿排放两部分，而且后者更为重要。

1. 影响尾矿筑坝的因素

1）不同类型尾矿的影响

尾矿的分类方法有两种，一是选矿学常用分类法（见表3-7、表3-8），二是土力学常用分类法（见表3-9）。不同尾矿的粒径分布及塑性指数，都会对尾矿堆积坝的筑坝工艺及技术设计参数产生直接影响。

表3-7 按粒级分布所占比例的尾矿分类方法

平均粒径分类 d_p/mm	粗		中		细	
	+0.074	−0.019	+0.074	−0.019	+0.074	−0.019
比例/%	>40	<20	20~40	20~50	<20	>50

表3-8 按岩石生成方式的尾矿分类方法

分类	脉矿（原生矿）	砂矿（次生矿）
特点	含泥量少，一般小于13%	含泥量大，一般大于30%~40%

表3-9 按土力学指标——塑性指数分类的方法

I_p	<1	1~7	7~17			>17
			7~10	10~13	13~17	
土壤名称	砂土	砂壤土	轻土壤	中土壤	重土壤	黏土
			壤土			

2）粒度的影响

粒径大于0.037 mm的称为沉沙质，在动水中沉降较快，是沉积滩的主要部分；粒径在0.019~0.037 mm的为推移质，在动水中沉降较慢，是形成沉积滩的次要部分，是水下沉积坡的主要部分；粒径在0.005~0.019 mm的为流动质，在静水中沉降较慢，为矿泥沉积区的主要部分；粒径小于0.005 mm的则为悬浮质，在静水中也不易沉降，是水中悬浮物。

3）矿物的组成

当尾矿中高岭土、蒙脱石、伊利石等黏土矿物含量较高时，一般堆坝较困难，即使是粒径比较粗的尾矿，在黏土矿物含量高时堆坝也比较困难，其水力自然分级差，脱水困难，浓缩也难，碰到这种尾矿要慎重对待。这种矿物含量小于15%还可以堆低坝，但其含量超过30%时，堆坝就很困难。

4）浓度

尾矿浓度低，有利于水力自然分级，对堆坝有利。浓度过高，分选性差，对堆坝是否有利还有待研究。从堆坝的角度来讲，浓度在30%～40%时比较有利。

除上述因素外，放矿方式是否合理也影响尾矿堆坝的高度。故在放矿堆坝时，要考虑矿物的组成和粒度组成，控制合适的浓度，在子坝周边均匀放矿堆坝，才能达到设计要求。

2. 后期堆积坝的一般规律

尾矿库后期坝一般采用水力冲击而成。由于水力冲击的自然分级作用，粗粒尾矿在放矿口附近沉积，距离放矿口越远，尾矿越细，所以尾矿沉积的规律是自放矿口向库内水边逐渐变细（见图3.9）。此外，由于堆积边坡较缓，在上述同样沉积规律下，使堆积坝垂直剖面上粒度分布规律是上粗下细，即自上而下逐渐变细。

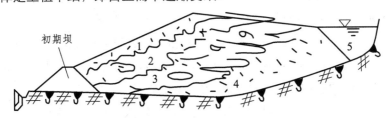

图3-9 后期坝坝体中尾矿分布示意图

1—粗粒尾矿；2—中粒尾矿；3—细粒尾矿；4—尾矿泥；5—尾矿池

堆积坝的另一个特点是细粒或矿泥夹层多。一方面，水位高时细粒沉积在离子坝近的地方，水位低时细粒沉积在离子坝远的地方；另一方面，分段放矿时由于摆流作用，滩面高的地方尾矿相对较粗，滩面低的地方尾矿相对较细。这样不断循环，整个尾矿场就是一个无数粗细尾矿互层的堆积体，造成后期堆积坝浸润线升高，不利于坝体的稳定。

（二）尾矿筑坝方法

1．基本要求

（1）做出堆坝计划，从时间安排、人力组织、物资准备，到技术问题的决定等。技术问题包括筑坝高度、子坝边坡、坝顶宽度及基础处理等。

（2）每期堆坝作业之前必须严格按照设计的坝面坡度，结合本期子坝高度放出子坝坝基的轮廓线。筑成的子坝应轮廓清楚、坡面平整、坝顶标高一致。

（3）对岸坡进行清基处理。将草皮、树根、废石、废管件、管墩、坟墓及有关危及坝体安全的杂物等应全部清除。若遇有泉眼、水井、洞穴等，应进行妥善处理，并做好隐蔽工程记录，经主管技术人员检验合格后，方可筑坝。

（4）尾矿堆坝的稳定性取决于沉积尾砂的粒径粗细和密实程度，因此必须从坝前排放尾矿，以使粗粒尾矿沉积于坝前。凡用机械或人工堆积的坝体，均应进行分层碾压。子坝力求夯实或碾压密实。

（5）采用分段筑坝时，要特别重视段与段之间连接部位的密实情况。

（6）在沉积滩上取尾矿堆子坝时，不允许挖坑取尾矿，也不允许形成倾向下游的倒坡，以免放矿时形成积水坑，造成矿泥沉积。

（7）每次堆坝达到要求高度以后，应进行人工修坡，使其达到设计堆积边坡，并采用山坡土或其他土材护坡。

（8）在汛前及汛期筑坝时，一定要保证调洪水深和调洪库容，且不允许子坝挡水。

（9）浸润线的高低也是影响尾矿堆积坝稳定性的重要因素。坝前沉积的大片矿泥会抬高坝体内的浸润线。因此，在放矿过程中应尽量避免大量矿泥分布于坝前。

2. 尾矿子坝堆筑方法

子坝的堆筑方法主要有冲积法、池填法、渠槽法和旋流器法等。

1）冲积法

冲积法筑坝是采用机械或人工从库内沉积滩上取砂，分层压实，堆筑子坝（见图 3-10）。冲积法筑坝的子坝不宜太高，一般以 1～3 m 为宜。尾矿坝上升速度较快者可高些；尾矿坝上升速度较慢者可以低些。子坝顶宽一般为 1.5～3 m，视放矿主管大小及行车需要而定。外坡坡比可用 1∶2，内坡坡比可用 1∶1.5。该法筑坝速度快，密实度高，成本较低，操作简单。国内采用此法筑坝比较普遍。

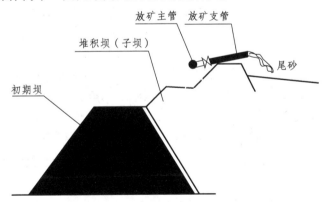

图 3-10　上游式筑坝冲积式放矿示意图

2）池填法

池填法筑坝是沿坝长先用人工堆筑子堤，形成连续封闭的若干个矩形池子（也称围埝），池子宽度根据子坝高度确定，长度可取 20～40 m，太长沉积的尾矿粗细不匀（见图 3-11）。围埝高 0.5～1.0 m，顶宽约 0.5 m，坡比为 1∶1～1.5。池子中部埋设溢流圈、溢流管，通向库内。溢流管可采用承插式的陶土管、混凝土预制管或钢管。溢流圈进浆口可低于埝顶 0.2 m 左右。

围埝筑成后，即可向池内排放尾矿浆，粗粒尾矿沉积于池内，细颗粒尾矿进入溢流圈，由溢流管流入库内。在放矿过程中，应有专人在池内控制尾矿沉积状态和调剂放矿流量，防止冲毁池埝。待尾矿沉满池顶并干到能站人以后，可再在其上继续构筑围埝。如果子坝较长时，围埝、放矿、干燥可交替进行。但整个坝体应均匀上升。

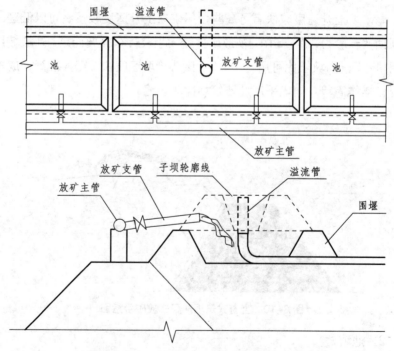

图 3-11　尾矿库后期坝池填法筑坝工艺示意图

放矿形成的子坝外形为阶梯状，必须用人工修齐外坡，并填实溢流口。

在筑坝期间细粒矿泥容易沉积在子坝前，对坝体稳定不利。如果子坝太高，坝前沉积矿泥较厚，还会抬高坝体内的浸润线。所以子坝高度不宜大于 2 m。但此法毕竟操作较简单，成本低。所以国内采用者也较多。

3）渠槽法

渠槽法筑坝是沿坝长方向先用人工筑成两道平行的子堤，形成一条渠槽，从槽一端排放尾矿，尾矿在流动中沉积于渠内，细粒尾矿和水从槽的另一端流入库内，沉满以后，加高子堤继续排矿，逐层冲积最终形成子坝（见图 3-12）。子堤大小与池填法的围堰相同。槽宽根据所筑子坝外形确定。

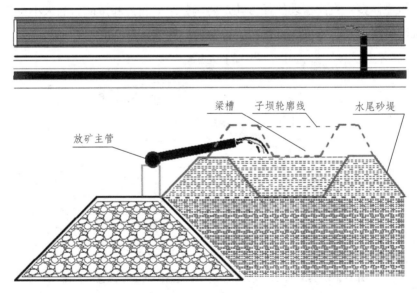

图 3-12 尾矿库筑坝渠槽式放矿工艺示意图

若只筑一条渠槽者，称单槽法；有的坝需筑多条平行的渠槽冲填者，称多槽法。它可用于需较快加高或加宽子坝，以满足洪水位时的干滩长度的需要，也可起到增加调洪库容的作用。但筑堤工作量较大。

该法成本低，操作简单。但槽内沉积的尾矿一端粗，一端细，不均匀。密实度也不如压实的效果好。

4）旋流器法

旋流器筑坝是利用水力旋流器将矿浆进行分级，由沉沙嘴排出的高浓度粗粒尾矿用于筑坝；由溢流口排出的低浓度细粒尾矿浆用橡胶软管引入库内（见图 3-13）。排矿流量较小者，可沿坝顶每隔一定间距设置支架，在架顶安设旋流器；排矿流量较大者，须在坝顶铺设轨道，由安装有旋流器组的移动车排矿筑坝。由于堆积的尾矿不成坝形，需用人工或机械修整。生产管理的任务就是要调整给矿压力和排矿口的大小，使沉砂流量、排矿浓度和分级粒度符合设计要求。

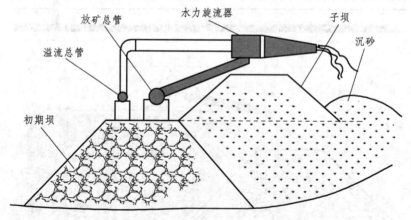

图 3-13 尾矿库后期坝筑坝水力旋流器卧式放矿工艺示意图

中线式和下游式尾矿坝普遍采用此法。上游式尾矿坝只有原尾矿颗粒较细者才采用水力旋流器进行分级筑坝。该法堆筑的子坝质量好，物理力学强度高。但筑坝工艺较复杂，成本较高，管理比较复杂。

5）筑坝方法的选择及堆积坝有关问题

（1）筑坝方法的选择。筑坝方法的选择影响因素较多，一般应注意：

① 对中粗尾矿，采用单面子坝总和法比较简单，筑子坝的工程量较小，减轻了筑坝工人的劳动强度。从理论上来讲，水力冲积法是一种较好的筑坝方法。

② 旋流器筑坝对加快粗粒尾矿的堆坝上升速度是有效的也是可取的，只是管理较复杂。另外旋流器的溢流不要排放到子坝附近的沉积滩上，最好送到库内的积水区排放。

③ 渠槽冲填法所堆筑的子坝，放矿沉积尾矿一端粒度粗、强度高、筑坝也快，但溢流一端沉积尾矿粒度细、固结慢、强度也低，筑坝上升速度慢，所堆筑的子坝不均匀，所以不宜多用。沉淀池冲填法比渠槽冲填法所筑子坝质量好，但堆子坝工程量大，工人劳动强度大，现在也较少使用，只有部分矿山因习惯还在采用这种方法。

（2）堆积坝相关技术参数比较。

① 中、下游式堆积坝从理论上说是有利于堆积坝边坡稳定的堆积坝坝型。但在工艺设计、生产管理上都没有成熟的经验，如旋流器能提供的可靠沉沙量以及多大粒度的尾矿适于这样的坝型，后期临时边坡的稳定等问题，均需进一步研究。所以实施起来也不容易，特别是管理上的问题，由于这种坝型国内很少，其存在的缺点尚不清楚。因此，选用这种坝型必须慎重。必要时应做试验论证。

② 有人认为在考虑堆坝时堆积边坡越缓越有利，这是不全面的认识，如图 3-14 所示，边坡放缓以后相当于作了削坡减载，对稳定有利；但是，放缓边坡后，浸润线基本没有多大变化，放缓的边坡离浸润线更近，甚至导致浸润线溢出，这种条件对尾矿库动力稳定极为不利，很容易出现振动液化，对渗流稳定也不利，而且又减少了库容，因此放缓设计堆积边坡不一定安全。

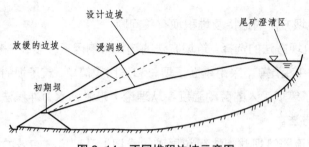

图 3-14 不同堆积边坡示意图

3. 筑坝前期准备

1）子坝设计

每期堆坝作业之前必须严格按照设计的坝面坡度，结合本期子坝高度放出子坝坝基的轮廓线。筑成的子坝应轮廓清楚，坡面平整，坝顶标高一致。

2）岸坡清基

每期子坝堆筑前必须进行岸坡处理，将树木、草皮、树根、废石、废管件、管墩、坟墓及有关危及坝体安全的杂物等全部清除；清除杂物不得就地堆积，应运到库外。若遇有泉眼、水井、洞穴等，应进行妥善处理，做好隐蔽工程记录，经主管技术人员检验合格后，方可充填筑坝。

3）放矿控制

尾矿堆坝的稳定性取决于沉积尾砂的粒径粗细和密实程度。因此，必须从坝前排放尾矿，以使粗粒尾矿沉积于坝前。子坝力求夯实或碾压。

浸润线的高低也是影响尾矿堆坝稳定性的重要因素。坝前沉积大片矿泥会抬高坝体内的浸润线。因此，在放矿过程中，应尽量避免大量矿泥分布于坝前。

4. 尾矿子坝的常规维护

（1）子坝若是分层筑成的，外坡的台阶应修整拍平。

（2）在坝顶和坝坡应覆盖护坡土（厚度为坝顶 500 mm，坝坡

300 mm），种植草皮，防止坝面尾砂被大风吹走，产生扬尘而造成环境污染。

（3）坝肩和坝坡面需建纵横排水沟，并应经常疏浚，保证水流畅通，以防止雨水冲刷坝坡。对降雨或漏矿造成的坝坡面冲沟，应及时回填并夯实。

（4）子坝筑好后，应及时移动安装尾矿输送管，架设照明线路，尽早放矿，保护坝趾。

（5）新筑的子坝坝体的密实度较差，且放矿支管的支架不牢固。因此，须勤换放矿地点，杜绝回流掏刷坝趾，造成拉坝或支架悬空。

（6）由于放矿管、三通、阀门均属易磨损件，一旦漏矿，应及时处理。否则，会冲坏子坝。

（7）堆积坝坝外坡面维护工作应按设计要求进行，或视具体情况采取坡面修筑人字沟或网状排水沟；坡面植草或灌木类植物；采用碎石、废石或山坡土覆盖坝坡等措施。

（8）上游式尾矿坝每期子坝一般是用滩面沉积尾矿堆筑的，这种由尾砂堆积形成的下游坡面是不能抗御雨水冲刷的，有的尾矿坝未采取坝面保护措施，在雨水冲刷和风力剥蚀作用下，坝面形成很深很宽的冲沟，严重威胁坝体的安全。因此，要求尾矿堆积坡面应设置排水沟和截水沟，并采取植被或覆盖土石等保护措施。平时应做好这些设施的维护，并随子坝的加高及时增补。

（9）每期子坝堆筑完毕，应进行质量检查，检查记录需经主管技术人员签字后存档备查。主要检查内容有子坝长度、剖面尺寸、轴线位置及内外坡比；新筑子坝的坝顶及内坡趾滩面高程、库内水位、尾矿筑坝质量等。

（10）子坝可采用人工堆筑或机械堆筑。每期子坝不宜过高，一般在2 m左右，应严格按照设计规定的堆积坝坡比控制子坝轴线位置，同时在子坝堆积过程中应进行适当压实。

二、尾矿排矿工艺及操作

（一）尾矿沉积规律

尾矿排放和筑坝是尾矿库运行过程中最重要的工序之一，对大多数尾矿库来说，尾矿排放和筑坝既是堆存尾矿满足生产要求的过程，同时又是筑坝施工过程，这一过程持续时间很长，少则几年多则几十年，其间受各种因素的影响和干扰比较大，必须做到精心设计、精心施工和严格管理才能实现安全生产。

尾矿坝滩顶高程是应在年运行图表中确定的最重要控制指标之一。该指标不仅要满足生产堆存尾矿需要，同时还必须满足防汛、冬季放矿和回水要求。

尾矿堆积坝的坡比主要指外坡比和滩面坡比。外坡坡比直接影响尾矿坝稳定，设计给定的堆积坡比是经稳定分析确定的，若生产中为扩大库容自行将坡比变陡，则必将降低坝体稳定性，这是不允许的。沉积滩面坡度也是一项控制指标，它关系到干滩长度，而干滩长度是影响坝体稳定和防洪安全的。但一般来说，影响干滩长度的因素较多，主要有尾矿粒度、放矿方式、流量、浓度、排水条件和地形条件等，因此，企业应根据实际情况，总结经验，掌握尾矿沉积规律，做好沉积坡度控制。

1. 一般的尾矿沉积规律

（1）0.05～0.037 mm 的粒组可于有效沉积滩区沉积。排矿单管流量 q 大于 20 L/s 时，在 100 m 内的沉积量，一般相当于原矿中相应粒组的 50%；在 100 m 至水边线附近的过渡区其沉积量可达到或超过原矿中的相应粒组的含量；当排矿单管流量 q 小于 20 L/s 时，在坝前 100 m 内的沉积量可达或超过原矿中相应粒组的含量。

（2）0.037～0.02 mm 粒组能在有效沉积滩沉积，当 $q>20$ L/s 时，在坝前 100 m 内的沉积量小于原矿相应粒组的 50%；当 $q<20$ L/s，在

100 m 内的沉积量可达原矿中相应粒组的 50%以上，在 100 m 至水边的过渡区，则可超过原尾矿相应粒组的 1 倍以上，即是原尾矿相应粒组的 2 倍还多。

(3) 0.02~0.005 mm 粒组，不易在有效沉积滩内沉积。当排矿流量 $q>20$ L/s 时，在 100 m 内沉积很少或几乎不沉积；当 $q<20$ L/s 时，在 100 m 至水边线的沉积量一般小于原矿内相应粒组的 50%，是水下沉积的主要部分。

(4) 小于 0.005 mm 的粒组，在静水中也不易沉积。

2. 平均沉积坡的计算

对于一般条件下尾矿库平均沉积坡度可参考式（3-10）估算。

$$i_p = 0.1C^{1/3}\left(\frac{d_{50}v_bB}{Q_k}\right)^{1/6} \tag{3-10}$$

式中　i_p——平均沉积坡度；

　　　C——矿浆稠度（固体与水的重量比）；

　　　d_{50}——尾矿的中值粒径，m；

　　　v_b——尾矿不冲流速，一般取 0.15~0.3 m/s；

　　　B——冲积宽度（可取放矿宽度），m；

　　　Q_k——矿浆流量，m^3/s。

3. 沉积坡曲线

对于一般条件下尾矿库沉积坡曲线可参考式（3-11）确定。

$$y = i_pL(1-x_0)^{4/3} \tag{3-11}$$

式中　y——沉积曲线纵坐标，m；

　　　L——沉积滩长度（干滩长度），m；

　　　x_0——相对横坐标，$x_0 = x/L$；

x——计算点至坝顶内边缘的横坐标。

（二）排矿基本要求

1. 排矿管件的使用与维护

尾矿排放的管件主要指放矿主管、放矿支管、调节阀门、三通连接管、铠装胶管和水力旋流器等。

1）放矿主管

沿坝顶敷设的尾矿输送管称为放矿主管。冬季昼夜温差较大时，因管道延伸不均匀，其薄弱处极易开焊或被拉断，此时矿浆易冲毁子坝，造成事故。

2）放矿支管（又称分散放矿管）

将放矿主管内矿浆引流排入尾矿库的管道，称为放矿支管。主管与支管用特制的三通连接。放矿支管由矿浆调节阀门和支管两部分组成。支管一般采用焊接钢管，放矿支管的分布间距、长度、管径的大小可根据各矿山尾矿性质、排尾矿量等情况确定。在尾矿排放时，尾矿的沉积都是以支管口的抛落点为圆心，由高到低，由近到远呈扇形彼此叠加。一般支管的间距以交线与抛落点高差不大于 200 mm 为宜。支管的长度太短，矿浆会直接冲刷子坝坝趾。支管太长，则放矿后矿浆回流冲刷子坝内坡坡面，且细粒尾砂沉积于坝前，影响坝体稳定。放矿支管管径一般为主管的 1/5～1/3。

3）矿浆调节阀门

连接三通与放矿支管和控制排矿量的阀门，称为放矿调节阀门，在尾矿排放作业中消耗量较大。尾矿排放如采用普通闸阀控制，其密封圈极易磨损，从而失去控制能力报废。现在可用高耐磨硬质合金密封圈替代铜质密封圈，高耐磨胶管阀替代普通闸阀，使用寿命大大提高。

4）支管连接三通

放矿主管与调节阀门连接的偏心三通管，称为支管连接三通，俗称"贴底叉"，如图 3-15 所示。在尾矿排放过程中，该三通极易磨损，而且磨损的部位主要是迎矿侧，维修困难。一般采用管壁较厚的无缝钢管制作或采用迎矿侧水泥砂浆外包，以延长其使用寿命。

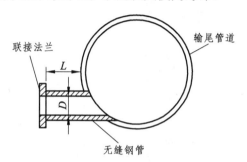

图 3-15　连接三通管

L—贴底叉长度；*D*—贴底叉直径

5）铠装胶管

铠装胶管是夹有钢丝弹簧的橡胶管。一般在初期坝顶放矿时使用。将其放在放矿支管的前端，胶管头部伸到初期坝内坡面以外，以免矿浆直接冲毁坝坡。后期也可用它调节放矿点。

6）水力旋流器

水力旋流器是一种分级设备，其种类较多，以锥形旋流器应用较广，如图 3-16 所示。矿浆以给矿压力进入旋流器后开始旋转，在离心力作用下固体颗粒分级。粗粒尾砂由沉砂口排出，用以堆坝；细粒尾矿浆由

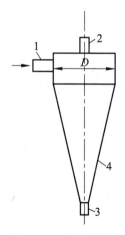

图 3-16　水力旋流器

1—给矿口；2—溢流口；
3—排矿口；4—锥体部分

溢流口排出,用管道送往库内较远处。旋流器的规格及数量根据尾矿特性和总尾矿量确定。初选时可参考表 3-10 确定,必要时可通过试验确定。

表 3-10 水力旋流器选用表

旋流器直径 D/mm	平均生产能力 t/min,P=100 kPa	溢流最大粒径 /μm	砂泵压力管直径 /mm
50	25~60	0~50	
75	40~125	10~60	25~50
125	125~250	13~80	25~50
150	200~350	19~95	25~50
200	300~500	27~124	25~100
250	450~850	32~125	50~100
300	800~1 080	37~150	75~150
350	1 000~1 500	44~180	75~150
500	1 500~3 000	52~240	150~200
700	3 500~6 500	74~340	200~250
1 000	6 200~10 000	74~400	250~300

在下游式和中线式尾矿坝中,都普遍采用水力旋流器堆坝。对于细粒级尾矿堆坝者,也有采用水力旋流器进行分级筑坝的。

2.尾矿排放操作

1) 排放方式

尾矿排放方式有多种,应视不同的筑坝方式、坝址区地质地形条件以及环境气象温度等选择适合的操作方式。通常情况下尾矿排放方式、特点及适用条件见表 3-11。

表 3-11 尾矿排放方式

放矿方式	放矿位置	特 点	适用条件
多管分散放矿	坝顶	滩面上尾矿沉积较有规律，坝前尾矿较粗，向库内水边逐渐变细	上游法堆坝
	周边	难于形成长的滩面，尾矿堆积夹层多	岩溶地区尾矿库
独管集中放矿	任意位置	只在入矿口附近一带形成滩面粗颗粒，分布较分散	一次筑坝及事故放矿
	冰下	难形成滩面	高寒地区冬季放矿
旋流器放矿	上游法堆坝	坝前尾矿较粗，滩面尾矿细	细尾矿堆坝
	中下游法堆坝	坝体部分尾矿均匀	中、下游法堆坝

2）尾矿排放的操作管理

（1）放矿时应有专人管理，做到勤巡视、勤检查、勤记录和勤汇报，不得离岗。

（2）在排放尾矿作业时，应根据排放的尾矿量，开启足够的放矿支管根数，使尾矿均匀沉积。

（3）经常调整放矿地点，使滩面沿着平行坝轴线方向均匀整齐，避免出现侧坡、扇形坡等起伏不平现象，以确保库区所有堆坝区的滩面均匀上升。

（4）严禁独头放矿，因独头放矿会造成坝前尾矿沉积粗细不均，细粒尾矿在坝前大量集中，对坝体稳定不利。

（5）严禁出现矿浆冲刷子坝内坡的现象。

（6）除一次建坝的尾矿库外，严禁在非坝区放矿，因为它既对坝体稳定不利，又减少了必要的调洪库容。

（7）对于有副坝且需在副坝上进行尾矿堆坝的尾矿库，应于适当时机提前在副坝上放矿，为后期堆坝创造有利的坝基条件。

（8）放矿主管一旦出现漏矿，极易冲刷坝体。发现此情，应立即汇报车间调度，停止运行，及时处理。特别是沉积滩顶接近坝顶又未堆筑子坝时，是矿浆漫顶事故的多发期。在此期间放矿尤须勤巡查、勤调换放矿点，谨防矿浆漫顶。

（9）对处于备用的管道，应将其矿浆放尽，以免在冬季剩余矿浆冻裂管道。

（10）多开启几个调节阀门可减小矿浆在支管内的过流速度，从而减小其磨损；阀门的开启和关闭应快速制动，且应开启到位或完全关闭，严禁半开半闭，也可减少其磨损。

（11）阀门在（我国的北方地区）严寒的环境下极易冻裂。因此，冬季应采取措施予以保护，一般情况下可采用草绳或麻绳多层缠绕，或用电热带缠绕保温，也可根据当地的最大冻层厚度，用尾砂覆盖阀门体等措施加以保护。

（12）尾矿排放是露天作业，受自然因素影响很大。在强风天气放矿时，应尽量使矿浆至溢水塔的流径最长且在顺风的排放点排放。若流径短，矿浆在沉淀区域的澄清时间缩短，回水水质降低。如果逆风放矿，矿浆被强风卷起冲刷子坝内坡，同时使输送尾矿管道悬空，可能产生意外事故。

（13）放矿支管的支架变形或折断，会造成放矿支管、调节阀门、三通和放矿主管之间漏矿，从而冲刷坝体。因此，如发现支架松动、悬空或折断，应及时处理修复。

（14）在冰冻期一般采用库内冰下集中放矿，以免在尾矿沉积滩内（特别是边棱体）有冰夹层存在而影响坝体强度

3）尾矿排放相关要求

（1）上游式筑坝法，应于坝前均匀放矿，维持坝体均匀上升，不得

任意在库后或一侧岸坡放矿。应做到粗粒尾矿沉积于坝前，细粒尾矿排至库内，在沉积滩范围内不允许有大面积矿泥沉积；坝顶及沉积滩面应均匀平整，沉积滩长度及滩顶最低高程必须满足防洪设计要求；矿浆排放不得冲刷初期坝和子坝，严禁矿浆沿子坝内坡趾流动冲刷坝体；放矿时应有专人管理，不得离岗。在生产中应根据放矿计划和矿浆流量、浓度，随时调整放矿口间距、位置，保证滩顶均匀上升。

（2）坝体较长时应采用分段交替作业，使坝体均匀上升，避免滩面出现侧坡、扇形坡或细粒尾矿大量集中沉积于某端或某侧。放矿口的间距、位置、同时开放的数量、放矿时间以及水力旋流器使用台数、移动周期与距离，应按设计要求和作业计划进行操作。为保护初期坝上游坡及反滤层免受尾矿浆冲刷，应采用多管小流量的放矿方式，以利尽快形成滩面，并采用导流槽或软管将矿浆引至远离坝顶处排放。

（3）冰冻期、事故期或由某种原因确需长期集中放矿时，不得出现影响后续堆积坝体稳定的不利因素。岩溶发育地区的尾矿库，可采用周边放矿，形成防渗垫层，减少渗漏和落水洞事故。尾矿坝下游坡面上不得有积水坑。

（4）目前不少矿山尾矿库坝顶（滩顶）高程相差很大，一端高一端低的现象十分严重，这种现象必然导致尾矿浆要沿坝纵向流动沉积，细尾矿集中到坝的低端区域沉积，造成该区域坝体力学指标降低，影响坝体稳定性。对这些坝体应尽快按规程要求调整改进放矿方式。

（5）尾矿库放矿的生产过程就是尾矿坝的筑坝过程。从尾矿坝的稳定性来看，坝前干滩段的坝体是影响尾矿坝整体稳定性的关键区域，这一区域的材料应是力学指标较高的粗粒级尾矿，不希望存在细粒级夹层。因为这种细粒级夹层力学抗剪强度较低，常常是坝体最危险滑裂面位置，是坝体稳定性最薄弱的地带。因此，在放矿过程中最重要的是要求做到均匀放矿，使矿浆能沿垂直坝轴线方向流动沉积，避免横向流动，出现细粒级尾矿夹层。

（6）在分散放矿过程中，每个分散放矿管的粒度组成、浓度都有所不同，自第一个放矿口至最末一个放矿口，粒度由粗逐渐变细，浓度逐渐由高变低，由于这个原因，前几个放矿口堆坝快，最后一两个放矿口堆坝上升慢，甚至会出现拉成沟的现象；为避免这种情况，可以将最后1~2个放矿口沿末端坝肩往库内积水区或远离放矿口的滩面延伸后排放。另外，还可以在分散放矿口与主管连接的位置上下工夫，也就是分散管不要都接在主管的底部，可将分散管的接管部位自高到低，即第一个分散管接于主管中心标高附近，最末一个分散管接于主管的底部，其他各管逐渐变化，这样做需有一个摸索过程，才能得出最合适的接管部位组合。

（7）控制沉积滩纵坡的措施。

① 变浓度。提高浓度可使沉积滩坡度变陡，改变全部浓度需要时间，还要增加设施。前述将最末端几个浓度低、粒度细的放矿管接到库内积水区排放，而用前几个浓度高、粒度粗的分散管排出的尾矿形成滩面，也就是相当于提高了浓度，并可适当提高纵坡坡度。

② 变流量。减小流量的同时，也会使沉积滩的纵坡变陡。只需减小分散放矿口的直径，增加放矿口的个数即可减小流量。

③ 采取简单的浓缩措施也能提高排放浓度。如攀矿密地选矿厂在3#泵站矿浆池想办法提高排放浓度，将两个矿浆池连成一组，矿浆进入第一个矿浆池后，在此矿浆池上部留溢流口，使矿浆的上部矿浆溢流到第二个矿浆池，这样两个矿浆池向泵的给矿浓度就不一样。第一矿浆池给的矿在异重流中相当于底流，浓度高、粒度粗，有利于堆坝；第二矿浆池给的矿相当于溢流，浓度低、粒度细。两部分矿浆需分别扬送，粗的上坝堆坝，细的送至库内积水区。但用这种简单方法只能

有限地提高浓度，达不到高浓度输送所需浓度的要求，此外，管路也需增加。

三、尾矿坝维护

在尾矿坝的维护管理中，首先要严格按设计要求及有关的技术规程、规范的规定进行管理，确保尾矿坝安全运行所必需的尾矿沉积滩长度、坝体安全超高，控制好浸润线，根据各种不同类型尾矿坝特点做好维护工作，防止环境因素的危害，及时处理好坝体出现的隐患，使尾矿坝在正常状态下运行。

（一）尾矿坝安全治理

1. 尾矿坝裂缝的处理

裂缝是一种尾矿坝较为常见的病患，某些细小的横向裂缝有可能发展成为坝体的集中渗漏通道，有的纵向裂缝也可能是坝体发生滑坡的预兆，应予以充分重视。

1）裂缝的种类与成因

土坝裂缝是较为常见的现象，有的裂缝在坝体表面就可以看到，有的隐藏在坝体内部，要开挖检查才能发现。裂缝宽度最窄的不到1mm，宽的可达数十厘米，甚至更大。裂缝长度短的不到1m，长的数十米，甚至更长。裂缝的深度有的不到1m，有的深达坝基。

裂缝的走向有的是平行于坝轴线的纵缝，有的是垂直于坝轴线的横缝，有的是大致水平的水平缝，还有的是倾斜的裂缝。总之，各式各样的裂缝各有其特征，归纳起来见表3-12。裂缝的成因，主要是由于坝基承载能力不均衡、坝体施工质量差、坝身结构及断面尺寸设计不当或其他因素等所引起。有的裂缝是由于单一因素所造成，有的则是多种因素所形成。

表 3-12 尾矿坝裂缝种类及特征

种类	裂缝名称	裂缝特征
按裂缝部位分类	表面裂缝	裂缝暴露在坝体表面，缝口较宽，深处变窄逐渐消失
	内部裂缝	裂缝隐藏在坝体内部，水平裂缝常呈透镜状，垂直裂缝多为下宽上窄的形状
按裂缝走向分类	横向裂缝	裂缝走向与坝轴线垂直或斜交，一般出现在坝顶，严重的发展至坝坡，铅垂或稍有倾斜
	纵向裂缝	裂缝走向与坝轴线平行或接近平行，多出现在坝坡浸润线溢出点的上下
	龟纹裂缝	裂缝呈龟纹状，没有固定的方向，纹理分布均匀，一般与坝体表面垂直，缝口较窄，深度 10~20 cm，很少超过 1 m
按裂缝成因分类	沉陷裂缝	多发生在坝体与岩坡接合段、河床与台地接合面、土坝合龙段、坝体分区分期填土交界处、坝下埋管的部位
	滑坡裂缝	裂缝段接近平行坝轴线，缝两端逐渐向坝脚延伸，在平面上略呈弧形，缝较长。多出现在坝顶、坝肩、背水坡坝坡及排水不畅的坝坡下部。在地震情况下，迎水坡也可能出现。形成过程短，缝口有明显错动，下部土体移动，有离开坝体倾向
	干缩裂缝	多出现在坝体表面，密集交错，没有固定方向，分布均匀，有的呈龟纹裂缝形状，降雨后裂缝变窄或消失，有的也出现在防渗体内部，其形状呈薄透镜状
	冷冻裂缝	发生在冰冻影响深度以内，表层呈破碎、脱空现象，缝宽及缝深随气温而异
	振动裂缝	在经受强烈振动或烈度较大的地震以后发生纵横向裂缝，横向裂缝的缝口随时间延长逐渐变小或弥合，纵向裂缝缝口没有变化

2）裂缝的检查与判断

裂缝检查需特别注意坝体与两岸山坡接合处及附近部位、坝基地质条件有变化及地基条件不好的坝段、坝高变化较大处、坝体分期分段施工接合处及合龙部位、坝体施工质量较差的坝段、坝体与其他刚性建筑物接合的部位。

当坝的沉陷、位移量有剧烈变化，坝面有隆起、坍陷，坝体浸润线不正常，坝基渗漏量显著增大或出现渗透变形，坝基为湿陷性黄土的尾矿库开始放矿后或经长期干燥或冰冻期后以及发生地震或其他强烈振动后应加强检查。

检查前应先整理分析坝体沉陷、位移、测压管、渗流量等有关观测资料。对没条件进行钻探试验的土坝，要进行调查访问，了解施工及管理情况，检查施工记录，了解坝料上坝速度及填土质量是否符合设计要求；采用开挖或钻探检查时，对裂缝部位及没发现裂缝的坝段，应分别取土样进行物理力学性质试验，以便进行对比，分析裂缝原因；因土基问题造成裂缝的，应对土基钻探取土，进行物理力学性质试验，了解筑坝后坝基压缩、容重、含水量等变化，以便分析裂缝与坝基变形的关系。

裂缝的种类很多，如果不了解裂缝的性质，就不能正确地处理，特别是滑动性裂缝和非滑动性裂缝，一定要认真予以辨别。应根据裂缝的特征（见表 3-12）进行判断。滑坡裂缝与沉陷裂缝的发展过程不同，滑坡裂缝初期发展较慢而后期突然加快，而沉陷裂缝的发展过程则是缓慢的，并到一定程度而停止。只有通过系统地检查观测和分析研究才能正确判断裂缝的性质。

内部裂缝一般可结合坝基、坝体情况进行分析判断。当库水位升到某一高程时，在无外界影响的情况下，渗漏量突然增加的，个别坝段沉陷、位移量比较大的，个别测压管水位比同断面的其他测压管水位低很多，浸润线呈现反常情况的，注水试验测定其渗透系数大大超过坝体其他部位的，当库水位升到某一高程时，测压管水位突然升高的，钻探时孔口无回水或钻杆突然掉落的，相邻坝段沉陷率（单位坝高的沉陷量）相差悬殊的等现象都可能预示着有内部裂缝产生。

3）裂缝的处理

发现裂缝后都应采取临时防护措施，以防止雨水或冰冻加剧裂缝的扩展。对于滑动性裂缝的处理，应结合坝坡稳定性分析统一考虑；对于非滑动性裂缝可采取以下措施进行处理。

（1）采用开挖回填是处理裂缝比较彻底的方法，适用于不太深的表层裂缝及防渗部位的裂缝。处理方法有梯形楔入法（适用于裂缝在不深的非防渗部位）、梯形加盖法（适用于裂缝不深的防渗斜墙及均质土坝迎水面的裂缝）和梯形十字法（适用于处理坝体或坝端的横向裂缝）等。

裂缝的开挖长度应超过裂缝两端 1 m 以外，开挖深度应超过裂缝尽头 0.5 m。开挖坑槽的底部宽度至少 0.5 m，边坡应满足稳定及新旧填土接合的要求，应根据土质、碾压工具及开挖深度等具体条件确定。较深坑槽也可挖成阶梯形，以便出土和安全施工。开挖前应向裂缝内灌入白灰水，以利掌握开挖边界。挖出的土料不要大量堆积在坑边，不同土质应分区存放。开挖后，应保护坑口，避免日晒、雨淋或冰冻，以防干裂、进水或冻裂。

回填的土料应根据坝体土料的裂缝性质选用，并应进行物理力学性质试验。对沉陷裂缝应选用塑性较大的土料，控制含水量大于最优含水量 1%～2%；对滑坡、干缩和冰冻裂缝的回填土料，应控制含水量低于长远规划中最优含水量的 1%～2%。坝体挖出的土料，要鉴定合格后才能使用。对于浅小裂缝可用原坝的土料回填。

回填前应检查坑槽周围的含水量，如偏干则应将表面润湿；如土体过湿或冰冻，应清除后再进行回填。回填土应分层夯实，填土层厚度 以10～15 cm 为宜。压实工具视工作面大小，可采用人工夯实或机械碾压。一般要求压实厚度为填土厚度的 2/3。回填土料的干容重，应比原坝体干容重稍大一些。回填时，应将开挖坑槽的阶梯逐层削成斜坡，并进行刨毛，要特别注意槽边角处的夯实质量。

（2）对坝内裂缝、非滑动性很深的表面裂缝，由于开挖回填处理工程量过大，可采取灌浆处理。一般采用重力灌浆或压力灌浆方法。灌浆的浆液，通常为黏土泥浆；在浸润线以下部位，可掺入一部分水泥，制成黏土水泥浆，以促进基体硬化。

对于表面裂缝的每条裂缝，都应在两端及转弯处、缝宽突变处以及裂缝密集和错综复杂部位布置灌浆孔。灌浆孔距导渗设施和观测设备应有足够的距离，一般不应小于 3 m，以防止因串浆而影响其正常工作。

对于内部裂缝，则采用帷幕灌浆式布孔。一般宜在坝顶上游侧布置1～2 排，必要时可增加排数。孔距可根据灌浆压力和裂缝大小而定，一般为 3～6 m。

浆液制备应选用价格低廉，可就地取材（如黏土等材料），有足够的流动性、灌入性，凝固过程中体积收缩变形较小，凝固时间适宜并有足够的强度，凝固时与原土结合牢固，浆液的均匀性和稳定性较好的造浆材料。黏土浆液的质量配合比一般可采用 （1∶1） ～ （1∶2）（水∶固体），浆液稠度一般按容重控制，应尽量采用较浓的浆液。浸润线以下裂缝灌浆采用的黏土水泥浆，水泥的渗入量一般为干料的10%～30%。在渗透流速较大的裂缝中灌浆时，可掺加易堵塞通道的掺和物，如砂、木屑、玻璃纤维等。造浆用的黏土及掺和料等，应通过试验来确定。

灌浆压力的大小，直接影响到灌浆质量。要在保证坝体安全的前提下选用灌浆压力，压力过大，对坝体稳定将会造成不利影响。采用的最大压力应小于灌浆部位以上的土体重量。在裂缝不深及坝体单薄的情况下，应首先使用重力灌浆；采用的压力大小，应经过试验决定。对于长而深的非滑动性纵向裂缝，灌浆时应特别慎重，一般宜用重力或低压灌浆，以免影响坝坡的稳定。对于尚未判明的纵向裂缝，不应采用压力灌浆处理。在雨季及库水位较高时，由于泥浆不易固结，一般不宜进行灌浆。

灌浆后，浆液中的水分向裂缝两侧土体渗入，土体含水量增高，构筑物自身强度降低，因此采用灌浆处理时，要密切注意坝坡稳定情况。要防止浆液堵塞滤层或进入测压管等观测设备中，以免影响观测工作。在灌浆过程中，要加强土坝沉陷、位移和测压管的观测工作，发现问题及时处理。

（3）对于中等深度的裂缝，因库水位较高不宜全部采用开挖回填办法处理的部位或开挖困难的部位，可采用开挖回填与灌浆相结合的方法进行处理。裂缝的上部采用开挖回填法，下部采用灌浆法处理。先沿裂缝开挖至一定深度（一般为 2 m 左右）即进行回填，在回填时按上述布孔原则，预埋灌浆管，然后对下部裂缝进行灌浆处理。

2. 尾矿坝渗漏的处理

尾矿坝坝体及坝基的渗漏有正常渗流和异常渗漏之分。正常渗流有利于尾矿坝坝体及坝前干滩的固结，从而有利于提高坝的整体稳定性。异常渗漏则是有害的。由于设计考虑不周，施工不当以及后期管理不善等原因而产生非正常渗流，导致渗流出口处坝体产生流土、冲刷及管涌多种形式的破坏，严重的可导致垮坝事故。因此，对尾矿坝的渗流必须认真对待，根据情况及时采取措施。

1）渗漏的种类与成因

渗漏的种类及特征见表 3-13。

表 3-13 尾矿坝渗漏种类及特征

分类	渗漏类别	特 征
按渗漏的部位分类	坝体渗漏	渗漏的溢出点均在背水坡面或坡脚,其溢出现象有散漫(也称为坝坡湿润)和集中渗漏两种
	坝基渗漏	渗水通过坝基的透水层,从坝脚或坝脚以外覆盖层的薄弱部位溢出,如坝后沼泽化、流土和管涌等
	接触渗漏	渗水从坝体、坝基、岸坡的接触面或坝体与刚性构筑物的接触通过,在下游坡相应部位溢出
	绕坝渗漏	渗水通过坝端岸坡未挖除的坡积层、岩石裂缝、溶洞或生物洞穴等,从下游岸坡溢出
按渗漏的现象分类	散浸	坝体渗漏部位呈湿润状态,随时间延长可使土体饱和软化,甚至在坝下游坡面形成细小而分布较广的水流
	集中渗漏	渗水可从坝体、坝基或两岸山坡的一个或几个孔穴集中流出

(1)造成坝体渗漏的设计方面的原因有:土坝体单薄,边坡太陡,渗水从滤水体以上溢出;复式断面土坝的黏土防渗体设计断面不足或与下游坝体缺乏良好的过渡层,使防渗体破坏而漏水;埋设于坝体内的压力管道强度不够或管道埋置于不同性质的地基,地基处理不当,管身断裂;有压水流通过裂缝沿管壁或坝体薄弱部位流出,管身未设截流环;坝后滤水体排水效果不良;对于下游可能出现的洪水倒灌防护不足,在泄洪时滤水体被淤塞失效,迫使坝体下游浸润线升高,渗水从坡面溢出等。

造成坝体渗漏的施工方面的原因有:土坝分层填筑时,土层太厚,碾压不透致使每层填土上部密实,下部疏松,库内放矿后形成水平渗水带;土料含砂砾太多,渗透系数大;没有严格按要求控制及调整填筑土料的含水量,致使碾压达不到设计要求的密实度;在分段进行填筑时,由于土层厚薄不同,上升速度不一,相邻两段的接合部位可能出现少压或漏压的松土带;料场土料的取土与坝体填筑的部位分布不合理,致使浸润线与设计不符,渗水从坝坡溢出;冬季施工中,对碾压后的冻土层未彻底处理,或把大量冻土块填在坝内;坝后滤水体施工时,砂石料质量不好，级配不合理，或滤层材料铺设混乱，致使滤水体失效，坝体浸润线升高等。其他方面原因，如白蚁、獾、蛇、鼠等动物在坝身打洞营巢；地震引起坝体或防渗体发生贯穿性的横向裂缝等也是造成坝体集中渗漏的原因。

（2）造成坝基渗漏的设计方面的原因有：对坝址的地质勘探工作做得不够，设计时未能采取有效的防渗措施，如坝前水平铺盖的长度或厚度不足，垂直防渗墙深度不够；黏土铺盖与透水砂砾石地基之间，未设有效的滤层，铺盖在渗水压力作用下破坏；对天然铺盖了解不够，薄弱部位未做处理等。

造成坝基渗漏的施工方面的原因有：水平铺盖或垂直防渗设施施工质量差；施工管理不善，在库内任意挖坑取土，天然铺盖被破坏；岩基的强风化层及破碎带未处理或截水墙未按设计要求施工；岩基上部的冲积层未按设计要求清理等。

造成坝基渗漏的管理运用方面的原因有：坝前干滩裸露暴晒而开裂，尾矿放矿水等从裂缝渗透；对防渗设施养护维修不善，下游逐渐出现沼泽化，甚至形成管涌；在坝后任意取土，影响地基的渗透稳定等。

（3）造成接触渗漏的主要原因有：基础清理不好，未做接合槽或做得不彻底；土坝两端与山坡接合部分的坡面过陡，而且清基不彻底或未做防渗齿墙；涵管等构筑物与坝体接触处，因施工条件不好，回填夯实质量差，或未设截流环（墙）及其他止水措施，造成渗流等。

（4）造成绕坝渗漏的主要原因有：与土坝两端连接的岸坡属条形山或覆盖层单薄的山坡而且有透水层；山坡的岩石破碎，节理发育，或有断层通过；因施工取土或库内存水后由于风浪的淘刷，岸坡的天然铺盖被破坏；溶洞以及生物洞穴或植物根茎腐烂后形成的孔洞等。

2）渗漏的研判

掌握渗漏的变化规律，才能对渗漏作出正确的研判。土坝坝基渗透破坏，可分为管涌和流土两种。管涌为细颗粒通过粗颗粒孔隙被推动和带出；流土则为土体表层所有颗粒同时被渗水顶托而移动。渗透破坏与坝基情况、颗粒级配及水力条件等因素有关。对于非岩石坝基，不均匀系数 $\eta<$ 10（$\eta=d_{60}/d_{10}$，其中，d_{60} 为筛下量等于 60% 的颗粒直径，d_{10} 为筛下量等于 10% 的颗粒直径）的均匀砂土，其渗透破坏的形式为流土。对正常级配的砂砾石，当细粒含量小于 30%～35%，不均匀系数 $\eta<10$ 时产生流土；$10<\eta<20$ 时，可能产生流土，也可能产生管涌；$\eta>20$ 时产生管涌，当细粒含量大于 35% 时，其渗透破坏形式为流土。缺乏中间粒径的砂砾料，其细料含量小于 25%～30% 的为管涌，大于 30% 的为流土。对于不同的坝基土料，其允许的水力坡降（渗水水头与渗径之比）为：

a. 黏性土　　　　0.5；

b. 非黏性土　　　$\eta<10$，0.4；

c. 非黏性土　　　$10<\eta<20$，0.2；

d. 非黏性土　　　$\eta>20$，0.1；

e. 缺乏中间粒径且细粒含量小于 30% 的砂砾或砂卵石<0.1。

此外，在研究渗透破坏时，还应对渗水进行化学分析，判断地基岩土发生化学溶蚀和化学管涌的可能性以及对工程可能产生的危害。

绕坝渗漏溢出点如离坝址较远，岸坡地质较好，可予以监视；以观其变化和影响；如果岸坡比较单薄、节理发育、溢出点较高而又距坝址较近，则应在渗漏部位安装测压管进行观测，岸坡可适当增设测压管，进一步了解三向渗流对坝体浸润线的影响。

根据观测资料，掌握渗漏量与库水位、渗漏量与浸润线的关系。如库水位到达某一高程以上，坝后的溢出点便急剧抬高或渗漏量突然增大，则应在该水位线附近仔细检查坝体和坝端岸坡迎水面有无裂缝和孔洞等现象。必要时，可做渗水染色观察。

土坝渗漏易引起浸润区扩大，降低土壤的抗剪强度，并增大浮托力，对坝坡稳定不利。因此应对坝坡稳定性进行核算，特别是核算最高洪水位情况下的坝坡稳定。为此，应根据库水位与测压管水位关系曲线的延伸线，推求出最高洪水位时的测压管水位。按推求所得的测压管水位，绘制出最高洪水位时的浸润线。

正常渗流和异常渗漏可由表面观察和对渗漏观测资料的分析进行判别。从排水设施或坝后地基中渗出的水，如果清澈不含土颗粒，一般属于正常渗流。若渗水由清变浑，或明显地看到水中含有土颗粒，则属于异常渗漏。坝脚出现集中渗漏且渗漏通道顶壁坍塌，是坝体内部渗漏破坏进一步恶化的危险信号。在滤水体以上坝坡出现的渗水属异常渗漏。对于均质砂土地基或表层具有较厚的弱透水覆盖层的非均质地基（上层为砂层，下部为透水性大的砂砾石层），往往有翻砂冒水现象。开始时，水流带出的砂粒沉积在涌水口附近，堆成砂环。砂环随时间延长而增大，但发展到一定程度因渗量增大砂被带走，砂环虽不再增大，但有可能出现塌坑。对于表层有较薄的弱透水覆盖层的非均质地基（表层大都为较薄的中细砂或黏性土层，下部为透水性较大的砂砾石层），往往发生地基表层被渗流穿洞、涌水翻砂、渗流量随水头升高而不断增大。有的土坝，渗水中含有化学物质，这种物质有黄色、红色或黑色等，但都是松软物质，外表很像黏土。

根据库水位、测压管水位、渗流量等过程线及库水位与测压管水位关系曲线、库水位与渗流量关系曲线来判断渗水情况。在同水位下，渗漏量没有变化或逐年减少，坝后渗水即属正常渗流；若渗漏量随时间的增长而增大，甚至发生突然变化，则属于异常渗漏。

3）渗漏的处理

渗漏处理的原则是"内截、外排"。"内截"就是在坝上游封堵渗漏入口，截断渗漏途径，防止渗入。"外排"就是在坝下游采用导渗和滤水措施，使渗水在不带走土颗粒的前提下，迅速安全地排出，以达到渗透稳定。

除少数库后放矿的尾矿库（坝前为水区）可考虑采用在渗漏坝段的上游抛土作铺盖等方式进行"内截"外，一般的尾矿库主要采用坝前放矿，在坝前迅速地形成一定长度的干滩，起到防渗作用。若某坝段上无干滩或干滩单薄，则应在此处加强放矿。"外排"常用的方法有反滤、导渗、压渗等。

3. 尾矿坝滑坡的处理

尾矿坝滑坡往往导致尾矿库溃决事故，因此即使是较小的滑坡也不能掉以轻心。有些滑坡是突然发生的，有些是先由裂缝开始的，如不及时注意，任其逐步扩大和蔓延，就可能造成重大的垮坝事故。如 1962 年云锡公司的火谷都尾矿库事故，就是从裂缝、滑坡而溃决的。

1) 滑坡的种类及成因

按滑坡的性质可分为剪切性滑坡、塑流性滑坡和液化性滑坡；按滑面的形状可分为圆弧滑坡、折线滑坡和混合滑坡。造成滑坡的原因有以下几种：

（1）勘探设计方面。在勘探时没有查明基础有淤泥层或其他高压缩性软土层，设计时未能采取相应的措施；选择坝址时，没有避开位于坝脚附近的渊潭或水塘，筑坝后由于坝脚处沉陷过大而引起滑坡；坝端岩石破碎、节理发育，设计时未采取适当的防渗措施，产生绕坝渗流，使局部坝体饱和，引起滑坡；设计中坝坡稳定分析所选择计算指标偏高，或对地震因素注意不够以及排水设施设计不当等。

（2）施工方面的原因。在碾压土坝施工中，由于铺土太厚，碾压不实，或含水量不合要求，干容重没有达到设计标准；抢筑临时拦洪断面和合龙断面，边坡过陡，填筑质量差；冬季施工时没有采取适当措施，以致形成冻土层，在解冻或蓄水后，库水入渗形成软弱夹层；采用风化程度不同的残积土筑坝时，将黏性土填在土坝下部，而上部又填了透水性较大的土料，放矿后，背水坡上部湿润饱和；尾矿堆积坝与初期坝二者之间或各期堆积坝坝体之间没有结合好，在渗水饱和后，造成滑坡等。

（3）其他原因。强烈地震引起土坝滑坡；持续的特大暴雨，使坝坡土体饱和，或风浪淘刷，使护坡遭破坏，致使坝坡形成陡坡，以及在土坝附近爆破或者在坝体上部堆有物料等人为因素。

2）滑坡的检查与判断

滑坡检查应在高水位时期、发生强烈地震后、持续特大暴雨和台风袭击时以及回春解冻之际进行。

从裂缝的形状、裂缝的发展规律、位移观测资料、浸润线观测分析和孔隙水压力观测成果等方面进行滑坡的判断。

3）滑坡的预防处理

防止滑坡的发生应尽可能消除促成滑坡的因素。注意做好经常性的维护工作，防止或减轻外界因素对坝坡稳定的影响。当发现有滑坡征兆或有滑动趋势但尚未坍塌时，应及时采取有效措施进行抢护，防止险情恶化；一旦发生滑坡，则应采取可靠的处理措施，恢复并补强坝坡，提高抗滑能力。抢护中应特别注意安全问题。

滑坡抢护的基本原则是上部减载、下部压重，即在主裂缝部位进行削坡，而在坝脚部位进行压坡。尽可能降低库水位，沿滑动体和附近的坡面上开沟导渗，使渗透水能够很快排出。若滑动裂缝达到坝脚，应该首先采取压重固脚的措施。因土坝渗漏而引起的背水坡滑坡，应 同时在迎水坡进行抛土防渗。

因坝身填土碾压不实，浸润线过高而造成的背水坡滑坡，一般应以上游防渗为主，辅以下游压坡、导渗和放缓坝坡，以达到稳定坝坡的目的。在压坡体的底部一般可设双向水平滤层，并与原坝脚滤水体相连接，其厚度一般为 80～100 cm。滤层上部的压坡体一般用砂、石料填筑，在缺少砂石料时，也可用土料分层回填压实。

坝体有软弱夹层或抗剪强度较低且背水坡较陡而造成的滑坡，首先应降低库水位，如清除夹层有困难时，则以放缓坝坡为主，辅以在坝脚排水压重的方法处理。地基存在淤泥层、湿陷性黄土层或液化等不良地质条件，施工时又没有清除或清除不彻底而引起的滑坡，处理的重点是清除不良的地质条件，并进行固脚防滑。因排水设施堵塞而引起的背水坡滑坡，主要是恢复排水设施效能，筑压重台固脚。

处理滑坡时应注意：开挖与回填应符合上部减载、下部压重的原则。开挖回填可分段进行，并保持允许的开挖边坡。开挖中，对于松土与稀泥都必须彻底清除。填土应严格控制施工质量、土料的含水量和干容重必须符合设计要求，新旧的结合面应刨毛，以利接合。对于溢流中填土坝，在处理滑坡阶段进行填土时，最好不要采用碾压施工，以免因原坝体固结沉陷而开裂。一般不宜采取造浆方法处理滑坡主裂缝。

滑坡处理前，应严格防止雨水渗入裂缝内。可用塑性薄膜、沥青油毡或油布等加以覆盖。同时还应在裂缝上方修截水沟，以拦截和引走坝面的积水。

4. 尾矿坝管涌的处理

管涌是尾矿坝坝基在较大渗透压力作用下而产生的险情，可采用降低内外水头差，减小渗透压力或用滤料导渗等措施进行处理。

1）滤水围井

在地基好、管涌影响范围不大的情况下可抢筑滤水围井。在管涌口砂环的外圈，用土袋围一个不太高的围井，然后用滤料分层铺压，其顺序是自下而上分别填 0.2～0.3 m 厚的粗砂、砾石、碎石、块石，一般情况要用三级级配。滤料最好要清洗，不含杂质，级配应符合要求，或用土工织物代替砂石滤层，上部直接堆放块石或砾石。围井内的涌水，在上部用管引出。

如险处水势太大，第一层粗砂被喷出，可先以碎石或小块石消杀水势，然后再按级配填筑；或铺设土工织物，如遇填料下沉，可以继续填砂石料，直至稳定。若发现井壁渗水，应在原井壁外侧再包以土袋，中间填土夯实。

2）蓄水减渗

险情面积较大，地形适合而附近又有土料时，可在其周围填土埂或用土工织物包裹，以形成水池，蓄存渗水，利用池内水位升高，减小内外水头差，控制险情发展。

3）塘内压渗

若坝后渊塘、积水坑、渠道、河床内积水水位较低，且发现溢流中有不断翻花或间断翻花等管涌现象时，不要任意降低积水位，可用荒芜杆和竹子做成竹帘、竹箔、苇箔围在险处周围，然后在围圈内填放滤料，以控制险情的发展。如需要处理的管涌范围较大，而砂、石、土料又可解决时，可先向水内抛铺粗砂或砾石一层，厚 15~30 cm，然后再铺压墩石或块石，做成透水压渗台。或用柳枝干料等做成 15~30 cm 厚的柴排（尺寸可根据材料的情况而定），柴排上铺草垫厚 5~10 cm，然后再在上面压砂袋或块石，使柴排潜埋在水内（或用土工布直接铺放），也可控制险情的发展。

4）堤坝后严重渗水

如采用一些临时防护措施还不能改善险情时，宜降低库内的水位，以减小渗透压力，使 险情不致迅速恶化，但应控制水位下降速度。

（二）尾矿坝的抢险

尾矿坝的险情常在汛期发生，而重大险情又多在暴雨时发生。汛期尾矿库处于高水位工作状态，调洪库容有所减小，遇特大暴雨极易造成洪水漫顶。同时，浸润线的位置处于高位，体饱和区扩大，使坝的稳定性降低。此外，风浪冲击也易造成坝顶决口溃坝。因此，做好汛期尾矿坝抢险工作对于确保尾矿库的安全运行至关重要。

首先，应根据气象预报和库情，制订出各种抢险措施及下游群众安全转移措施等计划和预案，从思想、组织、物质、交通、联络、报警信号等各个方面做好抢险准备工作。其次，加强汛期巡检，及早发现险情，及时采取抢护措施。

1. 防漫顶措施

尾矿坝多为散粒结构，如果洪水漫顶就会迅速冲出决口，造成溃坝事故。当排水设施已全部使用水位仍继续上升，根据水情预报可能出现险情时，应抢筑子堤，增加挡水高度。

在堤顶不宽、土质较差的情况下，可用土袋抢筑子堤，在铺第一层土袋前，要清理堤坝顶的杂物并耙松表土。

用草袋、编织袋、麻袋或蒲包等装土七成左右，将袋口缝紧，铺于子堤的迎水面。铺砌时，袋口应向背水侧互相搭接，用脚踩实，要求上下层袋缝必须错开。待铺叠至预计水位以上时，再在土袋背水面填土夯实。填土的背水坡度不得大于1:1。

在缺土、浪大、堤顶较窄的场合下，可采用单层木板或埽捆子堤。其具体做法是先在堤顶距上游边缘约0.5～1.0 m处打小木桩一排，木桩长1.5～2.0 m，入土0.5～1.0 m，桩距1.0 m。再在木桩的背水侧用钉子、铅丝将单层木板或预制埽捆（长2～3 m，直径约0.3 m）钉牢，然后在后面填土加戗。

当出现超过设计标准的特大洪水时，应在抢筑子堤的同时，报请上级批准，采取非常措施加强排洪，降低库水位。选定单薄山脊或基岩较好的副坝炸出缺口排洪，开放上游河道预先选定的分洪口分洪或打开排水井正常水位以下的多层窗口加大排水能力（这样做可能会排出库内部份悬浮矿泥），以确保主坝坝体的安全。严禁任意在主坝坝顶上开沟泄洪。

2. 防风浪冲击

对尾矿坝坝顶受风浪冲击而决口的抢护，除参照有关办法进行处理外，还可采取防浪措施处理。用草袋或麻袋装土（或砂，约 70%），放置在波浪上下波动的部位，袋口用绳缝合，并互相叠压成鱼鳞状。当风浪较小时，还可采用柴排防浪。用柳枝、芦苇或其他秸秆扎成直径为 0.5～0.8 m 的柴枕，长 10～30 m，枕的中心卷入两根长 5～7 m 的竹缆做芯子，枕的纵向每 0.6～1.0 m 用铅丝捆扎。在堤顶或背水坡钉木桩，用麻绳或竹缆把柴枕连在桩上，然后放到迎水坡波浪拍击的地段。可根据水位的涨落，松紧绳缆，使柴排浮在水面上。

挂树防浪是砍下枝叶繁茂的灌木，使树梢向下放入溢流中，并用块石或砂袋压住；其树干用铅丝、麻绳或竹缆连接于堤坝顶的桩上。

（三）尾矿坝的巡检

尾矿库的任何事故都不是突然爆发的，而是由隐患逐渐发展扩大，最终导致事故形成。巡检工作就是从不正常现象的蛛丝马迹上及时发现隐患，以便采取措施尽早消除隐患。因此，尾矿库的巡检工作非常重要，应建立巡检制度，规定巡检工作的内容、办法和时间等。

尾矿库的巡检应检查尾矿堆积坝顶高程是否一致，坝上放矿是否均匀，尾矿沉积滩是否平整，沉积滩长度、坡度是否符合要求，水边线是否与坝轴线大致平行，库内水位是否符合规定，子坝堆筑是否符合要求，尾矿排放是否冲刷坝体、坝坡，坝体有无裂缝、滑坡、塌陷、表面冲刷、兽蚁洞穴等危及坝体安全的现象，坝面护坡、排水系统是否完好，有无淤堵、沉降、积水等不良现象，坝体下游坡面、坝脚、坝下埋管出坝处、坝肩等部位有无散浸、渗水、漏水、管涌、流土等现象，渗流水量是否稳定，水质是否有变化，观测设施（测压管、测点、水尺、警示设备、孔隙水压力计、测压盒、量水堰等）是否完好等。

排水构筑物的巡检应检查排水井、排水管涵、隧洞、截洪道是否完好，有无淤堵，排水井、斜槽盖板的封堵方式，材料、方法是否符合要求，有无损坏，启闭设备有无锈蚀，是否灵活可靠，下游泄流区有无障碍物妨碍行洪等。

其他还应检查交通道路是否畅通，通信、照明系统是否完好有效，防汛物资、器材和工具是否完好、齐备，岗位人员是否到位，管理制度与细则是否完善并行之有效等。

值得特别指出的是，上述巡检工作仅是日常的巡检内容。汛期尚应根据气象预报加强检查，并做好预警工作。汛前 、汛后、暴雨期、地震后等应对尾矿库进行全面的安全大检查，必要时应请主管部门派员参与共同检查。

第三节 尾矿库防洪与排渗

一、尾矿库排洪设施建设及维护

（一）排洪设施概述

1. 排洪设施布置原则

尾矿库设置排洪系统有两个方面的原因：一是为了及时排除库内暴雨；二是回收库内尾矿澄清水。对于一次建坝的尾矿库，可在坝顶一端的山坡上开挖溢洪道排洪，其形式与水库的溢洪道相类似。对于非一次建坝的尾矿库，排洪系统应靠尾矿库一侧山坡进行布置，选线应力求短直，地基的工程地质条件应尽量好，最好无断层、破碎带、滑坡带及软弱岩层结构面。

尾矿库排洪系统布置的关键是进水构筑物的位置。排尾过程中，坝上排矿口的位置在使用过程中是不断改变的，进水构筑物与排矿口之间的距离应始终能满足安全排洪和尾矿水得以澄清的要求。也就是说，这个距离一般应不小于尾矿水最小澄清距离、调洪所需滩长和设计最小安全滩长（或最小安全超高所对应的滩长）三者之和。

当采用排水井作为进水构筑物时，为了适应排矿口位置的不断改变，往往需建多个井接替使用，相邻两井井筒有一定高度的重叠（一般为0.5~1.0 m）。进水构筑物以下可采用排水涵管或排水隧洞的结构形式进行排水。

当采用排水斜槽方案排洪时，为了适应排矿口位置的不断改变，需根据地形条件和排洪量大小确定斜槽的断面和敷设坡度。

有时为了避免全部洪水流经尾矿库增大排水系统的规模，当尾矿库淹没范围以上具备较缓山坡地形时，可沿库周边开挖截洪沟或在库后部的山谷狭窄处设拦洪坝和溢洪道分流，以减小库区淹没范围内的排洪系统的规模。

排洪系统出水口以下用明渠与下游水系连通。

2. 排洪计算步骤

排洪计算的目的在于根据选定的排洪系统和布置，计算出不同库水位时的泄洪流量，以确定排洪构筑物的结构尺寸。

当尾矿库的调洪库容足够大，可以容纳得下一场暴雨的洪水总量时，问题就比较简单，可先将洪水汇积后再慢慢排出，排水构筑物可做得较小，工程投资费用最低；当尾矿库没有足够的调洪库容时，问题就比较复杂，排水构筑物要做得较大，工程投资费用较高。一般情况下尾矿库都有一定的调洪库容，但不足以容纳全部洪水，在设计排水构筑物时要充分考虑利用这部分调洪库容来进行排洪计算，以便减小排水构筑物的尺寸，节省工程投资费用。

排洪计算的步骤一般如下。

1）确定防洪标准

《尾矿库安全技术规程》对尾矿库的防洪标准规定得非常明确，当确定尾矿库等别的库容或坝高偏于下限，或尾矿库使用年限较短，或失事后危害较轻者，宜取重现期的下限；反之，宜取上限。

2）洪水计算及调洪演算

确定防洪标准后，可从当地水文手册查得有关降雨量等水文参数，先求出尾矿库不同高程汇水面积的洪峰流量和洪水总量，再根据尾矿沉积滩的坡度求出不同高程的调洪库容，进行调洪演算。

3）排洪计算

根据洪水计算及调洪演算的结果，再进行库内水量平衡计算，就可求出经过调洪以后的洪峰流量。该流量即为尾矿库所需排洪流量。最后，设计者以尾矿库所需排洪流量作为依据，进行排洪构筑物的水力计算，以确定构筑物的净空断面尺寸。

3. 排洪构筑物的类型

尾矿库库内排洪构筑物通常由进水构筑物和输水构筑物两部分组成。尾矿坝下游坡面的洪水用排水沟排出。排洪构筑物类型的选择，应根据尾矿库排水量的大小、尾矿库地形、地质条件、使用要求以及施工条件等因素，经技术经济比较确定。

1）进水构筑物

进水构筑物的基本类型有排水井、排水斜槽、溢洪道以及山坡截洪沟等。

排水井是最常用的进水构筑物。有窗口式、框架式、井圈叠装式和砌块式等形式。窗口式排水井整体性好，堵孔简单。但进水量小，未能充分发挥井筒的作用，早期应用较多。框架式排水井由现浇梁柱构成框架，用预制薄拱板逐层加高，结构合理，进水量大，操作也比较简便。从 20 世纪 60 年代后期起，框架式的排水井被广泛采用。井圈叠装式和砌块式等形式的排水井分别用预制拱板和预制砌块逐层加高，虽能充分发挥井筒的进水作用，但加高操作要求位置准确性较高，整体性差些，应用不多。

排水斜槽既是进水构筑物，又是输水构筑物。随着库水位的升高，进水口的位置不断向上移动。它没有复杂的排水井，但进水量小，一般在排洪量较小时采用。

溢洪道常用于一次性建库的排洪进水构筑物。为了尽量减小进水深度，往往做成宽浅式结构。

山坡截洪沟也是进水构筑物兼作输水构筑物。沿全部沟长均可进水。在较陡山坡处的截洪沟易遭暴雨冲毁，管理维护工作量大。

2）输水构筑物

尾矿库输水构筑物的基本形式有排水管、隧洞、斜槽、山坡截洪沟等。

排水管是最常用的输水构筑物，埋设在库内最底部，荷载较大，一般采用钢筋混凝土管。

斜槽的盖板采用钢筋混凝土板，槽身有钢筋混凝土和浆砌块石两种。钢筋混凝土整体性好，承压能力高，使用于堆坝较高的尾矿库。但当净空尺寸较大时，造价偏高。浆砌块石管是用浆砌块石作为管底和侧壁，用钢筋混凝土板盖顶而成，整体性差，承压能力较低，适用于堆坝不高、排洪量不大的尾矿库。

隧洞需由专门凿岩机械施工，故净空尺寸较大。它的结构稳定性较好，是大、中型尾矿库常用的输水构筑物。当排洪量较大，且地质条件较好时，隧洞方案往往比较经济。

3）坝坡排水沟

坝坡排水沟有两类：一类是沿山坡与坝坡结合部设置浆砌块石截水沟，以防止山坡暴雨汇流冲刷坝肩；另一类是在坝体下游坡面设置纵横排水沟，将坝面的雨水导流排出坝外，以 避免雨水滞留在坝面造成坝面拉钩，影响坝体的安全。

（二）洪水计算

尾矿库洪水计算的任务是确定设计洪水的洪峰流量、洪水总量和洪水过程线，以供尾矿库排洪设计用。尾矿库设计洪水频率应根据尾矿库的重要性等级，按表 3-14 确定。

表 3-14　尾矿库设计洪水频率标准　　单位：%

尾矿库重要性等别		I	II	III	IV、V
尾矿库运行情况	正常（设计）	0.1	1.0	2.0	5.0
	非常（设计）	0.01	0.1	0.2	0.5

尾矿库的汇水面积常常很小，而水面面积所占的比例有时就较大（尤其是在尾矿库使用后期），这种情况下的尾矿库汇流条件与天然河谷有较大差别。对此就不宜再用一般的方法计算洪水，而需考虑水面对尾矿库汇流的影响。洪水计算应优先考虑当地水文手册，当无法获取时可考虑以下通用公式。

1. 洪峰流量

1）简化推理计算公式

简化推理计算公式是根据推理公式的基本形式 $Q = \dfrac{1}{3.6}\varphi i F$ （其中

$i = \dfrac{L}{\tau^n}$, $\tau = \dfrac{L}{3.6v}$, $v = mJ^{1/3}Q^{1/4}$, $\varphi = 1-\dfrac{\mu}{i}$）进行推算，并运用二项式定理的近似计算公式加以简化而得,适用于较小汇水面积的洪水计算。它与原型公式比较，产生的误差最大不超过 1%，但可直接求解，省去连接试算过程，应用较方便。简化推理公式见式（3-12）

$$Q_P = \frac{A(S_P F)^\beta}{\left(\dfrac{L}{mJ^{1/3}}\right)^C} - D\mu F \qquad (3\text{-}12)$$

式中　Q_P ——设计频率 P 的洪峰流量，m^3/s；

S_P——频率为 P 的暴雨雨力，mm/h；

F——坝址以上的汇水面积，km^2；

L ——由坝址至分水岭的主河槽长度，km；

m——汇流参数；

J——主河槽的平均坡降；

μ——产流历时内流域平均入渗率，mm/h；

A、B、C、D——最大洪峰流量计算系数，可根据式（3-13）确定。

$$A = \left(\frac{1}{3.6}\right)^{\frac{4(1-n)}{4-n}},\ B = \frac{4}{4-n},\ C = \frac{4n}{4-n},\ D = \frac{1}{3.6}\times\frac{4}{4-n} \qquad (3\text{-}13)$$

式中　n——暴雨递减指数，当 $\tau \leqslant 1$ 时，取 $n = n_1$，$\tau > 1$ 时，取 $n = n_2$（n_1、n_2 可由当地水文手册查取）；

τ——流域汇流历时，h。

（1）S_P 的计算。

$$S_P = \frac{H_{24P}}{24^{1-n}} \qquad (3\text{-}14)$$

$$H_{24P} = K_P \overline{H_{24}} \qquad (3\text{-}15)$$

式中　H_{24P} ——频率为 P 的 24 h 降雨量，mm；

　　　K_P ——模比系数，由相关资料查取；

　　　$\overline{H_{24}}$ ——年最大 24 h 降雨量均值，mm，由当地水文手册查取；

　　　n ——暴雨递减指数。

（2）m 的确定。

此值除与河床及山坡的糙率、断面形状等因素有关外，还反映了与流量形成有关的其他一切在公式中未能反映的因素，对流量的影响很大，工程设计中应尽可能从当地新整编的水文手册中查取。如无此项资料时，m 可参照表 3-15 选用。

表 3-15　汇流参数 m 值

流域河道情况	m		
	$\theta=1\sim30$	$\theta=30\sim100$	$\theta=100\sim400$
周期性水流陡涨陡落，宽浅型河道，河床为粗粒石，流域内植被覆盖，黄土沟壑地区，洪水期挟带大量泥沙	0.8~1.2	1.2~1.4	1.4~1.7
周期性或经常性水流，河床为卵石，有滩地，并长有杂草，流域内多为灌木或田地	0.7~1.0	1.0~1.2	1.2~1.4
雨量丰沛湿润地区，河床有山区型卵石、砾石，河槽流域内植被覆盖较好或多为水稻	0.6~0.9	0.9~1.1	1.1~1.2

注：表中数值只代表一般地区的平均情况，相应的设计径流为 70~150 mm，如大于 150 mm 时，m 值略有减小；小于 70 mm 时，m 值略有增加，表中 $\theta=L/J^{1/3}$。

（3）J 的计算。

$$J=\frac{(Z_0+Z_1)l_1+(Z_1+Z_2)l_2+\cdots+(Z_{n-1}+Z_n)l_n-2Z_0L}{L^2} \quad (3-16)$$

式中　Z_0 ——主河槽纵断面上，坝址断面处的地面标高；

　　　Z_i ——坝址上游各计算断面处的地面标高，m，$i=1, 2, 3, \cdots, n$；

　　　L_i ——各相邻计算断面间的水平距离，m，$i=1, 2, 3, \cdots, n$；

L ——由坝轴线至分水岭的主河槽水平长度，m。

（4）μ 的计算。

入渗率 μ 值可先按式（3-17）求出。

$$\mu = X\left(\frac{S_P}{h_R^n}\right)^Y \tag{3-17}$$

$$X = (1-n)n^{\frac{n}{1-n}} , \quad Y = \frac{1}{1-n} \tag{3-18}$$

式中　X、Y——计算系数，根据式（3-18）计算；

　　　h_R——历时 t_R 的主雨峰产生的径流深，mm。

对于有暴雨径流相关资料的地区，可根据主雨峰降雨量 $H_R = S_P t_R^{1-n}$ 由暴雨径流相关图上查取；对于无上述资料的地区，则可按式（3-19）计算历时 24 h 降雨的径流深 $h_{R_{24}}$，取 $h_R = h_{R_{24}}$

$$h_{R_{24}} = \alpha_{24} H_{24P} \tag{3-19}$$

式中　α_{24}——历时 24 h 的降雨径流系数，可由表 3-16 查取。

在计算出 μ 值后，应用式（3-20）进行复核。

$$t_c = \left[(1-n_2)\frac{S_P}{\mu}\right]^{\frac{1}{n_2}} \leqslant t_R \tag{3-20}$$

式中　t_c——主雨峰产流历时，h；

　　　t_R——主雨峰降雨历时，h，取 24 h；

　　　其他符号意义同前。

复核结果如满足式（3-20）的条件，则按式（3-17）计算出的 μ 值即为所求。如 $t_c > t_R$，则应按式（3-21）计算 μ 值。

$$\mu = (1-\alpha_{24})\frac{H_{24P}}{24} \tag{3-21}$$

式中符号意义同前。

表 3-16 降雨历时为 24h 的径流系数 α_{24}

地区	山 区					丘陵区				
H_{24}	100~200	200~300	300~400	400~500	>500	100~200	200~300	300~400	400~500	>500
黏土类	0.65~0.8	0.8~0.85	0.85~0.9	0.9~0.95	>0.95	0.6~0.74	0.75~0.8	0.8~0.85	0.85~0.9	>0.9
壤土类	0.55~0.7	0.7~0.75	0.75~0.8	0.8~0.85	>0.85	0.3~0.55	0.55~0.65	0.65~0.7	0.7~0.75	>0.75
沙壤土	0.4~0.6	0.6~0.7	0.7~0.75	0.75~0.8	>0.8	0.15~0.35	0.35~0.5	0.5~0.6	0.6~0.7	>0.7

(5) τ 的计算。

$$\tau = 0.278 \frac{L}{mJ^{1/3}Q^{1/4}} \tag{3-22}$$

式中符号意义同前。

2) 经验公式计算

我国多数地区都有小流域洪水计算公式,其一般形式如式(3-23)所示。

$$Q_P = M_P F^X \tag{3-23}$$

式中 Q_P——设计频率为 P 的洪峰流量,m^3/s;

      M_P——频率为 P 的流量模数,由当地水文手册查取;

      F——流域面积,km^2;

      X——指数,由地区水文手册查取。

地区经验公式适用的流域面积仍较大,使用时应与调查洪水及其他计算方法比较综合确定。

3) 用调查洪水资料推求

在流域的设计断面处或附近洪痕易于确定的河段,找当地老年人调查历史上出现的洪水位及其出现的年份,并测绘该河道的纵、横断面及洪水位,据此进行洪峰流量计算。

（1）调查洪水的洪峰流量计算式如下：

$$Q = \omega C \sqrt{Ri} \qquad (3\text{-}24)$$

式中 Q——计算流量，m^3/s；

ω——过水断面面积，m^2，可取调查河段几个实测断面的平均值；

C——谢才系数，可根据 R、n 查相关资料；

i——河槽水面坡降，如无法确定时，可近似取为河床坡降；

R——河槽的水力半径，m，对宽浅式河槽可取为平均水深；

n——河槽的粗糙系数；

（2）调查洪水频率的近似确定。在被调查者所知的年限内发生过几次洪水，其中各次洪水的频率可按式（3-25）近似确定。

$$P = \frac{M}{N+1} \times 100\% \qquad (3\text{-}25)$$

式中 P——调查的历次洪水的频率，%；

M——调查的历次洪水由大到小的排列次序数；

N——调查的历次洪水发生的前后总年数。

（3）由调查断面洪峰流量推求设计断面的洪峰流量。当设计断面距调查断面有一定距离时，设计断面的洪峰流量可按式（3-26）推算。简化计算也可按式（3-27）计算。

$$Q_2 = \frac{F_2^{\alpha} b_2^{\beta} J_2^{0.25}}{F_1^{\alpha} b_1^{\beta} J_1^{0.25}} Q_1 \qquad (3\text{-}26)$$

$$Q_2 = \left(\frac{F_2}{F_1}\right)^{\alpha} Q_1 \qquad (3\text{-}27)$$

式中 Q_1、Q_2——调查断面和设计断面处的洪峰流量，m^3/s；

F_1、F_2——调查断面和设计断面处的汇水面积，km^2；

b_1、b_2——调查断面和设计断面处的流域平均宽度，km；

J_1、J_2——调查断面和设计断面流域主河槽平均坡降；

α——汇水面积指数，大流域 $\alpha = 1/2\sim2/3$，小流域（$F \leqslant 30\,\text{km}^2$）
$\alpha = 0.8$；

β——流域形状指数，对于雨洪采用 $\beta = 1/3$。

（4）设计频率的洪峰流量确定。由调查洪水推求设计洪水的洪峰流量可按式（3-28）计算。

$$Q_{P_2} = \frac{K_{P_2}}{K_{P_1}} Q_{P_1} \tag{3-28}$$

式中　Q_{P_1}、Q_{P_2}——调查洪水和设计洪水的洪峰流量，m^3/s；

K_{P_1}、K_{P_2}——调查洪水和设计洪水频率 P_1、P_2 的模比系数，可由相关资料查取。

2. 洪水总量

设计洪水总量按式（3-29）计算。

$$W_{tP} = 1000\alpha_t H_{tP} F \tag{3-29}$$

式中　W_{tP}——历时为 t 频率为 P 的洪水总量，m^3；

α_t——与历时 t 相应的洪量径流系数，α_{24} 见表 3-16；

H_{tP}——历时为 t 频率为 P 的降雨量，mm；

F——流域汇水面积，km^2。

3. 洪水过程线

小流域的设计洪水过程线多简化为某种形式，常用的有三角形概化过程线和概化多峰三角形过程线。

三角形概化过程线计算简便，但洪量过分集中，可能脱离实际情况甚远。

概化多峰三角形洪水过程线是结合一定的设计雨型计算绘制的，它结合了推理公式的特点，并能反映我国台风季风区暴雨洪水的特点，比较切合实际，适用于中小型水利工程设计。

概化多峰三角形洪水过程线的基本原理是假定一段均匀降雨可相应产生一个单元三角形洪水过程线，此三角形的面积等于该段降雨产生的洪水量 W_t，三角形的底长相当于该段降雨的产流历时与汇流历时之和，而三角形的高即相当于该段降雨产生的最大流量 Q_m。把设计雨型按下述原则分为若干段，把每段降雨所形成的单元三角形洪水过程线按时序叠加，即得概化多峰三角形洪水过程线。

1）设计暴雨时程分配雨型的确定

设计暴雨的时程分配雨型，一方面要能反映本地区大暴雨的特点（如时段雨型、时段分配、雨峰出现位置、降雨历时等），另一方面又要照顾到工程设计上的安全要求。有条件时，可按地区编制的综合标准雨型采用。

当无条件取得雨型资料时，则只能从尾矿库安全运用的角度出发，作如下假定，从而定出 H_{24P} 的时程分配。

（1）一般可将主雨峰置于设计降雨历时的 3/4 或稍后一些的时程上。

（2）次雨峰对称地出现于主雨峰两侧。

降雨分段的各段历时 t_c，对于主雨峰可取 $t_c = \tau$（τ 为流域汇流历时）；对于次雨峰既可取 $t_c = \tau$，也可取 $t_c = b_\tau$（b 为整数）。

以主雨峰为中心，按公式 $H_t = S_p t^{1-n}$ 确定不同历时 t 的降雨量（历时 t 的取值，对于对称区间以内的次雨峰取为两对称时段间各段历时之和，对于对称区间以外的次雨峰则取为计算段起点至一次降雨终点的各段历时之和）。

次雨峰各段的降雨量，对于对称区间以内的次雨峰为 $H_R = \dfrac{H_{ti} - H_{ti-1}}{2}$，对于对称区间以外的次雨峰为 $H_R = H_{ti} - H_{ti-1}$。

2）概化多峰三角形过程线的绘制

（1）时段峰量的确定。各段均匀降雨产生的单元峰值流量可按式（3-30）确定。

$$Q_m = 0.566 \frac{h_R F}{t_c} \tau \qquad (3-30)$$

式中　Q_m ——时段峰量，m³/s;

　　　t_c ——时段历时，h;

　　　F ——流域面积，km²;

　　　τ ——流域汇流历时，h;

　　　h_R —— t_c 时段降雨产生的径流深，mm，可根据式（3-31）求得。

$$h_R = H_R - \mu t_c \qquad (3-31)$$

式中　H_R ——时段降雨量，mm;

　　　μ ——土壤渗入率，mm/h，见式（3-17）～式（3-21）。

（2）主峰段过程线的绘制。三点概化过程线的起点 A 与时段降雨起点对齐，终点 B 位于时段终止后延长一段集流时间 τ 的地方，最大流量 $Q_m = Q_P$ 位于时段降雨终止的地方（见图 3-17）。

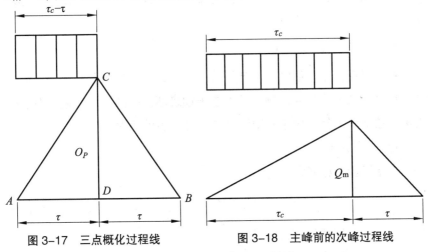

图 3-17　三点概化过程线　　　图 3-18　主峰前的次峰过程线

（3）次峰段过程线的绘制。单元三角形过程线的起点与该段降雨起点对齐，终点则在该段降雨停止后延长一段集流时间 τ 的地方。峰值 Q_m

出现的位置视该段洪水出现于主峰前后而定：如果在主峰之前，则峰值位于该段降雨的终点位置（见图 3-18）；如在主峰之后，则峰值位于该段降雨起点后延长一段集流时间 τ 的地方（见图 3-19）。

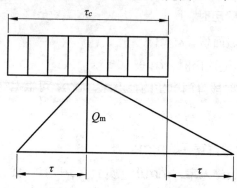

图 3-19 主峰后的次峰过程线

按上述方法计算绘制出各段单元洪水过程线之后，将它们按时序迭代，即可得到以暴雨时程分配雨型为根据的一次暴雨概化多峰三角形洪水过程线。

4. 水量平衡法

水量平衡法是非线性汇流计算法，用水动力学方法分别解决坡面、地下和河槽的汇流计算问题，从而求出坝址断面处的洪水过程线及洪峰流量，故本法尤其适用于解决流域内分部计算的问题。

1）基本计算方法

水量平衡方程式为

$$\bar{I} - Q_{i-1} + M_{i-1} = M_i \tag{3-32}$$

式中 $\bar{I}$——时段平均入流；

Q_{i-1}——按时段初值的出流；

M_{i-1}——时段初 M 值；

M_i——时段末 M 值。

2）考虑库内水面影响的洪水计算

当库内水面面积超过汇水面积的 10%时，应考虑水面对尾矿库汇流条件的影响，可用水量平衡法计算洪水。如水面以外的陆面为沟谷地形时应按坡面汇流和河槽汇流计算；如无明显的沟谷时，坡面水流直接汇入水体，此时只应计算坡面汇流。将陆面汇流过程与水面降水过程同时程相加，即得设计洪水过程。

洪水总量可按式（3-33）计算。

$$W_{24P} = 1\,000(\alpha_{24}H_{24P}F_1 + H_{24P}F_s) \tag{3-33}$$

式中　F_1——陆面面积，km^2；

　　　F_s——水面面积，km^2；

　　　α_{24}——径流系数；

　　　H_{24P}——设计频率为 P 的 24 h 降雨量，mm；

　　　W_{24P}——频率为 P 的 24 h 洪水总量，m^3。

5. 截洪沟的排洪流量计算

截洪沟一般通过多个沟谷，各沟谷的洪水分别于不同的里程汇入截洪沟，各汇入点的洪峰流量可按推理公式求解。对于 $F<0.1\ km^2$ 的特小排水块，直接用推理公式计算有较大误差，可用坡面汇流公式计算，或用下述简化公式近似计算。

$$Q_P = 0.278(S_P - 1)F$$

式中　S_P——设计频率为 P 的雨力，mm/h；

　　　F——排水块的汇水面积，km^2。

（三）调洪演算

调洪演算的目的是根据既定的排水系统确定所需的调洪库容及泄洪

流量。对一定的来水过程线，排水构筑物越小，所需调洪库容就越大，坝也就越高。

（1）对于洪水过程线可概化为三角形，且排水过程线可近似为直线的简单情况，其调洪库容和泄洪流量之间的关系可按式（3-34）确定。

$$q = Q_P \left(1 - \frac{V_t}{W_P}\right) \tag{3-34}$$

式中　q——所需排水构筑物的泄流量，m^3/s；

　　　Q_P——设计频率为 P 的洪峰流量，m^3/s；

　　　V_t——某坝高时的调洪库容，m^3；

　　　W_P——频率为 P 的一次洪水总量，m^3。

（2）对于一般情况的调洪演算，可根据来水过程线和排水构筑物的泄水量与尾矿库的蓄水量关系曲线，通过水量平衡计算求出泄洪过程线，从而定出泄流量和调洪库容。

尾矿库内任一时段 Δt 的水量平衡方程式如式（3-35）所示。

$$\frac{1}{2}(Q_s + Q_z)\Delta t - \frac{1}{2}(q_s + q_z)\Delta t = V_z - V_s \tag{3-35}$$

式中　Q_s、Q_z——时段始、终尾矿库的来洪流量，m^3/s；

　　　q_s、q_z——时段始、终尾矿库的泄洪流量，m^3/s；

　　　V_z、V_s——时段始、终尾矿库的蓄洪量，m^3。

令 $\overline{Q} = \frac{1}{2}(Q_s + Q_z)$，将其代入式（3-35），整理后得

$$V_z + \frac{1}{2}q_z\Delta t = \overline{Q}\Delta t + \left(V_s - \frac{1}{2}q_s\Delta t\right) \tag{3-36}$$

求解式（3-36）可列表计算，但需预先根据泄流量（q）-库水位（H）-调洪库容（V_t）之间的关系绘出 $q\text{-}V + \frac{1}{2}q\Delta t$ 和 $q\text{-}V - \frac{1}{2}q\Delta t$ 辅助曲线备查。

（四）排水系统水力计算

排水系统水力计算的目的在于根据选定的排水系统和布置，计算出不同库水位时的泄流量，供尾矿库调洪计算用。

1．井-管（或隧洞）式排水系统

1）泄流量计算

井-管（或隧洞）式排水系统的工作状态，随泄流水头的大小而异。当水头较低时，泄流量较小，排水井内水位低于最低工作窗口的下缘，此时为自由泄流；当水头增大，井内被水充满，但排水管（或隧洞）尚未呈满管流，泄流量受排水管（或隧洞）的入口控制，此时为半压力流；当水头继续增大，排水管（或隧洞）呈满管流时，即为压力流。不同工作状态时的泄流量按表 3-17 中的公式计算。

表 3-17　井-管（或隧洞）式排水系统泄流量计算公式

排水井形式	工作状态	计算公式
窗口式井	自由泄流 （a）水位在两层窗口之间时 （b）水位在窗口部位时	$Q_a = Q_2 = 2.7 n_c \omega_c \sum \sqrt{H_i}$　　　　$Q_b = Q_1 + Q_2$ 对于方口 $Q_1 = 1.8 n_c \varepsilon b_c H_0^{1.5}$　对于圆口 $Q_1 \approx n_c A D_c^{2.5}$
	半压力流	$Q = \varphi F_s \sqrt{2gH}$　　$\varphi = \dfrac{1}{\sqrt{1 + \lambda_i \dfrac{l}{d} + f_1^2 + \xi_1 f_2^2 + \xi_2 + 2\xi_3 f_1^2}}$
	压力流	$Q = \mu F_s \sqrt{2gH_z}$ $\mu = \dfrac{1}{\sqrt{1 + \sum \lambda_9 \dfrac{L}{D} f_3^2 + \sum \xi f_3^2 + \xi_1 f_4^2 + \xi_2 f_9^2 + 2\xi_3 f_5^2}}$
框架式井	（c）水位淹没框架圈梁时	$Q_c = n_c m \varepsilon b_c \sqrt{2g H_y^{1.5}}$ $Q_d = Q_b = Q_1 + Q_2$（Q_1按方孔公式计算）
	（d）水位淹没圈梁时	$Q_c = n_c m \varepsilon b_c \sqrt{2g H_y^{1.5}}$ $Q_d = Q_b = Q_1 + Q_2$（Q_1按方孔公式计算）

续表 3-17

排水井形式	工作状态	计算公式
框架式井	(e) 水位淹没井口时	$Q_e = \varphi \omega_s \sqrt{2gH_i}$　　　$\mu = \dfrac{1}{\sqrt{1+\xi_4+\xi_5 f_6^2}}$
	半压力流	$Q = \mu F_s \sqrt{2gH}$　$\varphi = \dfrac{1}{\sqrt{1+\lambda_i \frac{1}{d} f_2^2 + \xi_2 + \xi_3 f_1^2 + \xi_4 f_1^2 + \xi_5 f_7^2}}$
	压力流	$Q = \mu F_X \sqrt{2gH_z}$ $\mu = \dfrac{1}{\sqrt{1+\sum \lambda_g \frac{L}{D} f_3^2 + \sum \xi f_3^2 + \xi_2 f_9^2 + \xi_3 f_3^2 + \xi_4 f_5^2 + \xi_5 f_8^2}}$
叠圈式井	(f) $\dfrac{H_i}{d} < 0.5$时	$Q_f = \pi d m_h \sqrt{2gH_i^{1.5}}$　　　$Q_g = Q_e$
	(g) $\dfrac{H_i}{d} \geq 0.5$时	但$\varphi = \dfrac{1}{\sqrt{1+\xi_4}}$

表中符号说明：

H_i ——第 i 层全淹没工作窗口的泄流计算水头，m；

H_0 ——最上层未淹没工作窗口的泄流水头，m；

H ——计算水头，为库水位与排水管入口断面中心标高之差，m；

H_z ——计算水头，为库水位与排水管下游出口断面中心标高之差，m，当下游有水时，为库水位与下游水位的高差；

H_y ——溢流堰泄流水头，m；

H_i ——井口泄流水头，m；

ω_c ——一个排水窗口的面积，m²；

ω_s ——井口水流收缩断面面积，m²；$\omega_s = \varepsilon_b \omega_i$；

$$f_6 = \frac{\omega_s}{\omega_i};\quad f_7 = \frac{F_s}{\omega_i};\quad f_8 = \frac{F_X}{\omega_i};$$

ω_l——框架立柱和圈梁之间的过水净空总面积，m^2；主要用于水头损失系数计算。

ω——井中水深范围内的窗口总面积，m^2；

ω_j——排水井井筒横断面面积，m^2；

ω_1——排水井窗口总面积，m^2；

ω_2——排水井井筒外壁表面面积，m^2；

F_s——排水管入口水流收缩断面面积，m^2，$F_s = \varepsilon_b F_e$；

F_e——排水管入口断面面积，m^2；

F_X——排水管下游出口断面面积，m^2；

F_g——排水管计算管断面面积，m^2，用于最后部分水头损失系数计算，$f_3 = \dfrac{F_X}{F_g}$；

ξ——排水管线上的局部水头损失系数，包括转角、分叉、断面变化等；

ξ_0——闸墩头部局部水头损失系数，用于排水管入口水流收缩断面面积计算，$\xi = 1 - 0.2\xi_0 H_y / b_c$；

ξ_1——排水窗口局部水头损失系数，$\xi_1 = \left(1.707 - \dfrac{\omega_1}{\omega_2}\right)^2$；

ξ_2——排水管入口局部水头损失系数，直角入口 $\xi_2 = 0.5$，圆角或斜角入口 $\xi_2 = 0.2 \sim 0.25$，喇叭口入口 $\xi_2 = 0.1 \sim 0.2$；

ξ_3——排水井中水流转向局部水头损失系数；

ξ_4——排水井进口局部水头损失系数；

ξ_5——框架局部水头损失系数，为立柱、横梁的局部水头损失系数之和，即 $\xi_5 = \sum \xi = \sum \beta K_1$；

β——梁、柱形状系数，矩形断面 $\beta = 2.42$，圆形断面 $\beta = 1.79$；

K_1——梁、柱有效断面系数；

ε ——侧向收缩系数；

ε_b ——断面突然收缩系数；

d ——排水井内径，m，对于非圆形井取 $d = 4R_j$；

D ——排水管计算管段的内径，m，对于非圆管取 $D = 4R_g$；

l ——排水井内管顶以上的水深，m；

L ——排水管计算管段的长度（断面无变化时，即为管道的全长），m；

A ——圆孔堰系数；

R_g ——排水管计算管段的水力半径，m；

R_j ——排水管井筒断面的水力半径，m；

D_e ——排水窗口直径，m；

m_h ——环形堰流量系数；

m ——堰流量系数，$\dfrac{\delta}{H_y} < 0.67$ 时，按薄壁堰计算，$m = 0.405$

$+\dfrac{0.0027}{H_y}$，$0.67 < \dfrac{\delta}{H_y} < 2.5$ 时，按实际堰计算，$m = 0.36 + 0.1\left(\dfrac{2.5-\dfrac{\delta}{H_y}}{1+\dfrac{2\delta}{H_y}}\right)$；

δ ——堰顶宽，m；

b_c ——一个排水口的宽度，m；

n_c ——同一个横断面上排水口的个数；

λ_j ——排水井沿程水头损失系数；

λ_g ——排水管沿程水头损失系数；

C ——谢才系数，$C = \dfrac{1}{n}R^{1/6}$；

n ——管壁粗糙系数；

R ——水力半径；

$$f_1 = \frac{F_s}{\omega_j}; \quad f_2 = \frac{F_s}{\omega}; \quad f_3 = \frac{F_X}{F_g}; \quad f_4 = \frac{F_X}{\omega}; \quad f_5 = \frac{F_X}{\omega_j}$$

$$f_6 = \frac{\omega_s}{\omega_1}; \quad f_7 = \frac{F_s}{\omega_1}; \quad f_8 = \frac{F_X}{\omega_1}; \quad f_9 = \frac{F_X}{F_e}$$

2）工作状态选定及气蚀问题

（1）工作状态选定。进行排水系统的水力计算时，应分别求出各流态在不同库水位时的泄流量，并将计算结果点绘于同一坐标格纸上，即可得几条陡度不同的线段（每一流态对应一条线段），每两条线段的交点即可视为两种流态的过渡点，其水位即为两种流态的过渡水位。过坐标原点及各过渡点的曲线即为所求的尾矿库泄流量与库水位关系曲线。

尾矿库排水系统（排水管或隧洞）采用何种流态工作，应通过技术经济比较来确定。一般可设计为在设计频率的洪水时为压力流，而在常水位时为无压流的工作状态。但应研究其过渡流态对构筑物可能产生的不良影响，并应避免构筑物长期在明、压流交替状态下工作。无压流的排水管（或隧洞），在通气良好的条件下，对于稳定流充满高度不应大于 85%，且空间高度不小于 0.4 m；对于非稳定流充满高度不大于 90%，空间高度不小于 0.2 m。对于不衬砌的隧洞，要求应适当提高。

高速水流无压流排水管（或隧洞）的直径或高度，建议考虑掺气的影响，并应通过水工模型试验确定。如可能有冲击波产生且难以消除时，在掺气水面以上应留有足够的空间（一般为断面面积的 15%～25%），对圆拱直墙断面隧洞应将冲击波波峰限制在直墙范围以内。

（2）气蚀问题。有的排水系统虽可满足泄流量的要求，但某些断面如排水管（或隧洞）进口附近、管道急转弯处、断面形状突变处以及消能工等部位在高速水流下可能出现负压，产生气蚀，使管道的正常工作受到影响，甚至使构筑物表面产生剥蚀，严重时形成空洞，危及构筑物的安全运用。

因此，设计中应对某些断面处的压强进行验算。如可能产生负压及气蚀时，需采取措施予以消除。常见的消除气蚀措施主要有以下几种：

① 改善水流流态。防止气蚀的办法是把导致产生气穴的低压区消除或减小。控制设计断面流速，使表面平整和使断面变化尽可能符合流线型，对防止产生气蚀是十分重要的措施。

② 通气。在构筑物的适当部位通气是工程上使用的措施之一。通气有利于消除或减轻负压和缓冲气穴，但结果又可能使高速水流掺气，故确定设计断面时应予考虑。

③ 选用高强度的材料。在有可能产生气蚀的部位选用高标号混凝土，也可用环氧树脂砂浆护面。

2. 斜槽-管（或隧洞）式排水系统

当斜槽上水头较低时，为自由泄流，由水位以下的斜槽侧壁和斜槽盖板上缘泄流；当水位升高斜槽入口被淹没时，泄流量受斜槽断面控制，成为半压力流，当水位继续升高，排水斜槽与排水管均呈满管流时，即为压力流。各种流态的泄流量按相应的公式进行计算（鉴于计算公式主要提供给设计人员参考，因此本教材里不再列示，有兴趣的尾矿库操作工可以参阅周汉民主编，化学工业出版社 2011 年 10 月版的《尾矿库建设与安全管理技术》相关内容）。

3. 明口隧洞

隧洞的进口不设其他进水构筑物，由洞口直接进水，称为明口隧洞。隧洞的工作状态、不同工作状态的泄流量，按相应的公式进行计算。

4. 侧槽式溢洪道

侧槽式溢洪道由溢流堰、侧槽、泄水道及消能构筑物组成。溢流堰一般做成实用断面堰（折线式或圆角式）；侧槽内的流量自槽首向下游逐渐增大，故侧槽宽度也应与之相应逐渐加大。侧槽末端宽度可根据地形地质条件结合经验预先假定。侧槽内水流的流态为由缓流过渡到急流，过渡断面水深为临界水深。确定水面线需首先求出过渡断面的位置和水深，再求出其上下游各计算断面的水面高差，从而求得槽中水面线。

一般工程的泄水道多为明流陡槽，有时受地形条件的限制，也可用无压隧洞。泄水道与侧槽的连接，应以不影响侧槽的泄水能力为原则。

陡槽由进口段、陡坡段和出口段等部分组成。进口段是连接侧槽和陡坡段的结构物，其作用是使水流顺利流入，保证上游水位不变或变化不大，其断面可为矩形、梯形，其底与侧槽底齐平，其宽度与侧槽末端宽度相同。陡坡段一般做成矩形（有时也采用梯形），其宽度与进口段相同，坡度根据地形条件决定。

由于侧槽内水面不平（靠山一侧一般比靠堰一侧高 15%左右），因此泄水道一般不宜有收缩段或急转弯，以免造成严重冲刷。对于坡度较陡的地形，有时为了增加陡槽末端水深，保持槽中水深不变，可采用变底宽陡槽，即将槽底宽逐渐减小，有时为了减低陡槽中的流速，可采取人工加糙措施。

由于陡槽中的水流为急流状态，当其下游渠道为缓流时，则在连接处产生水跃；下游连接水力计算的目的在于根据陡槽下游收缩断面水深计算出其跃后水深，据此判别水跃的性质，并确定是否设置消能设施。消能设施一般以设置消力池为宜。

（五）排水管及斜槽

1. 排水管道的形式

尾矿库排水管的形式根据泄洪量、荷载、地形地质情况、施工条件及当地的建筑材料等因素而定。具体情况见表 3-18。

表 3-18 排水管形式

分类方法	形式	特点及适用条件
按敷设方法分	上埋式	垂直土压较大，适用于尾矿堆积高度不大的尾矿库
	平埋式	垂直土压较小，较常采用
	沟埋式	垂直土压最小，但开挖量较大，一般较少采用
按结构及断面形状分	刚性垫座圆管	中小管径可预制，土基时垫座较大，较常采用
	整体式圆管	施工较方便，较刚性垫座圆管节省材料，较常采用
	拼合式圆管	施工较方便，当基座在基岩中开挖时，最节省材料
	长圆管	侧压力较小的情况下，内力较合理
按结构及断面形状分	整体式圆拱直墙管	水力条件稍差，施工较方便
	拼合式低拱直墙管	水力条件较差，拱脚水平推力较大，故边墙较厚，适用于斜槽排水
按水力性质分	有压	管内承受均匀内水压力
	无压	管内承受明流水压力

2. 排水管的构造要求

（1）排水管的基础一般应设于均质地基上，不宜设于淤泥质土壤地基上。在均质地段，每隔 15～30 m 应设温度缝。在地质变化处应设置沉降缝。重要的工程，可在温度缝和沉降缝的外侧设置反滤层，以防坝体涂料进入管内。

（2）排水管基础之下应设垫层。在尾矿场内的管段，可设碎石垫层，其厚度为 0.1～0.2 m，通过坝身的管段，应设碎石垫层或混凝土垫层，混凝土可为 C8～C10 号，其厚度为 0.1～0.15 m。

（3）尾矿坝下的排水管。为了防止沿光滑的管道表面发生集中渗流，应设置截水环，并仔细回填不透水土料，分层夯实。截水环用 C10 混凝土筑成，间距一般为 8～10 m，高度一般为 60～100 cm。截水环应尽量靠近每节管道的中央，绝不可设在两节管道的接合处。

（4）填筑土料。为了减小管顶垂直土压，可在排水管两侧填筑压缩性小的土料或提高两侧填土的碾压质量。

（5）排水管的接缝处止水处理。过去的接缝处理大多采用紫铜片、铝片或镀锌铁片作止水材料，近年来也有采用不锈钢片和橡胶作止水材料的。其中有些材料价值昂贵，国内外已大量采用塑料止水带，既实用又经济。

（六）排水隧洞

1. 隧洞常用断面及布置原则

尾矿库内的隧洞主要用于回水和排洪，输送管线上的隧洞则用以通过尾矿管（槽）。隧洞的常见断面形状见表 3-19。隧洞断面的最小尺寸主要根据施工条件决定，一般圆形断面净空内径不小于 2 m，非圆形断面净高不小于 1.8 m，净宽不小于 1.5 m。

表 3-19 尾矿库隧洞常用断面形状

断面形状	圆形	圆拱直墙式	马蹄形（$R=2r$）	马蹄形（$R=3r$）
示意图				
特点	从水力学和结构力学的观点最有利，但施工困难	施工较方便，水力学条件较圆形差	水力学条件较圆拱直墙好，施工较复杂	同左，有利于机械化施工
适用条件	有压隧洞	无侧向山岩压力的坚硬岩层；无压或低压隧洞	顶部、两侧和底部具有较大山岩压力作用（即岩石较软弱）时；无压和低压隧洞	适用条件同左

　　隧洞的线路取决于进出口的位置及标高,而进出口的位置和标高除了首先要满足使用要求以外, 还要结合隧洞线路的地质地形条件慎重确定。

　　尾矿库隧洞布置一般应考虑的原则:

　　(1) 隧洞进口应位于水流平顺地段,出口处应泄流通畅。

　　(2) 线路力求平直,如需转弯时,转弯半径不宜小于 5 倍洞径或洞宽,转角不宜大于 60°。

　　(3) 为了充分利用围岩的承载能力,衬砌顶部的埋置深度最好要大于 3 倍洞宽。

　　(4) 洞轴线应尽可能与地形等高线正交,以免承受偏压。

　　(5) 尽可能避开断层和大破碎带,不能避免时,轴线应与断层正交。

　　(6) 在岩层倾向河谷的山体倾斜段、向斜岩层的转折点处 (特别是垭口段) 都不宜布置隧洞。

　　(7) 尽量避免在斜地层、乱楂层、薄土层内布置隧洞。

　　(8) 山体的滑坡地段不宜布置隧洞。

　　(9) 在硬石膏、石膏、盐岩、火山灰、泥灰岩及含大量可溶盐类的岩层分布区不宜布置隧洞。

　　(10) 在广泛分布着喀斯特溶洞的岩层中,以及含有自然气体 (沼气、硫化氢、二氧化碳) 的岩层中不宜布置隧洞。

　　(11) 在岩石中具有承压含水层以及热水、碳化和侵蚀性强烈的水,特别是在构造破碎带内流入量很大时,对隧洞的工作及施工极不利,应尽可能避免。

　　2. 隧洞衬砌的作用和形式

　　1) 隧洞衬砌的作用

　　承受山岩压力,内外水压力和其他荷载,保证围岩稳定。封闭岩石裂缝,防止隧洞渗漏,免除水流、泥沙、温度变化等对岩石的冲蚀、风化和破坏作用。减小隧洞表面糙率。

2）隧洞衬砌的形式

隧洞衬砌按材料分有混凝土、钢筋混凝土、浆砌块石（或料石）等形式。

按作用分有：① 无衬砌隧洞。当岩石坚硬稳定、裂隙少，而水头和流量较小时，可以不做衬砌。对于宣泄大流量的隧洞，不衬砌糙率较大，是否比有衬砌的隧洞经济，要通过技术经济比较决定。② 平整衬砌隧洞，适用于围岩坚硬、裂隙少、洞顶岩石能自行稳定，而隧洞的水头、流速和流量又比较小的情况。③ 顶拱加固衬砌，适用于中等坚硬岩石中的无压隧洞或小水头的有压隧洞。④ 整体式衬砌，适用于地质条件和水文地质条件较差，或隧洞断面比较大、水头比较高、流速比较大的隧洞。⑤ 无压隧洞，一般采用圆拱直墙式或马蹄形隧洞。⑥ 压力隧洞，多采用圆形隧洞。

3. 隧洞衬砌构造要求

1）隧洞断面的允许超挖及欠挖值

隧洞断面允许的超挖值见表3-20。现浇衬砌一般不允许欠挖，如出现个别欠挖处，欠挖部分进入衬砌的深度不得超过衬砌断面厚度的 1/4，并不得大于 10 cm。对于装配式钢筋混凝土衬砌和砌块衬砌，不允许欠挖。

表 3-20　隧洞断面允许超挖值

工程部位	拱部	边墙	底板
允许超挖值/cm	20	15	20～10

2）衬砌最小厚度及钢筋保护层厚度

衬砌的最小厚度参照表3-21选用。

表 3-21　衬砌最小厚度　　　单位：cm

材料	喷砂浆	混凝土	钢筋混凝土	料石	混凝土衬块	青砖	浆砌乱毛石	乱毛石混凝土	装配式钢筋混凝土	喷混凝土
拱圈	2	20	20	30	30	50			5	5
边墙		20	15	30	30	50	40～50	40～50	5	
底拱或仰拱		20（严寒区）10	20（严寒区）10					35		

3) 衬砌的接缝

浆砌条石衬砌一般不分缝，但相邻层的切缝应错开。混凝土和钢筋混凝土衬砌需设置伸缩缝，有时还要设置沉降缝。

伸缩缝的间距视洞径、衬砌厚度和位置不同而定。据经验认为：当 $\frac{\delta R_L}{L} > 1.2$ 时，裂缝较少；当 $\frac{\delta R_L}{L} < 1.2$ 时，裂缝较多（δ 为衬砌厚度，m；R_L 为混凝土的抗拉强度，t/m^2；L 为分块长度，m）。

在隧洞的横断面突然变化的地方，或穿过较宽的断层破碎带的地方，为了防止由于不均匀沉降产生裂缝，应设置沉降缝，并做好止水。该处衬砌应加厚，并放置较多的钢筋。

为了防止产生裂缝，设计时应选择合理的混凝土配合比和原材料，尽可能使用早期强度较高，析水率和干缩率较小、水化热较低的水泥；钢筋混凝土的配筋，应结合施工条件，尽量采用较细钢筋。

4) 衬砌的排水

在隧洞下游段，渗漏水可能影响山岩稳定，需要设置排水。对于无压隧洞，一般在洞底衬砌下埋纵向排水管：先在岩石内挖排水沟，尺寸为 0.4 m×0.4 m，中间埋直径 0.2~0.3 m 的疏松混凝土管或缸瓦管，四周填砾石，排水管通向下游。隧洞地层较差地段，外水压力较大时，也可在洞内水面线以上设置通过衬砌的径向排水管，梅花形布置，3 m 一孔。在衬砌上保留灌浆孔，伸入岩层 20~30 cm（条件好的留 10 cm 即可），以减低外水压力。

对于有压隧洞，除在洞底衬砌下埋设纵向排水管外，还应设置横向集水槽，间距约 5~10 m，布置在回填灌浆孔的中间。横向集水槽先在岩石内挖 0.3 m×0.3 m 的沟槽，槽中填以卵石，外面用木板盖好，并应与纵向排水相通。

有压洞的排水一般只在出口部分设置，如排水过长，在接触灌浆和固结灌浆时易被堵塞。

凡是设置排水的地方，即不再做固结灌浆，即使做回填灌浆也要特别小心。排水孔与灌浆孔应相同布置。灌浆压力也不能太大，以免堵塞排水系统。

地下水位高或来水量很大时，为了减小或减除衬砌的井水压力，以下几种排水方法可供参考。

（1）环状盲沟排水法。如果地层涌水量很大无法封闭，或封闭后衬砌四周静水压力增加甚巨难以处理时，可在衬砌外围加设厚 20 cm 的干砌石盲沟，靠边墙处每隔 4～6 m 设宽 30～60 cm 干砌片石盲沟，中间做成 1∶5 斜坡，这样，所引壁之水全部流入洞内排水沟排出。

（2）衬砌水槽排水法。地层排水量很大时，也可采用本法排水，加拱肋使承受地层压力，水槽即利用拱肋间减薄后的一段衬砌形成，应不承受外力。拱肋间的水槽断面及设置多少个水槽视排水量大小而定，一般设 30～60 个。地下排水沟设置在隧洞中间或两边。

5）衬砌的灌浆

隧洞的灌浆分回填灌浆和固结灌浆两种。

回填灌浆的作用是保证衬砌与围岩紧密结合，从而使山岩压力均匀地作用在衬砌上，使岩层产生应有的弹性抗力，还可减少接触渗漏。对混凝土和钢筋混凝土衬砌隧洞，一般只在顶拱部分进行回填灌浆。先将管预先埋好，灌浆孔的深度与衬砌厚度一致。回填灌浆压力较低，一般为 20～50 kPa。

固结灌浆的作用为加固围岩，减小山岩压力，提高弹性抗力，减少渗漏，并对衬砌起预压作用。灌浆孔的布置与地质条件关系密切，应由灌浆试验确定。灌浆孔深一般不超过洞径的 2/3，以便于施工。固结灌浆应在回填灌浆之后进行。灌浆压力一般可为 30～100 kPa。

如果地下水对混凝土有侵蚀性，除设置排水将地下水引走外，还可采用沥青或抗侵蚀的水泥作为灌浆材料。

4. 施工方法对隧洞衬砌的影响

施工方法对保证隧洞衬砌质量起重要作用，具体影响有下列几点。

（1）在开挖过程中如发现地质条件与勘察所提资料不符时，应及时提出，适当处理，必要时修改设计。

（2）隧洞开挖后应及时衬砌，拱脚上下1m左右回填应密实，否则可引起围岩松弛和坍塌，从而造成很大的围岩压力。

（3）对地下水丰富的地段，在混凝土浇筑前必须采取排水或封堵措施，以保证混凝土的浇筑质量。

（4）混凝土衬砌的浇筑程序，一般先底拱、后边墙、再顶拱，以利于工作缝的紧密结合；如地质条件不好，先衬顶拱时，对反缝要进行妥善处理，目前多采用灌浆接缝。

（5）施工缝的位置应尽量结合伸缩缝设置。其他部位的工作缝应设在结构内力较小处。对无压洞可用冷缝相接；对有压洞，分缝处应有受力筋通过，并适当增加插筋。接缝处做键槽，混凝土表面凿毛，用水泥砂浆和后一期混凝土接合。

（6）隧洞开挖面应大致平整，避免引起衬砌应力集中。如开挖与衬砌平行作业时，两个工作面应保持一定的距离，或采取防震措施，以防爆破对衬砌的影响。

（7）加强混凝土的养护工作，拆模时间不宜过早，必要时控制混凝土入仓温度。在严寒地区，为了减少衬砌内外温度剧烈变化，可在洞口采取保温措施，以防产生裂缝。

5. 喷锚衬砌

喷锚是一种使围岩从被动受压状态变为主动的自身受力状态，增加围岩抗拉和抗剪能力的衬砌形式。

喷锚衬砌的类型有喷射混凝土衬砌、锚杆衬砌、喷射混凝土-锚杆联合衬砌（简称为喷锚联合衬砌）、喷射混凝土-钢筋网联合衬砌（简称为喷网联合衬砌）、喷射混凝土-锚杆-钢筋网联合衬砌（简称为喷锚网联合衬砌）等几种。

在选择喷锚衬砌形式时，必须考虑围岩的稳定性和具体的地质情况：易风化岩层不宜做锚杆衬砌，宜做喷射混凝土衬砌；层理分明的成层岩层宜采用喷锚联合衬砌；节理裂隙发育的岩层宜采用喷射混凝土或喷锚联合衬砌；切割破碎的围岩宜采用喷锚网联合衬砌；有塌方的不稳定围岩可先喷射混凝土，再做喷锚网联合衬砌。

遇有下列情况，在未取得成功经验前暂不宜做永久衬砌：

（1）大面积渗、淋水或局部涌水，经处理无效的区段。

（2）遇水产生较大膨胀压力的岩体。

（3）局部地段介质有较大的腐蚀性。

（4）难以保证与喷射混凝土及锚杆砂浆黏结质量的散状岩体。

（七）溢洪道

1. 尾矿库溢洪道基本概况

尾矿库溢洪道，一般采用自由溢流形式，多在溢水口做一条堰，堰下连接陡坡。这种形式的溢洪道又称为堰流式溢洪道。溢洪堰的轴线与渠道的中线正交时，称为正堰式（宽浅式）溢洪道；大致平行时称为侧堰式（侧槽式）溢洪道。

宽浅式溢洪道由进口段（引水渠及溢流堰）、陡坡段、出口段（消能设施及泄水渠）3部分组成。有的溢洪道在进口段和陡坡段之间还有一个由宽到窄的渐变段。

侧槽式溢洪道的进口段由溢流堰和侧槽构成，其他部分和宽浅式溢洪道相同。

由于尾矿库的尾矿堆积坝是随着生产年限的增长而逐渐加高的，所以溢洪道的溢流堰顶标高也需随尾矿库水位的升高而逐渐提高。提高的方式，由低到高逐一使用不同标高的引水渠，也可使用同一个引水渠而将溢流堰顶分期分层加高。

当尾矿库周边有合适的山凹或山势较平缓的山坡时，可采用宽浅式溢洪道。如岸坡较陡或在狭窄的山谷中开溢洪道，为了减少土石方量，大都采用侧槽式溢洪道。

溢洪道的进口距坝端最少应在 10 m 以上。

根据地形、工程地质、使用要求和施工要求等因素，经水力计算和技术经济比较，确定了溢洪道的进口形式、位置、平剖面布置、尺寸、消能设施及有关数据后，即可进行溢洪道的结构设计。

有条件时，应进行水工模型试验以验证水力计算，并为结构设计提供必要的数据。

2. 引水渠

引水渠应尽量做到平顺，避免在溢流堰前产生漩涡，影响堰顶泄水。

1) 断面形状及尺寸

在基岩上一般采用矩形断面，在非基岩上一般采用梯形断面。引水渠的断面尺寸按渠道内的水流速度一般为 1~1.5 m/s，最大不超过 3 m/s 的要求，经水力计算确定。

2) 衬砌

当岩石较差或是非岩基时，必须做好衬砌和排水，特别是引水渠靠近溢流堰的一段，由于流速增加，更应做好衬砌和排水。常用的护面是浆砌块石及混凝土衬砌。

(1) 浆砌块石护面。浆砌块石护面厚度通常为 25~30 cm，下面铺设 10~15 cm 厚的砾石或碎石垫层。石料用水泥砂浆砌筑。这种护面的缺点是糙率较大，为了减小糙率，可以在表面抹一层 1.5~2.0 cm 厚的水泥砂浆。

（2）混凝土及钢筋混凝土护面。这种护面有就地浇筑式和预制装配式两种。就地浇筑式混凝土护面厚度一般为 0.1~0.2 m，边坡顶部薄一些，向下逐渐加厚。护面下面铺设一层砾石（碎石）或粗砂排水垫层，其厚度可参考以下数据。

① 当地下水位很深时可采用 0.1~0.2 m。

② 地下水位较高但不超出垫层时采用 0.2~0.3 m。

③ 当溢洪道通过重黏土地带，且地下水位高于溢洪道中水位时采用 0.3~0.4 m。

为了防止温度应力或地基沉陷引起裂缝，护面板应设置温度伸缩缝和沉陷缝。横向缝（即施工缝）间距一般为 2~5 m。纵向缝一般在溢洪道底和边坡相交处设置。当溢洪道底宽大于 6~8 m 时，当中也需设纵向缝。缝的宽度一般不超过 1~2 cm，并需设止水。

3. 溢流堰

溢洪道的溢流堰通常用混凝土或浆砌块修建。在非岩基上，一般采用宽顶堰形式；在岩基上，尤其是在岸坡较陡的情况下，为了增大流量系数以缩短溢流前沿，减少开挖量，多采用实用断面堰的形式。溢流堰在平面上通常布置成直线形状，应尽可能使流向堰的水流平顺且与堰正交，并使泄洪道在平面上呈直线或者曲度很小。

4. 陡 槽

陡槽在平面上应尽可能布置成直线形，但有时采用曲线形可减少工程量，因而在实践中也常被采用。当水流沿着曲线陡槽流动时，水面将交替地升高与降低，形成冲击波系。这种 冲击波系常延长相当距离不会消失，使陡槽中的水流状态恶化，并使其与下游连接发生困难。为了避免这种现象，陡槽的底可做成横坡或稍微突起。

当弯道的转弯半径较大时，仍可采用平底，但需考虑冲击波的影响，采取相应的措施，如将侧墙加高或在弯道的陡槽中设导流墙，也能实现较小水面的超高。

由于地形和地质条件，陡槽不得不转弯时，其转弯半径要大于底宽的 5～10 倍。

陡槽的纵向坡度，应根据地形、地质条件和护面的容许流速加以确定，一般采用 3%～5%，有时可达 10%～15%，在基岩地基上可以更陡。

在非基岩上多采用梯形断面，边坡不宜过缓，以防止水流外溢，通常采用（1∶1）～（1∶1.5）。在岩基中开挖的陡槽，多采用矩形断面。

断面尺寸根据水力计算确定。槽宽可以溢流堰的过水宽度相同。但有时为了减少工程量，也可使槽宽沿水流方向逐渐收缩。这种变宽陡槽通常按固定水深进行设计，一般在流量较小时采用。

陡槽两侧的边墙高度，应根据水面曲线加安全超高来决定。水面曲线可由水力计算确定，并考虑高速水流掺气和冲击波的影响。安全超高一般采用 0.3～0.5 m，有时可达 1 m。当溢洪道位于坝端时，需设导水墙与坝隔开，导水墙应高出最高水面线至少 0.7 m。

（八）排水井

尾矿库排水井的形式有窗口式、框架挡板式、砌块式和井圈叠装式（叠圈式）等。窗口式排水井是一次建成的，具有结构整体性好、操作维护简便的优点，但泄水量较小。框架挡板式排水井的操作维护虽比窗口式麻烦些，但泄水量显著增大，故近年来采用较多。井圈叠装式排水井是随库水位升高用整体井圈逐层叠加而成。为便于安装，井圈直径不宜太大。砌块式排水井过去多为一次建成，预留窗口，特点与窗口式井相同，最近发展为随库水位升高而逐渐加高，呈井顶溢流进水，由于没有立柱，故净水量比框架式更大。

二、尾矿库排洪设施操作及要求

（一）尾矿库水位控制

尾矿库水位控制关系到尾矿库安全、生产和环境保护等重要指标。从安全角度分析，库内水位越低，则干滩越长，浸润线越低，坝体稳定性越高。从生产角度分析，库内水位越高，则库内存水量越多，更有利于满足生产回水量和回水水质要求。从环保分析，库内水位越高，则澄清距离越长，越有利于提高尾矿库排水水质。当安全、生产、环保出现矛盾时，应坚持"安全第一"的方针，尤其在汛期，库内水位必须控制在防洪要求的汛前水位以下，使尾矿库留出足够的防洪库容。

1. 水位控制指标

尾矿库水位控制首先是遵循《尾矿库安全技术规程》中规定的防洪标准及相关要求。当确定尾矿库等别的库容或坝高偏于下限，或尾矿库使用年限较短，或失事后危害较轻者，宜取重现期的下限，反之宜取上限。

尾矿库排洪和度汛时常会涉及各种水位以及与之密切相关的库容问题。因此，对这些概念应熟练掌握并运用。

1）标高和水位

尾矿库水位控制如图 3-20 所示。图中沉积滩顶标高 H_1：是指沉积滩滩面顶部标高或沉积滩坡面线与堆积外坡坡线交点的标高。最高洪水位 H_2：与设计洪水或校核洪水相应的库内水位。正常高水位 H_3：满足澄清距离要求同时又满足回水调蓄库容要求的运行水位。控制水位 H_4：满足澄清距离要求的最低水位。安全超高 h_x：为防风、防浪、防液化等确保坝体安全所应有的高度，通常情况下不小于最小安全超高、最大风涌水面高度和最大风浪爬高三者之和。最大风涌水面高度和最大风浪爬高可按《碾压式土石坝设计规范》推荐的方法计算。调洪高差 h_z：满足尾矿库调洪库容的深度。调蓄水深 h_t：调蓄回水的深度。L_x：设计规定的安全滩长；L_t：调洪高度 h_t 对应的调洪滩长。L_r：回水深度对应的滩长。L_c：最小澄清距离。V_0 为澄清库容，V_r 为蓄水库容，V_t 为调洪库容，V_k 为空余库容，V_y 为有效库容。

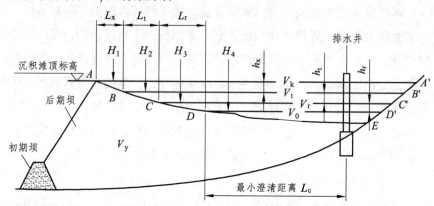

图 3-20 尾矿库水位控制图

2）排水能力

洪水计算的目的在于根据选定的排洪系统和布置，计算出不同库水位时的泄洪流量，以 确定排水构筑物的结构尺寸。当尾矿库的调洪库容足够大，可以容纳一场暴雨的洪水总量时，可先将洪水汇积后再慢慢排出，排水构筑物可做得较小，工程投资费用最低。当尾矿库没有足够的调洪库容时，问题就比较复杂。排水构筑物要做得较大，工程投资费用较高。一般情况下尾矿库都有一定的调洪库容，但不足以容纳全部洪水，在设计排水构筑物时要充分考虑利用这部分调洪库容来进行排洪计算，以便减小排水构筑物的尺寸，节省工程投资费用。排洪计算的步骤一般如下：

（1）确定防洪标准。按规范确定的现行防洪标准执行。

（2）洪水计算及调洪演算。确定防洪标准后，可从当地水文手册查得有关降雨量等水文参数，先求出尾矿库不同高程汇水面积的洪峰流量和洪水总量，进行洪水计算。再根据尾矿沉积滩的坡度求出不同高程的调洪库容，进行调洪演算。

（3）排水计算。根据洪水计算及调洪演算的结果，再进行库内水量平衡计算，求出经过调洪以后的洪峰流量，该流量即为尾矿库所需排洪流量。以尾矿库所需排洪流量作为依据，进行排洪构筑物的水力计算，以确定构筑物的净空断面尺寸。

3）调洪演算

要确保尾矿库安全度汛，汛前必须做好调洪演算。根据图 3-20，调洪演算步骤是：

（1）汛前正常高水位 H_3 的确定。根据汛前沉积滩顶标高 H_1 和调洪水深 h_t，安全超高按下式计算

$$h_x = H_1 - H_3 - h_t$$

H_1 应取沿堆积滩顶最低处的标高。

如汛前实际水位高于此水位，应降低水位至满足计算的 h_x，此时如澄清距离不够，应抽排库内澄清水或返回选矿厂重复利用。

（2）调洪库容计算。

① 在尾矿堆积平面图上绘出汛前正常高水位 H_3 的等高线及其与沉积滩面的交线，形成 H_3 的封闭等高线，量出其面积 A_1。

② 在尾矿堆积平面图上绘出最高洪水位 H_2（H_2 为正常高水位 H_3 与调洪水深 h_t 之和）的等高线与沉积滩面的交线，形成最高洪水位 H_2 的封闭等高线，并量出其面积 A_2。

③ 按下式计算调洪库容 V_t：

$$V_t = \frac{A_1 + A_2}{2} \times h_t$$

④ 如 V_t 大于等于设计要求的调洪库容，则满足度汛要求。如 V_t 小于设计确定的调洪库容，则不能满足安全度汛要求，必须研究可靠的措

施。这些措施中最见效的是降低库水位，此时调洪库容应重新计算直至调洪库容满足要求为止。同时，可能要修改调洪水深，并且以核算调洪库容所需的调洪水深为准。

⑤ 最小沉积滩长度的复核，在确定的图上量出水边线至沉积滩顶的距离，此距离应大于设计要求的最小沉积滩长度。否则，应降低汛前正常高水位 H_3。

2. 排洪主要问题及水位控制

1) 尾矿库防排洪

（1）根据尾矿库地形变化情况、堆积尾矿量和堆积高度的变化，确定尾矿库的初、中、后期的代表性堆积标高。一般来说，地形由开阔变到狭窄的条件或库身变短时的标高是控制性标高，代表不利情况。

（2）根据各个时期代表性堆积标高的尾矿堆积量、堆积高度及尾矿库的汇水面积确定尾矿库初、中、后期的等级（初、中期只根据堆积尾矿量和堆积高度确定等级），再据此确定设计洪水标准。

（3）根据水文气象资料、参考地区水文手册和洪水调查情况，进行各个时期的洪水计算，尾矿库一般需从设计暴雨转换成设计洪水。这部分计算应确定各个时期代表性堆积标高设计洪水的洪峰流量和洪水总量及洪水过程线。

（4）绘出各个时期代表性堆积标高的堆积平面图，确定其沉积滩顶标高控制水位和正常水位，再根据安全超高和最小沉积滩长度确定最高洪水位，并计算出相应的调洪库容和调洪水深。

（5）比较各代表性堆积标高的设计洪水总量和相应的调洪库容及调洪水深，粗估下泄流量，并拟订相应溢水构筑物和排水管（洞）的形式及尺寸。

（6）根据粗定的构筑物形式和尺寸，进行水力计算，确定构筑物的泄水过程线。

（7）根据设计的洪水过程线和构筑物的泄水过程线进行调洪计算，

确定在拟定构筑物尺寸条件下的泄水能力、调洪水深和调洪库容。如构筑物的泄水能力和所需调洪水深及调洪库容不能满足相应标高的调洪水深和调洪库容要求，应改变构筑物的尺寸，重新进行水力计算和调洪计算，直至满足调蓄和排泄堆积标高相应的洪水为止，并据此确定有关构筑物的尺寸、下泄流量、所需调洪水深和调洪库容。

由此可见，进行尾矿库的防排洪设计时，应确定不同时期洪水的洪峰流量、洪水总量、洪水过程线、泄水构筑物的形式和尺寸、调洪水深、调洪库容及下泄流量，并提出汛前沉积滩顶标高与正常高水位之间的高度要求和设计洪水条件下的最小沉积滩长度要求，以利于生产期间的库水位控制和安全度汛。

2）库水位控制

库水位对尾矿库正常运行的影响如下：

（1）库水位的高低影响库内矿浆水的澄清水质。当库内水位低于控制水位时，库内水面宽度就会小于澄清距离，澄清水的水质就会变差。

（2）库水位的高低关系到尾矿库的洪水安全。当尾矿库的库内水位高于设计正常高水位时，就不能保证调洪水深，相应地就不能满足调洪库容和泄洪能力的要求，尾矿库就不能安全度汛。

（3）库水位的高低影响尾矿堆积坝的渗流控制。一般来说，库内水位低，沉积滩长，相反，库水位高，沉积滩短，沉积滩的长度反映渗流的渗径长短，也就影响到浸润线的高低、渗流量和渗透平均坡降，这是关系到尾矿库的动、静力稳定和渗流稳定的问题，此时库水位应满足渗流控制沉积滩长度的要求。

（4）库水位的高低影响回水调蓄库容。当库水位小于正常高水位时，则回水调蓄库容减小，就可能影响回水量。

3）库水位控制的原则

库水位的高低影响尾矿库洪水期的安全，也影响尾矿库的稳定，还影响尾矿库的回水量和回水水质（或外排水的水质）。在这些影响中，有些是有矛盾的，如为保证回水量和回水（或外排水）的水质，常常希望尾矿库在高库水位条件下运行，这一希望又与防排洪和渗流控制要求尾矿库低库水位运行是矛盾的。为此，在库水位控制时应妥善处理这些矛盾。从这些影响内容和重要性分析，尾矿库洪水期的安全是可能产生重大事故的问题，最为重要。渗流问题也是事关尾矿库稳定的重要问题，因此尾矿库库水位的控制原则是：首先要同时满足排洪要求和渗流控制要求，在可能的条件下才满足回水及外排水的水质要求，回水和外排水水质要求应服从尾矿库安全的要求。

4）尾矿库水位控制要点

尾矿库水位在满足防洪安全的条件下调节，如图 3-20 所示，其要点如下：

（1）弄清楚尾矿库是处在初、中、后期中的哪个时期运行，并按所处时期进行库内水位控制。

（2）在汛前及汛期，必须控制汛前库水位 H_3、沉积滩顶标高 H_1 满足调洪水深 h_t 和安全超高 h_x 的要求。即

$$H_1 = H_3 + h_t + h_x$$

或
$$H_1 - H_3 = h_t + h_x$$

如不满足上述要求，必须降低汛前库水位 H_3，使其满足上两式的要求。

（3）尾矿库某一堆积标高的正常水位应满足控制沉积滩长度的要求，使尾矿库保持在稳定渗流条件下运行。

（4）尾矿库某一堆积标高的控制水位（最低水位）应满足尾矿水的澄清要求，即控制水位的水面长度应满足澄清距离的要求。

（5）正常高水位 H_3 与控制水位 H_4 之间的高差应满足回水调蓄水深 h_r 的要求，满足调蓄水深要求就是满足调蓄库容要求。

（6）最高洪水位时应满足最小沉积滩长度的要求，这也是防止洪水时产生渗流破坏的控制条件，也是避免子坝挡水的条件。

（7）库内水与沉积滩交线（水边线）应基本平行于堆积顶部轴线，才能保持沉积滩的长度基本一致，当有几座堆积坝时，应控制各堆积坝的沉积滩条件基本一致。

（8）为便于水位控制，可在库内适当位置（如溢水塔上）设置醒目的水位标尺。

3. 尾矿库度汛

汛期是尾矿库安全运行的重要时期，应有切实可行的防范措施，并贯彻"安全第一、预防为主、防重于抢、有备无患"的方针。为了有针对性地做好每年的度汛工作，汛前必须充分把握尾矿库运行的现状，制订出切实可行的安全度汛方案。

1）汛前准备

（1）汇总尾矿库的浸润线水位观测、位移观测、沉积滩顶上升速度、渗水量和水质及其他观测资料，进行分析研究，了解尾矿库的运行情况，重点是上年汛期以来的情况。

（2）将尾矿库的堆积情况测绘成平面图和剖面图，图中应表达出沉积滩标高、沉积滩纵坡、沉积滩长度、库内水位、澄清距离等。

（3）对浸润线在坝坡溢出的尾矿库，实测溢出范围和标高、渗水量、水质等。

（4）组织有关部门进行一次现场检查，找出可能不安全的地方和不足之处。

（5）防汛物资如铁锹、黄土、草袋等要准备充足。

（6）通往尾矿库的运输道路要确保通畅，保证运输车辆安全通行。

（7）尾矿库的通信设施要完好齐全，必要时须有备用通信设备。

（8）在此基础上，制订尾矿库当年度汛方案并报有关领导批准，再组织有关部门落实，并 限期完成有关措施。汛期来临半个月以前再组织一次检查，主要检查度汛方案的实施情况。

2）尾矿库度汛方案的一般内容

（1）各级防洪指挥部门的设置及主要指挥负责人员的配备。

（2）汛期尾矿管理人员的调整及组织、分工的完善、防洪抢险人员人力来源及组织系统。

（3）防洪期间所需器材供应，通信、照明的完善及道路交通畅通等的落实。

（4）汛期工程的安排及完成时间。通过对观测资料和管理资料的分析，可能会发现有不够安全甚至存在隐患之处，需采取工程措施，并要求在汛前完工。这些工程包括排洪通路的淤积清理、坝坡冲沟的修补、坝坡溢出范围的贴坡反滤层施工、沉积滩面补充冲积、坝肩排洪沟的延长及修复。溢流设施的开启高度应大于调洪水深的 1.5 倍，不少尾矿库的重大事故都与排洪通路不畅通有关。

（5）核实防排洪设计中提出的度汛要求：汛前水位是否满足调洪水深（调洪库容）和安全超高的要求。如不满足要求，应研究出切实可行的措施，并在汛前完成设计要求，具体措施有：

① 降低库内水位。

② 加速尾矿冲积，使沉积滩加高而维持库水位不变。

③ 采用旋流器分级，用浓度高、粒度粗的底流在沉积滩排放，加大沉积滩的纵坡。这种办法只有在堆积坝轴线短时才能见效快，或发现得早。

④ 也可以在满足渗流控制要求的控制滩长的条件下，在年初时就开始提高库水位，缩短沉积滩长度，使沉积滩的堆积速度加快，到汛前再降低库水位，以满足度汛要求。

3）尾矿库防洪的基本要求

尾矿库防洪的含义绝不应简单地理解为仅仅防止洪水漫顶垮坝。通过确定尾矿库防洪标准、洪水计算、调洪演算和水力计算等步骤设计的排洪构筑物，应能确保设计频率的最高洪水位时的干滩长度不得小于设计规定的长度。为此，生产管理必须按下列要求严格控制和执行：

（1）尾矿库内应在适当地点设置可靠、醒目的水位观测标尺，并妥善保护。

（2）水边线应与坝顶轴线基本平行。

（3）平时库水位应按图 3-20 所示的要求进行控制。图中设计规定的最小安全滩长 L_x、最小安全超高 h_x、所需调洪水深 h_t 对应的调洪滩长 L_t 是确保坝体安全的要求，最小澄清距离 L_c 是确保回水水质能满足正常生产的要求。

（4）在全面满足设计规定的最小安全滩长、最小安全超高、所需调洪水深对应的调洪滩长和最小澄清距离要求的情况下，对于有条件的尾矿库，干滩长度越长越好。

（5）对某些不能全面满足上述要求的尾矿库，在非雨季经设计论证允许，可适当抬高水位，以满足澄清距离的要求。但在防汛期间，必须降低水位，以满足确保坝体安全的要求。在紧急情况下，即使排泥，也得保坝。

（6）严禁在非尾矿堆坝区排放尾矿，以防占用必要的调洪库容。

（7）未经技术论证和上级主管技术部门的批准，严禁用子坝抗洪挡水，更不得在尾矿堆坝上设置溢洪口。

（二）尾矿库排洪设施的操作

1. 纠正不正确的观念与做法

（1）对于尾矿库防排洪标准，人们的认识虽比以前有所提高，但认为尾矿库洪水标准过高的认识仍然存在。特别是在基建时期，一旦投资紧张，一些领导就想减少尾矿设施的投资，有的直接削减尾矿库排洪设施的投资，有的以"未曾出现过"为由，认为洪水标准过高，这是不正确的。首先，执行洪水设计标准，是执行国家的技术政策，不能主观上想怎样就怎样，洪水标准写进技术规范，就是通过国家技术政策上的审批，不得任意修改。其次，尾矿库有其技术特点：第一，一般由暴雨推算洪水概率比一般水工建筑物的洪水概率偶然性大，出入也可能大；第二，尾矿库的调洪性能，也就是调洪库容没有一般水工建筑物稳定可靠；第三，尾矿库的挡水构筑物一般是尾矿砂，抗水性差；第四，尾矿库泄水构筑物的水力条件差。基于上述因素，不能认为尾矿库防排洪设计标准高了。

（2）排洪与回水蓄水是有矛盾的。在实践中往往只注重生产，而不自觉地强调蓄水，这是不正确的。作为生产来说，希望汛期多蓄水，以便增加回水量，但必须以保证尾矿库的安全为限度。排洪度汛是关系到尾矿库安全的大事，如果尾矿库不能安全运行而被迫停用，也就谈不上选矿厂生产，更谈不上回水和效益。因此，尾矿库调蓄回水应服从排洪度汛的要求，这是统一排洪与调蓄回水之间矛盾的主要点。

（3）由于不少尾矿库的排水能力不够，在坝肩开挖溢洪道（见图3-21）泄洪是不安全的，这是因为：

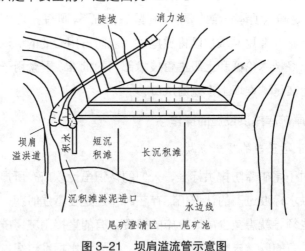

图 3-21　坝肩溢流管示意图

① 坝肩溢洪道与放矿有矛盾。要保持溢洪道泄洪，就必须使溢洪道的进水部分低于溢流堰，才能形成流水通道，如果在此坝肩放矿，尾矿

必然会在通道上沉积，必然影响泄洪。因此，一般不在此坝肩大量放矿，避免造成此处的沉积滩长度短和沉积滩顶标高低，导致调洪水深和调洪库容都最小。这种情况也容易造成子坝挡水。

　　② 溢洪道的泄洪量很小，汛前，由于尾矿沉积滩延伸至溢洪道的进水部位，流向溢洪道的行近水头接近于零，因此，溢洪道泄洪完全靠尾矿池水位上升形成水头。这种上升水头有限，一般泄流量很小。此外，坝肩溢洪道不能适应尾矿堆积标高逐渐上升的需要。由于坝肩溢洪道存在上述问题因而不宜作为正式的排洪设施，只能在非常情况下作为临时排洪设施，且应要求进水段远离堆积坝顶。

　　(4) 部分尾矿库的回水，是将排洪管（洞）出口封堵或砌成高墙后，再在堵塞的墙上接回水管。这些做法容易堵死管（洞）出口，实际上没有排洪管（洞），砌高墙也是把水堵起来，形成淹没流，造成泄洪能力降低。因此，上述做法是不允许的。

　　(5) 尾矿库截洪可减少进入尾矿库的洪水，是解决尾矿库防排洪的措施之一，如果处理得当，泄洪效果较好。首先，排洪线路通过地段的岩土要稳定可靠，这就要求土质线路应地形平缓且无滑坡等不良地质构造，岩土矿物性质稳定，岩石线路要求岩体完整稳固，这些条件是保证截洪线路安全运行的条件。如果整个截洪线路有一处不稳定塌方，整个截洪将会失效。如果尾矿库未计及截洪的汇水面积，塌方以后反而增加尾矿库的压力，严重者造成溃坝，所以在设计中对这类截洪只作为安全措施，截洪面积仍计入尾矿库的汇水面积。其次，截洪设施的进口很重要，如进口设计不合理，有那么大的截洪沟，进口进不了那么多水，洪水未截走，又进入尾矿库，会增加尾矿库排洪设施的压力。再者，截洪沟很容易被上游夹带来的泥沙堵塞，东坡野鸡尾矿库的截洪沟进口设计就有不合理的地方，第一，截洪进口与挡水坝垂直，洪水流速大，碰到挡水坝水流跃起进入尾矿库，剩下的水流需拐 90°弯才能进入截洪沟，大大影响进口流速；第二，截洪沟的进口未扩大，这样实际进水能力为 30 m³/s，而截洪坝上游 3.75 km² 汇水面积的洪峰流量大于 80 m³/s，因此，上游的洪水无法按要求被截走，而截洪沟本身的泄洪能力可大于 80 m³/s，主要是因为截洪沟进口小（野鸡尾矿库截洪进口见图 3-22）。正确的设计应是按水流拐弯角度不宜大于 45°，且进口应当扩大，才能达到进水能力的要求。

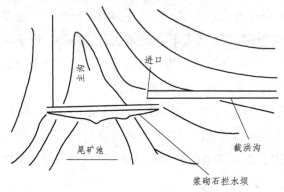

图 3-22 野鸡尾矿库截洪进口示意图

2. 尾矿库排洪设施的操作要求

（1）应定期检查排洪构筑物，确保畅通无阻。特别是有截洪沟的尾矿库，在汛期之前，必须将沟内杂物清除干净，并将薄弱沟段进行加固处理。

（2）尾矿坝下游坡面上的排水沟除了要经常疏通外，还要将坝面积水坑填平，让雨水顺利流入排水沟。

（3）应随时收集气象预报，了解汛期水情。

（4）应准备好必要的抢险、交通、通信供电和照明器材设备，及时维修上坝公路，以便防洪抢险。

（5）汛前应加强值班和巡逻，设置警报信号，并组织好抢险队伍，与地方政府有关部门一起制订下游居民撤离险区方案及实施办法。

（6）洪水过后，应对坝体和排洪构筑物进行全面认真的检查和清理。若发现有隐患应及时修复，以防暴雨接踵而至。

三、尾矿库排渗设施操作及维护

尾矿坝是一种散粒体堆筑的水工构筑物,当上游存在高势能水位时,坝体内必然形成复杂的渗流场。在渗流作用下,坝体有可能发生渗流破坏,严重时将导致溃坝;同时,坝体浸润线还直接影响坝体静力和动力稳定性。因此,在尾矿坝设计上和管理上都必须严格控制坝体渗流,保证尾矿坝的稳定性。渗流破坏主要有管涌、流土和冲刷3种形式。当尾矿坝渗、漏水"跑浑"或下游坡面出现管涌、流土迹象时,应及时处理,以避免加剧渗流破坏。

(一)渗流控制内容和条件

由于渗流对尾矿库安全运行的重要性,在尾矿库的设计、施工和生产中,都应引起足够的重视。设计应提出渗流控制的内容和条件,为此,应分析尾矿库的具体情况,参考同类矿山尾矿库的实测地质剖面,拟定尾矿库的渗流计算剖面,采用合适的计算方法,进行渗流分析和计算,并确定渗流控制内容和条件(见图3-23)。

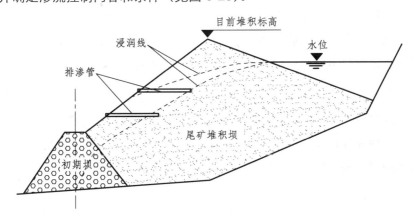

图3-23 尾矿库渗流控制剖面示意图

1. 控制内容

(1) 确定满足维持边坡稳定条件（包括动力稳定和静力稳定）的浸润线 （也称控制浸润线），并根据此浸润线提出坝坡疏干厚度要求（也就是浸润线最小埋深要求）。

(2) 确定与控制浸润线相应的沉积滩的长度（也称控制沉积滩长度，简称控制滩长），此滩长一般是在计算浸润线时所取尾矿池水位所相应的沉积滩长度，比较可靠的取法是取最高洪水位来计算水位，其相应的沉积滩长度作为控制沉积滩长度。

(3) 尾矿库的渗透坡降。渗透坡降有平均渗透水力坡降和出口水力坡降之分，出口水力坡降反映渗流是稳定渗流还是出现渗流破坏，如果出口水力坡降大于出口土料的临界坡降，就会出现渗流破坏，反之就不会出现渗流破坏。

(4) 渗流量。渗流量的变化反映渗流的正常与否，在正常渗流条件下，渗流量变化不大或变化符合一定变化趋势。如果渗流量发生急剧变化，说明渗流状态也出现急剧改变，应引起密切注意，必要时应立即降低库水位及停止滩面放矿，做好降水准备。

(5) 渗透水的水质。渗透水的水质反映渗流是否稳定。如果出现浑浊水，可能已出现渗流破坏，反之则为正常稳定渗流。

2. 主要控制方法

坝体浸润线的高低直接影响坝体静力稳定、动力稳定和渗流稳定，因此，为提高坝体稳定性，工程上常采取在尾矿坝体增设排渗降水设施的措施降低浸润线，并取得了成功经验。常用的排渗降水方法有：

1) 管井法

管井法是较早用于尾矿坝降水的方法，在尾矿坝上开凿垂直管井至应控制的浸润线以下，内设抽水泵，通过抽水达到降低浸润线的目的。

由于尾矿渗透性偏小，渗水具有量小、时间长的特点，管井的泵水系统不能完全适应细水长流的要求，所以这一方法目前已很少使用。

2）虹吸管法

在每个井管内采用虹吸排水装置，可节省能源。大石河尾矿坝曾使用过该法。该方法运行中极易产生"气塞"断流，不能保证连续运转，未获推广使用。后经改进，已成功地解决了"气塞"断流问题，目前已在许多尾矿库采用，效果明显。

3）轻型井点法

这是建筑施工行业进行施工降水的常用方法。它是通过一条总干管将各井点连接起来，通过集中设置的虹吸泵水（干式真空泵、射流泵、隔膜泵）系统排水，起到降低或截断地下水的作用。这种方法适用于渗透系数在 $1 \times 10^{-5} \sim 1 \times 10^{-2}$ cm/s 的尾矿。安徽马钢南山矿、合钢钟山铁矿、符山铁矿都使用过这一技术。

4）垂直-水平排渗系统

这种方法是在尾矿坝内设置垂直透水的排渗墙、砂袋、碎石桩柱、插板等，其底部再以水平排水管连接，通至坝外，进行自流排水。前浴、南芬、浙江兰亭等坝使用过该技术。

5）水平排渗管方法

水平排渗管也是一种自流式排渗装置。在坝体内设置水平管，前段为滤水管，后段为排水管，伸至坝外。该方法较经济，但当坝内有隔水层，垂直渗透系数过低时，影响降水效果。江苏九华山铜矿、句容铜矿、黑龙江松江铜矿、首钢大石河尾矿坝等，都先后使用了这一技术。

6）辐射井排渗系统

该系统由垂直大口井和多条水平辐射状滤水管及通往坝坡的自流排水管组成。堆积坝中的渗流水在地下水头的作用下向辐射滤水管汇流，并通过滤水管汇入辐射井，辐射井汇集各辐射滤水管的渗水，再由一条设于辐射井底部的水平排水管排出坝坡。目前这种排渗方法正得到推广。

7）空间排水系统

这是在尾矿库建设期间预先设置的尾矿坝排渗系统。该系统由设于初期坝上游的若干座垂直排渗井、连接排渗井及通至坝外的水平排水管组成。白雉山、城门峒、德兴铜矿等使用此法。

（二）尾矿库运行中渗流控制操作

1. 浸润线控制

尾矿库的浸润线能直观地反映尾矿库的渗流状态，也是影响尾矿堆积边坡稳定的重要因素之一。尾矿库的浸润线是观测尾矿库安全运行的重要窗口。为了了解尾矿库渗流浸润线的埋深情况，一般需要埋置浸润线水位观测孔，并经常进行观测，绘于剖面图上，这样可以直接从剖面图上量得浸润线的埋深，并可与设计要求的控制浸润线进行比较，直观地反映实测浸润线是否满足设计要求。

浸润线控制的方法与措施是：浸润线控制实际上是控制实测浸润线不高于设计的控制浸润线，也就是要求控制实测浸润线等于或低于设计的控制浸润线，其具体方法和措施如下：

1）降低库水位能有效地降低浸润线

在尾矿库中降低库水位也就减小了渗流的作用水头，起到了降低浸润线的作用。另外，尾矿库的渗流方向与沉积滩的坡向相反，库水位以下的坡向库内（与渗流方向相反）的沉积坡的坡度较陡。降低水位也同时使库内水边线逐渐远离渗流方向，也就是相应地增长了渗径，也能有效地降低浸润线。降低库水位后，浸润线的降低一般要滞后一段时间，这段时间的长短与尾矿的透水性强弱有关。如果要采用降低库水位的方法来控制浸润线的话，一般要一周后才见效果。

2）暂时停止在滩面上排放尾矿

因为滩面上的矿浆流是尾矿库渗流的补给源，停止在滩面放矿，滩面上没有矿浆流，也就消除了这一补给源，当然可有效地降低浸润线，浸润线降低的时间也会滞后于停止放矿一段时间，只是滞后的时间比降低尾矿库水位导致浸润线降低的滞后时间要短得多，所以见效快。但沉积滩不能长期不放矿，这种措施只能作为临时应急措施。

3）降水工程

如上述措施仍不能使浸润线降低至设计的控制浸润线，则应及时与设计单位商量采取其他的降水措施，必要时可采取降水工程措施。

4）控制浸润线不在坝坡溢出

为了确保尾矿库的安全运行，应努力控制尾矿库浸润线不在坝坡溢出。因为尾矿的渗透允许坡降很小，浸润线在坝坡溢出段如果没有护坡的尾砂或尾砂处的护坡局部破坏，则很容易出现渗流破坏。

2. 渗透坡降的控制措施

1）控制浸润线不溢出

通过计算控制渗透坡降可以看出，尾矿的临界坡降很小，容易产生渗流破坏，为安全起见，最好控制浸润线不在坡面溢出。浸润线不在坡面溢出，就不存在边坡渗透破坏失稳的问题，当然此时应注意尾矿内部管涌的问题。大部分尾矿的粒度分布不容易产生管涌，且内部管涌主要是产生变形，其破坏性小。

2）护坡或贴坡反滤层

如果浸润线已在坡面溢出，一般不宜在裸露的尾矿坡面溢出，因为尾矿本身允许的渗透坡降很小，容易产生渗流破坏。此外，裸露的尾矿坡面渗流汇积在一起形成小束明流时，尾矿的稳定已不属渗流稳定问题，而是水流冲刷尾矿失稳的问题，所以应在裸露的尾矿坡面上加渗水性好的护坡或贴坡反滤层，从而改变渗流出口处土料的性质，使边坡维持渗流稳定。

3）监测渗流水水质

对未设置贴坡反滤层的渗流溢出段，应时常巡查和观察渗流水的水质，以渗流水的水质（主要是固体颗粒的含量）来判断其渗流稳定与否，一旦出现浑浊渗流水，应立即做贴坡反滤层。

4）砂石料贴坡反滤层

贴坡反滤层的施工，如果以土工布做反滤层，只要平整渗流溢出部位坡面（应超过逸出范围外 2～3 m），在其上铺一层土工布，土工布上压 0.5 m 的碎石即可；如果无土工布，可采用砂石料反滤层，砂石料贴坡反滤层如图 3-24 所示。在其施工时，应严格控制施工质量，反滤层的层次应清楚，每层料的级配应当均匀，要特别注意边界部位的连接与处理，保护层必须封闭被保护的一层。

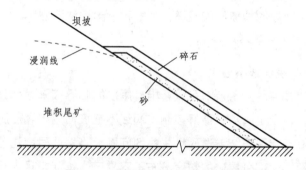

图 3-24　砂石料贴坡反滤层示意图

3. 渗流量控制

在稳定渗流条件下，渗流量基本较稳定，不会出现大幅度变化。若渗流量突然猛增，则可能是不稳定渗流的象征，应加强观测，同时研究其原因。如果渗流量增加幅度很大或渗流中有固体颗粒，可能危及坝的安全时，应当降低尾矿池水位或采取反滤层封闭出水部分，待查明原因后，再研究处理措施。

（三）尾矿库降水综合治理

1. 降水综合治理的意义

对于正在使用且比较重要和使用时间较长的尾矿库，其渗流问题必要时可采取根治性的专门措施。这方面的措施就是大幅度、大面积降低浸润线。浸润线大幅度降低以后，首先可以解决浸润线在坝坡溢出的问题，也就不存在出口渗透坡降引起渗流破坏的问题，且可保证堆积边坡的疏干厚度，这样从根本上控制了尾矿库处于正常稳定渗流。

另外，大幅度、大面积降低尾矿库的浸润线，使尾矿库的堆积边坡最大限度地处在疏干状态，可加速尾矿的固结，特别是加速了消除矿泥层的孔隙水压力，同时加速矿泥的固结，有效地提高了矿泥的强度。矿泥强度的高低是影响边坡稳定的重要因素，矿泥强度的提高能有效地提高边坡的稳定性。

影响尾矿库边坡稳定的主要因素有：尾矿本身的强度，外部水头作用下的渗流及地震时的地震作用力。舍德葛纶曾对无黏性土的无限坡做过大量计算，得出结果见表 3-22。

表 3-22　无黏性土的无限坡不同条件的稳定系数

计算条件	干坡	干坡 + 地震	渗流饱和	渗流 + 地震
安全系数	1	0.7	0.5	0.25

由表 3-22 可见，地震作用是无法消除的，只能采取措施抗拒其破坏作用，大幅度、大面积降低浸润线可以部分消除渗流的影响，又可提高尾矿库中软弱矿泥层的强度，从而大幅度提高尾矿库的边坡稳定性，这种措施还可提高尾矿堆坝高度。

2. 尾矿库降水综合治理方式的选择

尾矿库降水综合治理实际上是降低坝休的浸润线。降低尾矿库浸润线的措施很多，作为尾矿库综合治理的降水措施，应当是降水幅度大、降水范围广并有利于大面积尾矿泥的固结，并力求投资省。能达到此要求的排渗设施并不多，目前从国内看只有辐射式排渗系统。

当然，无论采用什么样的措施降低坝体的浸润线，也要科学合理，经济有效。一般情况下，要根据尾矿坝等级和尾矿坝渗流的程度，采用合适的排渗设施进行降水综合治理坝体渗流隐患。

四、尾矿库观测设施操作

（一）尾矿坝在线监测的核心内容

1. 坝体表面位移监测

坝体表面位移监测由于实施方便、成本低、直观，成为尾矿坝监测的首选监测内容，通过表面位移变化监测，可以获取坝体的移动情况和内部应力分布情况，进而评价尾矿坝的稳定性。

在具体实施过程中，通常根据尾矿坝规模的不同，在坝体上设置若干观测点，采用一定的技术手段定期观测，从而获取观测点的水平位移和垂直方向的沉降。

2. 坝体内部位移监测

尾矿坝坝体表面位移在一定程度上反映了尾矿坝的变形情况，但是，坝体位移计算更依赖于坝体的整体位移情况。相比之下，进行坝体内部位移测量就更为重要。

坝体内部位移监测通常在最大坝高处、地基地形地质变化较大处布置监测剖面，每个监测剖面上设置监测点。监测剖面的选择应该根据尾矿库的等级、尾矿坝的结构形式、施工方案以及地址地形等情况，选择原河床、合龙段、地质及地形复杂段、结构及施工薄弱段等关键区域。

3. 坝体渗流量监测

渗流量监测，包括坝体渗漏水的流量及其水质监测。坝体渗漏水的流量监测需要依照尾矿坝的坝型和坝基地质条件、渗漏水的出流和汇集条件以及所采用的测量方法等确定。对坝体、坝基、绕渗及导渗（含减压井和减压沟）的渗流量，应分区、分段进行测量；所有集水和量水设施均应避免客水干扰；对排渗异常的部位应专门监测。

4. 坝体浸润线监测

浸润线即渗流流网的自由水面线，是尾矿坝安全的生命线，浸润线的高度直接关系到坝体稳定及安全状况。因此，对于浸润线位置的监测是尾矿坝安全监测的重要内容之一。根据尾矿坝的实际情况，采用振弦式渗压传感器及光纤传感器技术等，对浸润线情况进行监测。系统能实时在线、自动测量坝体浸润线埋藏深度，实现采集、贮存数据的自动化，绘制指定监测点浸润线的历史曲线。在数值模拟和分析的基础上，设定不同预警级别并进行预警。系统能对任一时间内的浸润线数据进行统计，能绘制浸润线断面曲线。

5. 雨量监测

由于尾矿大坝的特殊结构，受外界自然降雨量影响，很容易导致坝体稳定出现波动。雨量监测对坝区的降雨量进行实时监测，能对自然降水尤其是夏季雨季的大量降水导致的坝体稳定波动进行提前预警，具有直观和非常实际的意义。

6. 视频监测

在尾矿库安全监测系统中，为了实时掌握尾矿库库区的情况和运行状况，通常在溢水塔、滩顶放矿处、坝体下游坡等重要部位设置视频监测系统，以满足准确清晰把握尾矿库运行状况的需要。

（二）尾矿坝智能监测的常用手段

1. 坝体表面位移监测

尾矿坝发生溃坝灾害，坝体位移是灾害演化过程中的直观反应指标。对坝体下游坡变形的掌握，可以及时发现尾矿坝变形率和发展速度，并及时采取相应对策措施。在尾矿坝在线监测系统中，比较适合进行坝体表面变形监测的技术手段主要包括高精度智能全站仪技术和 GPS 监测技术等。

1）智能全站仪技术

智能全站仪技术，就是所谓的测量机器人技术（或称为测地机器人），是一种能进行自动搜索、跟踪、辨识和精确找准目标并获取角度、距离、三维坐标以及影像等信息的智能型电子全站仪。利用智能全站仪进行尾矿坝的自动化变形监测，一般采取的监测形式是：一台智能全站仪与监测点目标（照准棱镜）及上位控制计算机形成的变形监测系统，可实现全天候的无人值守监测。其实质为自动极坐标测量系统，系统无需人工干预，就可全自动地采集、传输与处理变形点的三维数据。利用因特网或其他局域网，还可实现远程监控管理。该方式的监测点的布设成本低，管理维护简便，监测精度高，监测测距精度可达 ± $(1\ mm + 1 \times 10^{-6}D)$（$D$ 为监测点与基点的距离，单位为 km）。但缺点是系统布设受地形、气候等条件的影响，不能完全实现通视测量，与传统测量方法相比，前期安装成本相对较高。

2）GPS 变形监测技术

GPS 变形监测技术是基于全球卫星定位系统来进行坝体的变形监测，该技术具有全天候监测、抗干扰强、精度高等特点。根据尾矿坝的实际情况选择若干个监测断面，在每个断面最上面或初期坝坝顶安装一个 GPS 装置，在坝外稳定山体上建立 GPS 参考站，通过多个 GPS 装置，采用差分方法,确定该处的绝对坐标。然后根据坝的高低,在该点下的坝坡上均匀布置若干滑坡监测点,其上随各级子坝的逐步形成增设若干滑坡监测点,总数约 4~10 个,最下面一个点应设置在坝脚外 5~10 m 范围内的地面上,以用于监测尾矿坝发生整体滑动的可能性。通过位移计监测固定桩之间、固定桩与 GPS 装置之间的位移变化,从而监测整个坝坡的位移,监控坝坡稳定。

目前,GPS 监测技术进行坝体形变监测有两种方式:一是单机单天线方式,即一个天线(监测点)对应一台 GPS 接收机;二是一机多天线方式,即一台 GPS 接收机对应多个天线。前一种方式虽费用较高,但是稳定可靠,且每台 GPS 接收机可以实现同步监测;而后一种方式则通过一台接收机控制多个天线(监测点),费用相对较低,但是该方式的各个位移监测点不能实现同步监测,有一定的监测周期,时效性较差。另外,通过多天线控制器来控制多个测点天线,系统的可靠性较差。系统维护量较大;再者,由于多天线控制器的费用也较大,其节省的费用一般也有限。

2. 坝体内部位移监测

坝体位移监测的另一个重要方面是坝体内部的位移监测,它能反映坝体内部的稳定情况,是监测大坝稳定性的重要手段。固定测斜仪适用于长期监测大坝、筑堤、边坡、基础墙等结构的变形,可以用来监测坝体水平位移变化。基本原理是使用测斜仪准确测量被测结构的钻孔内局部的倾斜度。仪器安装于带标准导槽的测斜管中,通过测量滑轮的倾斜长度以及角度从而计算出横向和纵向水平位移。

测斜传感器内有 1 组或 2 组 MEMS(微型机电系统)传感器密封在壳体内部。传感器上部有一个安装支架,可与滑轮组件固定。一个滑轮为定滑轮(固定轮),另一个滑轮具有弹性,保证传感器在有槽的测斜管内位置居中,并可沿测斜管向下滑动,且不会整体旋转,如图 3-25 所示。

传感器下端有一个突出的部件，可与
连接杆固定。电缆由测斜管的管口引
出。双轴传感器装有两组 MEMS 传感
器，互成 90°，有的仪器内部还装有
热敏电阻，可用以测量温度。另外，
还有一种土体沉降仪（位移计）可以
用来监测坝体的沉降位移变形，它是
通过将整套仪器安装在钻孔中监测
灌浆锚头和沉降板之间的土体压缩
沉降变形量。

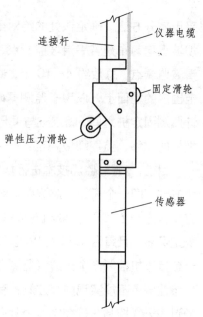

图 3-25　测斜传感器结构示意图

3. 坝体渗流量监测

渗流量监测系统的布置，应根据
坝型和坝基地质条件、渗漏水的出流
和汇集条件以及弹性压力滑轮及所
采用的测量方法等确定。对坝体、坝基、绕渗及导渗（含减压井和减压
沟）的渗流量，应分区、分段进行测量；所有集水和量水设施均应避免
客水干扰；对排渗异常的部位应专门监测。当下游有渗漏水溢出时，应
在下游坝趾附近设导渗沟（可分区、分段设置），在导渗沟出口或排水沟
内设量水堰测其溢出（明流）流量。当透水层深厚、地下水位低于地面
时，可在坝下游河床中设测压管，通过监测地下水坡降计算出渗流量。
其测压管布置，顺水流方向设 2 根，间距 10～20 m。垂直水流方向，
应根据控制过水断面及其渗透系数的需要布置适当排数。

根据渗流量的大小和汇集条件，选用如下几种方法和设备：

（1）当流量小于 1 L/s 时宜采用容积法。

（2）当流量在 1～300 L/s 之间时宜采用量水堰法。

（3）当流量大于 300 L/s 或受落差限制不能设量水堰时，应将渗漏

水引入排水沟中，采用测流速法。

量水堰法的基本原理是尾矿坝排出的水流通过一个三角形或矩形槽口的堰板，堰口流出的水量与量水堰的水头高度具有一定的函数关系，先用试验方法确定堰槽水头高度与流量之间的转换关系，然后用超声波液位计监测量水堰的水头高度进而得出流量。图 3-26 为坝体渗流量监测原理示意图。堰槽水头高度与流量之间的一般关系式如下

$$Q = 1.4 \times h^{2.5}$$
$$h = H - S$$

式中　Q——渗流量，m^3/s；

　　　h——堰槽水头高度，m；

　　　H——仪器到堰板三角尖的高度，m；

　　　S——仪器到水面的距离，m。

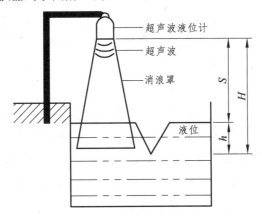

图 3-26　坝体渗流量监测原理

量水堰的设置和安装应符合以下要求：

（1）量水堰应设在排水沟直线段的堰槽段。该段应采用矩形断面，两侧墙应平行和铅直。槽底和侧墙应加砌护，不漏水，不受客水干扰。

（2）堰板应与堰槽两侧墙和来水流向垂直。堰板应平整和水平，高

度应大于 5 倍的堰上水头。

（3）堰口水流形态必须为自由式。

（4）测读堰上水头的水尺或测针，应设在堰口上游 3～5 倍堰上水头处，尺身应铅直，其零点高程与堰口高程之差不得大于 1 mm。水尺刻度分辨率应为 1 mm，测针刻度分辨率应为 0.1 mm。必要时。可在水尺或测针上游设栏栅稳流。

测流速法监测渗流量的测速沟槽应符合以下要求：

（1）长度不小于 15 m 的直线段。

（2）断面一致，并保持一定纵坡。

（3）不受客水干扰。

4. 坝体浸润线监测

一般选择尾矿坝坝上最大断面或者一旦发生事故将对下游造成重大危害的断面作为监测剖面，大型尾矿坝在一些薄坝段也应设有监测剖面。每个监测剖面应至少设置 5 个监测点，并应根据设计资料中坝体下游坡处的孔隙水压力变化梯度灵活选择监测点。浸润线监测仪器埋设位置的选择，应根据《尾矿库安全技术规程》（AQ 2006—2005）中规定的计算工况所得到的坝体浸润线位置来埋设。在作坝体抗滑稳定分析时，设计规范规定浸润线须按正常运行和洪水运行两种工况分别给出。设计时所给出的浸润线位置应是监测仪器埋设深度的最重要的依据。

在各种浸润线测试仪器中，振弦式渗压计以其结构简单、性能稳定的特点得到了广泛的应用。振弦式渗压计可埋设在水工建筑物、基岩内或安装在测压管、钻孔、堤坝、管道和压力容器里，测量孔隙水压力或液体液位。其各种性能非常优异，它的主要部件均用特殊钢材制造，适合各种恶劣环境使用。特别是在完善电缆保护措施后，可直接埋设在对仪器要求较高的碾压混凝土中。标准的透水石是用带 50 μm 小孔的烧结不锈钢制成，以利于空气从渗压计的空腔排出。图 3-27 为振弦式渗压计在尾矿坝浸润线监测中的安装示意图。

5. 雨量监测

坝体雨量监测由雨量监测仪器完成，雨量监测仪器是用于收集地面降雨信息的自动观测仪器，它可精确地记录一定时间段内的降水，主要应用于气象水文资料收集、城市给水灌排监测、生态环境监测、泥石流预警、人工降雨监测、农业气象监测等领域。尾矿坝的雨量监测仪器要求具有采集精度高、反应灵敏度高等功能。另外，野外实施环境艰苦恶劣，雨量监测仪器还应具有稳定可靠、寿命长、供电方式多样等特点，

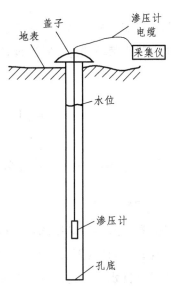

图 3-27 振弦式渗压计在坝体浸润线监测中的典型安装示意图

尤其是野外线路供电比较困难，可采用太阳能、风力发电或者风电互补、双电源冗余供电系统等供电方式，确保供电的稳定性。雨量监测仪器可采用有线或无线的通信方式，要求通信可靠性好，通信功能强。自动报警也是系统应该具备的功能，可采用声光报警、GSM/GPRS 网络短信或语音报警等方式，保证预警的时间余量。

6. 视频监测

在尾矿坝安全监测系统中，尾矿坝视频监控主要用来取代人工坝区日常巡检，实时掌握尾矿坝库区的情况和运行状况。通常在坝体、排洪口、溢水塔、滩顶放矿处、坝体下游坡等重要部位设置视频监控装置，通过现场摄像及数据传输系统，在主控制机上能够高清晰地观察尾矿坝生产放矿及筑坝等运行情况，以满足准确清晰把握尾矿坝运行状况的需要。所采集视频信号的回传可采取有线或无线通信的方式，但一定要满足视频信号传

输的稳定可靠，同时，在值班室或监控中心内应加设大容量硬盘服务器，对尾矿坝每日的运行状况视频资料进行储存，以便日后随时查阅对比。

第四节　尾矿库回水

一、尾矿库回水设施操作

尾矿库回水设施是补充选矿厂正常生产用水的重要设施，同时也是防止尾矿水污染环境的有效措施。尾矿库回水在选厂生产供水中常占较大比重，有些甚至作为主要水源。通常希望尾矿库在雨季尽量多储水，以提高回水率，但这样就会使尾矿库长期处于高水位情况下工作。而为了保证尾矿堆积坝的安全，则要求尾矿库长期处于低水位。因此，尾矿库的回水量，必须在确保尾矿堆积坝安全工作的前提下，确保尾矿库的最高允许工作水位得到控制。

回水取水构筑物的形式对回水率及回水均衡性有很大影响，一般来说设于坝内的取水构筑物回水率较高，回水量比较均匀且易得到保障。坝外固定式泵站取水，回水水量受库内排水构筑物排水孔布置的影响，常产生波动。

尾矿库回水率在使用初期受库区水文地质条件影响较大，随着尾矿的不断排入，渗透通道逐渐被尾矿淤塞，回水率可逐渐提高。因此取水设备的选择，应留有一定的富裕能力或逐步增大取水能力。尾矿库回水取水构筑物主要有固定式泵站、移动式泵站两大类型。

尾矿库回水设施必须做好经常性的维修工作，以保证其正常运行：

（1）严冬季节应对回水管采取防冻保护措施。

（2）对于库内取水囤船的系缆及固定件、取水缆车的提升固定装置，应经常检修。

（3）冬季运行时，须采取措施防止取水设施周围结冰，影响正常取水。

（4）不论坝下的回水泵站，还是库内的取水趸船和缆车内的机电设备，都须由专人管理，确保其正常运行。

二、尾矿库回水水质控制

1. 回水水质的控制

（1）回水水质应能满足选矿厂循环使用的最低要求。

（2）改善回水水质的最简单办法是抬高库水位，延长澄清距离。但往往又与需确保安全干滩长度发生矛盾。遇到这种情况，生产管理应依据"生产必须服从安全"的原则，慎重对待处理。

2. 关于回水水质的控制要点

（1）正常情况下，生产管理应按设计规定的最小澄清距离控制水位，这样，既能确保干滩长满足安全要求，又能加速沉积尾矿的固结。

（2）当生产实践表明设计规定的最小澄清距离偏小，回水水质确实难以满足使用要求，而干滩长度又有余地时，可经主管领导批准，通过抬高库水位以延长澄清距离来改善水质。

（3）当回水水质稍差，库内的干滩长度又没有余地，采用其他的方法费用较高时，可在非雨季节适当延长澄清距离来改善水质。一到雨季提前降低库水位，恢复防洪所需的干滩长度。但这也必须经过技术论证取得设计部门同意，并经生产部门主管领导批准才能实施。

（4）当回水水质很差，干滩长度又较难保障时，万万不可单纯为了改善水质，擅自抬高库水位。在这种情况下，势必要寻求其他净化方案，如另建沉淀池，或施加药剂等措施来解决。

第四章　尾矿库病害治理

【学习要点】

1. 大纲要求：了解尾矿库常见病害的原因、预防及治理措施；掌握尾矿库遇到险情时的处理办法；掌握矿山及尾矿库主要危害因素、灾害事故的识别及防治知识。

2. 本章要点：尾矿库常见病害产生因素，病害类型及治理措施；尾矿库事故分类及典型案例分析。

【考试比例及课时建议】

本章与第三章、第五章均属实际操作技能范围，这 3 章的考试比例达到 53%；其中第四章考试比例占 5%，建议初训课时 4 学时，复训时间 1 学时。

第一节　常见病害及产生因素

一、尾矿库常见病害

尾矿库是一种特殊的工业建筑物，它的服务期也是整个尾矿库的施工期、尾砂坝的堆积期，这个过程很漫长，少则 5 年、10 年，多则十几年、几十年，像江西铜业公司下属的东乡铜矿尾矿库，1966 年设计，1973 年建成投入使用，至今已有近 40 年，据估计还要使用几十年。尾矿库的投资一般较大，据资料显示，尾矿设施的建设投资，一般约占矿山建设总投资的 5%～10%；占选厂基建投资的 20%左右，有些甚至与建厂投资相当。同时，随着社会的发展，人类的迁徙，原来尾矿库下游附近没有居民村落、工厂等建筑物，现在都发生了很大的变化，有些尾矿库的下游现在有了村落、工厂、学校、铁路、高速公路等，属于一级保护设施。所以，尾矿库一旦溃坝不仅涉及矿山自身的生产安全，而且关系到周边及其下游居民的生命财产的安危。

据不完全统计，我国现有金属非金属矿山 10.44 万座，每年产出尾矿约 3 亿 t，现有 6 000 余个尾矿库，其中大、中型尾矿库 400 余座。由于尾矿库内有大量的尾矿砂和尾矿水，如果管理不善，就会发生人身伤亡事故。尤其是一些小型尾矿库，不根据正规设计施工，基本没有防洪、防渗等安全设施；并且尾矿库的管理人员缺乏相关的安全知识，使尾矿库对人们的生产和生活产生了极大的威胁。新中国成立以来，仅有色金属矿山尾矿库就发生过多起恶性事故。如 2000 年 10 月 18 日广西南丹县鸿图选矿厂尾矿库发生垮坝事故，造成数十人死亡，直接经济损失 340 万元。根据尾矿库事故数据统计分析，国内尾矿库病害主要有 8 种类型，具体见表 4-1。

表 4-1　国内尾矿库病害类型统计分析

病害分类	病害描述	所占比例/%			
		黑色	其他	全国	灾害
		49 件	29 件	78 件	45 件
I	坝坡失稳，即各种滑坡等	0	3.4	1.3	0
II	初期坝漏矿等	8.2	0	5.1	4.5
III	雨水或矿浆回流造成坝面溃决等	14.3	0	9.0	2.2
IV	库内滑坡，或喀斯特地形等坝址问题	14.3	13.8	14.1	11.1

续表 4-1

病害分类	病害描述	所占比例/%			
		黑色	其他	全国	灾害
		49 件	29 件	78 件	45 件
V	坝坡、坝基、坝肩等渗水、管涌、流沙，坝面沼泽化	20.4	3.4	14.1	4.5
VI	排洪系统构筑物损坏	32.7	20.8	28.2	33.3
VII	洪水漫顶等原因的溃坝	6.1	58.6	25.6	44.4
VIII	地震引起的液化、裂缝、位移等	4.1	0	2.6	0

加强尾矿库病害治理既是尾矿库安全生产管理的重要环节，也是尾矿库日常运行的常规事务，必须坚持不懈，密切结合矿山企业事故隐患排查治理等工作一丝不苟地进行。

二、尾矿库病害产生因素

（一）尾矿库建设中的因素

尾矿库从勘察、设计、施工到使用的全过程，任何一个环节有毛病，都可能导致尾矿库不能正常使用。其中，由于生产管理不善、操作不当或外界环境因素干扰所造成的病害比较容易检查发现；而勘察、设计、施工或其他原因造成的隐患，在使用初期不易显现出来，这些常被人忽视的隐患往往属于很难补救和治理的病害。

1. 勘察因素造成的病害

对库区、坝基、排洪管线等处的不良地质条件未能查明，就可能造成库内滑坡、坝体变形、坝基渗漏、排洪管涵断裂、排水井倒塌等病害。

对尾矿堆坝坝体及沉积滩的勘察质量低劣，则导致稳定分析、排洪验算等结论的不可靠。

2. 设计因素造成的病害

设计质量低劣表现在基础资料不确切、设计方案及技术论证方法不当、不遵循设计规范、对库水位及浸润线深度的控制要求不明确，或要求不切实际等方面。尽管目前设计单位资质齐全，但上述因素造成尾矿库带病运行的现象屡见不鲜。由此造成的隐患大多为坝体在中、后期的稳定性和防洪能力不能满足设计规范的要求。另外，排水构筑物出现断裂、气蚀、倒塌等病害也可能是由于设计人员技术欠缺或经验不足所造成。

3. 施工因素造成的病害

初期坝施工中清基不彻底、坝体密实度不均、坝料不符合要求、反滤层铺设不当等，会造成坝体沉降不均、坝基或坝体漏矿、后期坝局部塌陷、排洪构筑物有蜂窝、麻面或强度不达标，当荷载逐渐增大时，会造成掉块、漏筋、断裂甚至倒塌等病害。

（二）操作管理中的因素

1. 操作不当

在长期生产过程中，由于操作不当造成的常见病害和隐患如下：

（1）放矿支管开启太少，造成沉积滩坡度过缓，导致调洪库容不足。

（2）未能均匀放矿，沉积滩此起彼伏，造成局部坝段干滩过短。

（3）长期独头放矿，致使矿浆顺坝流淌，冲刷子坝坡脚，且易造成细粒尾矿在坝前大量聚积，严重影响坝体稳定。

（4）长时间不调换放矿点，造成个别放矿点的矿浆外溢，冲刷坝体。

（5）巡查不及时，放矿管件漏矿冲刷坝体。

（6）坝面维护不善，雨水冲刷拉沟，严重时会造成局部坝段滑坡。

（7）每级子坝高度堆筑太高，致使坝前沉积了较厚的抗剪强度很低、渗透性极差的矿泥，抬高了坝体内的浸润线，对坝体稳定十分不利。

（8）片面追求回水水质而抬高库水位，造成调洪库容不足。

（9）长期对排洪构筑物不进行检查、维修，致使堵塞、露筋、塌陷等隐患未能及时发现。

2. 管理及其他因素

1）管理不善

由于管理不善造成的问题主要表现在未能有效地对勘察、设计、施工和操作进行必要的审查和监督；对设计意图不甚了解，片面追求经济效益，未按设计要求指导生产；对防洪、防震问题抱有侥幸心理；明知有隐患，不能及时采取措施消除；未经原设计同意，擅自修改设计等。

2）其他因素造成的病害

（1）暴雨、地震之后可能对坝体、排洪构筑物造成病害。

（2）由于矿石性质或选矿工艺流程变更，引起尾矿性质（粒度组成、粒径、密度、矿浆浓度等）的改变，而这种改变如果对坝体稳定和防洪不利时，自然会成为隐患。

（3）因工农关系未协调好，而产生的干扰常常造成尾矿库隐患。如农民在库区上游甚至于在库区以内乱采、滥挖等。

第二节　常见病害治理

一、法规要求

《尾矿库安全监督管理规定》中根据尾矿库存在的隐患和病害程度不同，分为危库、险库和病库。要求确定为危库的，应当立即停产，进行抢险，并向尾矿库所在地县级人民政府、安全生产监督管理部门和上级主管单位报告；确定为险库的，应当立即停产，在限定的时间内消除险情，并向尾矿库所在地县级人民政府、安全生产监督管理部门和上级主管单位报告；确定为病库的，应当在限定的时间内按照正常库标准进行整治，消除事故隐患。

《尾矿库安全技术规程》（AQ 2006—2005）对尾矿库安全度的判定标准进行了界定，也就是必须消除非正常库的类似缺陷，才能保证尾矿库的正常运行。具体要求在第四章第二节的相关章节中已经介绍，此处不再复述。

二、常见病害治理

（一）尾矿坝漏砂治理

1. 尾矿坝漏砂原因

新建尾矿坝在使用初期，往往会在初期坝脚附近泄漏尾砂。有的尾砂由排水涵洞口随回水流走，时间一长，将导致后期坝的外坡面或在沉积滩面出现大大小小的坍陷坑洞，严重威胁坝体安全。漏砂原因一般可分成下列几种情况：

（1）因初期坝内坡面与坝基接触部位处理不严造成漏砂。

（2）由于初期坝内坡面的反滤层受到破坏而引起漏砂。

（3）由于坝基土产生渗透破坏而漏砂。

（4）由于浆砌石涵洞不密实或混凝土涵管产生裂缝而漏砂。

2. 漏砂治理措施

对于上述 4 种情况，当矿浆淹没漏砂点不久就出现时，应暂停放矿，找出漏砂点仔细处理好即可；当坝坡或沉积滩面出现坍陷时，可用土工布袋装粗砂和碎石混合料堆放在塌陷坑内，让其自行下沉，最终自然堵塞漏矿点。

对于第 4 种情况，如果漏砂量较大，上述简易方法无效时，可采取以下措施：

（1）反滤井法：漏砂面积较小者，在漏砂砂环的外围，用土（砂）袋围一个井，然后用级配符合一定要求的滤料（粗砂、砾石、碎石）分层铺压。滤料最好要清洗，不含杂质。也可用土工布或铜纱网代替砂石反滤层，上部覆盖砾石或碎石，围井内的水用导水管将水导出，如图 4-1 所示。

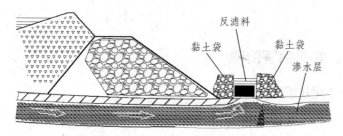

图 4-1 尾矿库漏砂治理方式示意图

（2）蓄水减渗法：当漏砂面积较大，地形适合而附近又有土料时，可在其周围堆筑土埂以形成水池，蓄存渗水。利用池内的水头减少内外的水头压差，控制漏砂的发展。

（二）浸润线过高治理

尾矿堆坝浸润线位置的高低是影响坝体渗透稳定和抗滑稳定的最为重要的因素之一。对于较矮的低等别尾矿坝，只要抗滑稳定满足安全要求，通常允许浸润线从坝坡溢出。但应在其溢出范围内用贴坡反滤层加以覆盖，如图 4-2 所示。其原理是让渗透水顺利流到坝外，而坝体的土粒受到反滤层的保护。否则，溢出点的渗透坡降较陡时，坝坡就会发生流土、管涌，甚至滑坡、垮坝。这种办法不能降低浸润线，只能消散坝体内的孔隙压力，但施工简单，费用低。

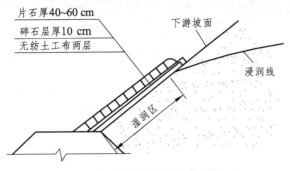

图 4-2 贴坡反滤处理示意图

对于较高等别的尾矿坝，一般不允许浸润线从坝坡溢出。特别是在地震区的尾矿坝，浸润线的深度要求达到 6~8 m 以下。为此，国内矿山曾采取过下列措施（简称降水措施）来降低坝体内的浸润线：

1. 预埋盲沟排渗法

在沉积干滩上垂直于坝长方向每隔 30~50 m 敷设一道横向盲沟。再在平行于坝长方向敷设一道纵向盲沟，与各条横沟连通。在纵沟上每隔 50~80 m 连接一根导水管，通到坝坡以外。横向盲沟汇集的渗水先进入纵向盲沟，再与纵向盲沟汇集的渗水一起进入导水沟，排向坝外。盲沟的坡度及尺寸根据排水量确定，沟内的滤料应选用有一定级配比例的砂石，上部覆盖尾砂即成，如图 4-3 所示。当堆坝长度太长，盲沟数量太多时，也可用顶制好的钢筋笼架外包无纺土工布代替盲沟，施工简单。近几年来，有采用各种软式透水管取代传统盲沟者，施工更加方便，但是造价较高。

为了充分发挥盲沟的作用，可在盲沟的上部均匀设一些垂直滤水井，随着坝体的升高可继续向上延伸，形成三维排渗系统，效果较好。

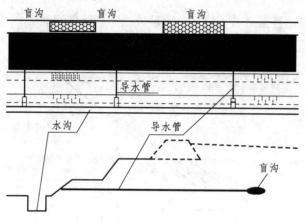

图 4-3 后期坝防渗预埋盲沟示意图

上述措施是在堆坝期间由人工敷设的，造价较低，施工简单，所以一直普遍采用。但盲沟的反滤层选料不当或盲沟纵坡控制不严，排渗效果会大受影响。

2. 轻型井点管抽水排渗法

该法先使用钻机在子坝顶部平台竖直向下敷设井点管（下端带有针状过滤器的钢管），各井点管的上端用胶管与地表敷设的水平总管连接，总管一端封闭，另一端引入地表泵房，接在泵（真空泵或射流泵）的进水口上。由泵造成负压（真空），通过总管和井点管传到埋入地层的过滤器，在其周围形成负压带，则尾矿渗水在重力作用下沿负压合力的矢量方向流向过滤器，进入井点管和总管，由泵的出水口排到坝外，如图 4-4 所示，从而达到降低浸润线的目的。

此法属于强制性抽水，可以使浸润线降到顶计的位置。应防止大量的细粒尾砂被抽吸带出坝外，造成坝坡或坝面的塌陷；由于是长时间的动力抽吸，机械磨损程度有差异，在并联泵中往往会造成抽水不匹配，产生倒流现象；此外，连接胶管老化开裂，露天电源保护困难等因素都会影响其正常使用。因此，在设备运转的过程中，应勤观察、勤保养，以延长设备的使用寿命。由于该法存在上述问题，目前应用不多。

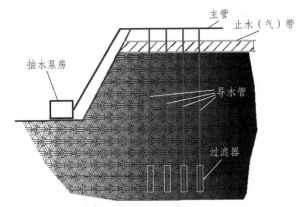

图 4-4　轻型井点管抽水排渗设施示意图

3. 水平滤管-塑料插板联合排渗法

该法是在尾矿坝外坡上采用水平钻机按照一定仰角向坝内钻孔，同步跟进套管。套管到位后，拔出钻杆，洗净孔内的残沙，将预先制作好的滤管用钻机推进孔内，最后拔出套管，坝内渗水立刻由滤管流出，如图 4-5 所示。因为滤管仰角很小，一般为 1°～3°，就简称为水平滤管。施工时应特别注意钻孔的角度，严禁钻成俯角，否则水不能流出孔外；同时在推送滤管时，严禁将土工布磨损，否则产生漏砂现象，造成隐患。

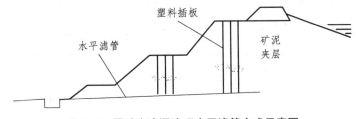

图 4-5　尾矿库渗漏治理水平滤管方式示意图

滤管的间距、长度、直径、开孔率等参数应根据浸润线的现状和降深的要求确定。滤管的外包滤布一般采用无纺土工布；管材根据承受压力的大小，可选择普通硬质塑料管、增强塑料管或钢管。钢管强度高，但易结垢和腐蚀，采用较少。

大量勘察资料表明：尾矿沉积体内部或多或少地会有细泥夹层，特别是一些较厚的矿泥层严重阻碍了水的垂直下渗，导致浸润线升高。为此，可在敷设了水平滤管的上部坝面上垂直插入塑料排水板，将各细泥夹层上部的积水导入排水板，使其富集到水平滤管附近，通过滤管排出坝外。

该法施工手段虽比预埋法复杂些，但收效快、效果好、不耗电，属自流，不易损坏，平时不需管理。目前受各种条件所限，滤管长度多为50~80 m 左右，因此浸润线降低深度一般为 5~8 m。这基本上能满足绝大多数尾矿坝的稳定和抗震的构造要求。该项技术自 1989 年在南京九华山铜矿的尾矿坝问世以来，已经得到了广泛运用。

4. 辐射井内水平滤管排渗法

在坝坡或沉积滩面的适当位置先施工预定深度的钢筋混凝土竖井，在井内用小型水平钻机敷设水平滤管，如图 4-6 所示。由图可知，只要竖井有多深，水平滤管就相应可随之降深，浸润线也应随之降低。必要时，还可分层敷设水平滤管，以求更佳效果。

此法的优点与地表水平滤管排渗法相类似，且浸润线的深度有可能降得更低些。但其水平滤管均以辐射井为中心，向外辐射，井壁附近的滤管分布过密，未能得到充分利用。另外，施工难度较大，在软弱的地层上沉井较困难，工程费用高，竖井深度越深，费用越高。实践证明，要想使用少量辐射井将浸润线降到 8 m 以下甚至更深的程度，是非常困难的。或者说，工程费用将需要很大。

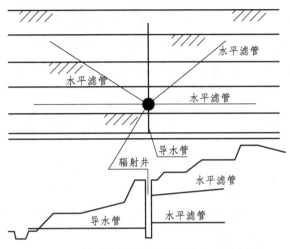

图 4-6 尾矿库渗漏治理辐射井方式示意图

（三）尾矿设施裂缝治理

尾矿库排洪设施多为混凝土结构，结构受损、失事比例较高。水工混凝土结构按照国家工程结构可靠度设计统一标准，必须满足承载能力、正常使用、耐久性和坚固性 4 项功能要求。

1. 混凝土建筑物病害主要现象

1）裂缝

裂缝对水工混凝土建筑物的危害程度不一，严重的裂缝不仅危害建筑物的整体性和稳定性，而且还会产生大量的漏水，使坝体及其他水工建筑物的安全运行受到严重威胁。另外，裂缝往往会引起其他病害的发生与发展，如渗漏溶蚀、环境水侵蚀、冻融破坏及钢筋锈蚀等。这些病害与裂缝形成恶性循环，会对水工混凝土建筑物的耐久性产生很大危害。

裂缝按深度不同，可分为表层裂缝、深层裂缝和贯穿裂缝；按裂缝开度变化可分为死缝（其宽度和长度不再变化）、活缝 （其宽度随外界环境条件和荷载条件变化而变化，长度不变或变化不大）和增长缝（其宽度或长度随时间而增长）；按产生原因分，裂缝可分为温度裂缝、干缩裂缝、钢筋锈蚀裂缝、超载裂缝、碱骨料反应裂缝、地基不均匀沉陷裂缝等。

（1）温度裂缝：为了减少温度裂缝，施工中应严格采取温控措施，尽量避免裂缝发生。

（2）干缩裂缝：置于未饱和空气中的混凝土因水分散失而引起的体积缩小变形，称为干燥收缩变形，简称干缩。干缩的扩散速度比温度的扩散速度要慢。对大体积混凝土其内部不存在干缩问题，但其表面干缩是一个不能忽视的问题。

（3）钢筋锈蚀裂缝：混凝土中钢筋发生锈蚀后，其锈蚀产物（氢氧化铁）的体积将比原来增长 2~4 倍，从而对周围混凝土产生膨胀应力。当该膨胀应力大于混凝土抗拉强度时，混凝土就会产生裂缝，这种裂缝称为钢筋锈蚀裂缝。钢筋锈蚀裂缝一般都为沿钢筋长度方向发展的顺筋裂缝。

（4）碱骨料反应裂缝：碱骨料反应主要有碱-硅酸盐反应和碱-碳酸盐反应。当反应物增加到一定数量，且有充足水时，就会在混凝土中产生较大的膨胀作用，导致混凝土产生裂缝。碱骨料反应裂缝不同于最常见的混凝土干缩裂缝和荷载引起的超载裂缝，这种裂缝的形貌及分布与钢筋限制有关，当限制力很小时，常出现地图状裂缝，并在缝中伴有白色浸出物；当限制力强时则出现顺筋裂缝。

（5）超载裂缝：当建筑物遭受超载作用时，其结构构件产生的裂缝称超载裂缝。此外，常见的混凝土裂缝还有地基不均匀沉陷裂缝、地基冻胀裂缝等。

2）渗漏

水工混凝土建筑物的主要任务是挡水、引水、输水和泄水，都是与

"水"密切相关的,而水又是无孔不入的,特别是压力水。因此,渗漏也是水工混凝土建筑物常见的主要病害之一。渗漏会使建筑物内部产生较大的渗透压力和浮托力,甚至危及建筑物的稳定与安全;渗漏还会引发溶蚀、侵蚀、冻融、钢筋锈蚀、地基冻胀等病害,加速混凝土结构老化,缩短建筑物的使用寿命。

按照渗漏表现的几何形状可以分为点渗漏、线渗漏和面渗漏 3 种。线渗漏较为常见,发生率高。线渗漏又可分为病害裂缝渗漏和变形缝渗漏两种。

根据渗漏水的速度,渗漏又可分为慢渗、快渗、漏水和射流等 4 种,渗漏水量与渗径长度、静水压力、渗流截面积等 3 个因素有关。

水工混凝土建筑物的渗漏问题是一种较为普遍的病害。归纳起来造成渗漏的原因主要有以下几个:

(1) 裂缝:尤其是贯穿性裂缝是产生渗漏的主要原因之一,而漏水程度又与裂缝的性状 (宽度、深度、分布)、温度及干湿循环等有关。冬季温度低,裂缝宽度大,在同样水位下其渗漏量就大。

(2) 止水结构失效:沥青止水井混进了水泥浆,止水片材料性能不佳,发生断裂、腐烂,伸缩缝变形大,还有止水带施工工艺不当等种种原因都会引起渗漏。

(3) 混凝土施工质量差:密实度低,甚至出现蜂窝孔洞,从而导致水在混凝土中渗漏。

3) 剥蚀

水工混凝土产生剥蚀破坏是由于环境因素(包括水、气、温度、介质)与混凝土及其内部的水化产物、砂石骨料、掺合料、外加剂、钢筋相互之间产生了一系列机械的、物理的、化学的复杂作用,从而形成大于混凝土抵抗能力(强度)的破坏应力所致。

2. 裂缝检查与治理

通过安全检查，查明构筑物的病害位置、程度、原因，再结合具体情况及时进行处理。处理裂缝常用的方法有水泥灌浆、加筋网喷浆、磨细水泥灌浆、化学灌浆和环氧树脂合成物填塞等。对于还处于发展中的裂缝，有可能继续变形，不易堵塞，可采用弹性材料填塞、水溶性聚氨酯灌缝，也可以用环氧树脂粘贴橡皮。

（四）尾矿库病害治理探讨

认真消除上述种种原因是避免产生尾矿库病害的最为有效的措施。国内许多尾矿库方面的老专家一直建议，为了改善尾矿库的安全运行，减少灾害事故的发生，除了加强现场日常施工管理等外，还应在技术上进行专题攻关研究。改善尾矿库安全运行、减少灾害事故的技术措施，归纳起来主要有：

（1）鉴于细粒尾矿堆积坝的病害率偏高的现状，应该对高含泥的细粒尾矿能否适宜上游法堆坝进行深入研究；同时，对改善及提高细粒尾矿堆坝的技术措施进行研究。

（2）针对尾矿坝的隐患、病害、事故或溃坝灾害进行深入调查研究，搞清"隐患、病害、事故或灾害"的转化条件、机理以及预防措施等。

（3）地下水的问题是尾矿坝的难题之一，应控制渗流，降低浸润线，保证尾矿坝有足够的相对干燥的坝壳，使尾矿坝一直处于稳定状态。

（4）改革创新尾矿的堆积工艺和方法，寻找出更适合现代情况的尾矿处理方法，如分期筑坝方法等。

（5）采用物理和化学方法改善尾矿颗粒的胶结和固结，以提高尾矿的整体强度，如采用高频振动改善尾矿堆积强度等。

（6）综合开发利用尾矿，变废为宝，减少尾矿的堆存量。

第三节　尾矿库事故案例

一、尾矿库事故主要类型

据专家推算，西方工业发达国家的矿山尾矿坝约70%～90%以上均有不同程度的损坏。从较小的滑坡到灾难性的溃坝破坏都发生过。溃坝破坏时，尾矿坝往往即刻发生液化，不断扩大坝体的缺口，尾矿浆沿山沟向下游倾泻，它不仅直接威胁人们的生命财产安全，而且还有淤泥、化学物质和放射性等污染物。尾矿中超标水还可能绕过尾矿坝渗出，污染河流或地下水。

美国克拉克大学公害评定小组的研究表明，尾矿库事故的危害，在世界93种事故、公害的隐患中，名列第18位。它仅次于核爆炸、神经毒气、核辐射等灾难，而比航空失事、火灾等其他60种灾难严重，直接引起百人以上死亡的尾矿库事故并不鲜见。

国际大坝委员会在1984年组建了国际大坝委员会矿山和工业尾矿坝分会，这个分会的任务是针对全世界日益增多的尾矿库制定一系列安全方面的方针，交流各国对尾矿库安全工作的法规资料和技术经验，促进尾矿库安全技术的发展。

（一）洪水漫顶

洪水漫顶，通常指在遇到大暴雨时，对洪峰流量估算不足，或由于排水构筑物的泄水能力不足，或由于泄水口被堵塞，或由于调洪库容及坝的安全超高不足等，而导致洪水漫溢坝顶，冲刷坝面，并在极短时间内造成溃坝。

据资料介绍，因洪水漫坝而失事的比例为35%～50%，居首位。

（1）美国布法罗尼河矿尾矿坝，1972 年 2 月 26 日，因洪水漫顶而溃决。该坝用煤矸石、低质煤、页岩、砂岩等堆筑，坝高 45 m，顶宽 152 m，坝长 365 m。上游 180 m 和 364 m 处又用煤矸石建两座新坝，坝高 13 m，顶宽 146 m，坝长 167 m，库内设直径 610 mm 管道控制上游库水位。

失事前 3 天连续降雨 94 mm，库内水位上涨，水位高过坝顶 2 m，坝体出现纵向缝，继而发生大滑动，塌滑体挤压第二库容，造成库内泥浆涌起而越过坝顶，高达 4 m，泥浆急流将下游坝冲开宽 15 m，深 7 m 的缺口，使上游库内 48 万 m³ 煤泥废水在 15 min 内泄空，3 h 下泄 24 km，抵达布法罗河口，造成 125 人死亡，4 000 人无家可归，冲毁桥梁 9 座，公路一段，损失 6 200 万美元。

造成失事的技术原因是：库内无溢洪道，泄水管的能力不能抵挡洪水漫顶，缺乏必要的防洪抢险措施。

（2）我国江西峃美山尾矿坝，1960 年 8 月 27 日晨，基础土坝因洪水漫顶而溃决。初期坝高 17 m，坝长 198 m，初期库容 50 万 m³，设计上采用库内建一条直径 1.6 m 排水主管，后期利用排水斜槽排洪。8 月 26 日暴雨前已连续降雨 16 h，达 136 mm，库内已是一片汪洋，库水位离坝顶只有 2.5 m，下暴雨时排水斜槽盖板已被泥砂覆盖，而排水管出口的充满度只有 0.8，远不能满足排洪需要。虽然垮坝前采取人工挖沟，仍然没能挽回漫顶溃坝的局面。溃坝的主要技术原因是：设计上对江西地区暴雨认识不足，汇水面积大而库容小的尾矿库，其排洪措施上欠妥，排洪能力不足。

（3）我国湖南新邵龙山金锑矿尾矿坝，于 1988 年 9 月 2 日遭大暴雨袭击，降雨量 100 mm，由于山谷两侧 18 处民采坑口堆积的废石及泥石流俱下，直冲矿区六三〇工业场地。阻塞了尾矿库内泄水涵洞，洪水漫过拦洪坝，以 64 m³/s 强大泥石流涌入尾矿库，由于尾矿库失去排洪能力而造成洪水漫坝，经济损失达 395 万元。主要技术原因是：矿区乱采滥挖、废石弃土经暴雨冲刷汇集成泥石流，阻塞排水涵洞，淤平河床和拦洪坝，使尾矿库失去排洪能力。

（二）坝坡稳定性能差失事

由于多种原因而造成坝体施工质量不合格，或坝体外坡过陡，或坝体浸润线过高而引起坝体出现裂缝、坍塌、滑坡等进而使坝体丧失稳定。

（1）日本尾去泽矿中泽尾矿坝，于 1936 年 11 月因堆积坝坡陡，坝体抗剪强度低产生滑坡而溃坝。初期坝为堆石坝，高 36.4 m，后期坝总高 63 m，坝长 150 m，库容 43 万 m^3。该尾矿坝溃决是日本最严重的一次惨案。

（2）我国云南锡业公司新冠先厂火谷都尾矿坝，于 1962 年 9 月 26 日凌晨溃坝。决口顶宽 113 m，底宽 45 m，深 14 m，3 h 流出库水 38 万 m^3，泥浆 330 万 m^3，造成下游村民伤亡 263 人，受灾 12 970 人，万亩良田淹没，河道淤塞 1 700 m，地方一批厂矿停产，是我国尾矿史上大事故之一。

该库 1958 年投产使用，尾矿库后自流排放使坝前积存大量尾水和矿泥。二期工程为临时性土坝，坝坡陡，坝体断面单薄，未夯实，垮坝前坝高 29 m，外坡 1:1.6，内坡 1:1.5，1962 年 3 月发现坝体纵向裂缝，宽 3 m，长 84 m。失事前 3 天降雨 28.8 mm，水位上升较快，9 月 20 日坝体发现 2 条裂缝，内坡也出现裂缝。溃坝时最大下泄流量达 300 m^3/s。

（3）郑州铝厂灰渣库，1989 年 2 月 25 日下午 17 时，出现塌方，23 时 30 分西涧沟灰渣库西侧垭口突然溃决，决口上宽 190 m，下宽 90 m，切深 15 m，决口下 600 m 处铁路专线及一列机车冲毁，调车员遇难，荥阳县峡窝、高山、汜水三乡 6 593 亩农田过水，居民住房进水，赔偿 1 410 万元。事故原因：坝内积水过多，坝体浸泡软化，塌陷而失去稳定。

（三）坝体振动液化

坝体振动液化，主要指发生地震时，坝体丧失稳定而破坏。

(1) 智利埃尔、科布雷等 12 座尾矿坝，因 1965 年 3 月 28 日圣地亚哥以南 140 km 处发生 7.25 级强烈地震而溃坝。坝高 5～35 m，坝坡 1：1.43～1：1.75，其中包括一座 15 m 高，堆坡 1：3.73 的低坝，尾矿流失最多的一座为 190 万 m³，失事原因是坝坡过陡，堆积坝体内含水量过高，尾矿过细，颗粒 200 目的占 90%。失事时矿浆冲出决口涌到对面山坡上高达 8 m，短时间里下泄 12 km，造成 270 人死亡，是世界尾矿史上最严重的事故之一。

(2) 我国首钢大石河尾矿坝，位于唐山市东北方向 40 km 处。1976 年 7 月 28 日 3 时 42 分，唐山丰南发生 7.8 级强地震，同时下午 18 时 45 分，离矿仅 15 km 的野鸡坨发生 7.1 级地震，使尾矿坝和尾矿沉积滩产生裂缝、喷砂冒水及向澄清水域塌滑等震害。由于震前进行坝坡排渗水处理，施工 13 眼无砂混凝土管排渗井才使坝体趋于稳定。

（四）渗流造成管涌，流土而破坏

渗漏往往被忽视，但它却能引起管涌、流土、跑浑、滑坡、塌坑、坝脚沼泽化等现象，进而造成溃坝。

(1) 我国安徽黄梅山铁矿尾矿坝，坝高 22 m，坝长 400 m，初期坝内坡 1：2，外坡 1：2.5，堆积坝外坡 1：6。由于澄清水距离不足，生产中采取坝两端放矿，使坝体中部强粒矿泥增多而形成软弱坝壳，外坡出现沼泽化。1986 年 4 月 30 日，因渗流破坏导致溃坝，死亡 19 人，经济损失严重。溃坝前库水位接近坝顶，相差 0.74 m，决口顶宽 160 m，下底宽 140 m。

（2）我国吉林省榆树川发电厂灰渣坝，于 1985 年 5 月 20 日凌晨 3 时，因灰浆饱和发生渗流破坏而溃坝。造成电厂停运，直接损失 120 万元，灰浆形成洪峰冲毁沿河一切设施，淹没大片稻田，污染水系，死亡 3 人。初期坝为定向爆破堆石坝，坝高 21.85 m，内坡 1：2，外坡 1：1.5，坝长 90 m，坝前无反滤层，后期灰渣坝高 15.3 m，贮灰 60 万 m³。

（3）意大利普尔皮（Prealpi）尾矿坝，1985 年 7 月 15 日因坝体内水饱和，溢洪道破坏淤堵而引起渗漏溃坝。初期用萤石粉砂堆筑，该坝位于地震区，且下游居民密集。溃坝前几周已有水淹没坝顶现象，溃坝时 150 万 m³ 尾砂席卷整个河谷冲出 3 km，所有建筑物包括宾馆全毁，250 人丧生。

（4）贵州铝厂赤泥 2 坝，1986 年 6 月因回水管坍塌堵塞，导致库内积水，7 月连降大雨，水位上升，坝外坡出现多处渗水点。1986 年 7 月 19 日坝底泄漏扩大，决口顶宽 17 m，底宽 6 m，深 12 m，呈 V 形。赤泥以 10 m³/s 涌出，泄入麦架河，进入猫跳河。1 258.5 亩农田受淹，20 km 受污染，直接经济损失 700 万元。事故主要原因：坝基工程地质复杂，设计和施工均未采取处理措施，管理上未及时处理坝前积水。

（五）坝基过度沉陷

主要由于工程地质的原因，造成坝体的沉陷、塌坑、裂缝、滑坡及排水涵管等排水构筑物的断裂而失事。

（1）我国江西省西华山钨矿尾矿坝，因施工时未挖出坝基下卧淤泥层，导致筑坝后下沉 1.8 m，边坡局部滑动，下部隆起，幸好坝脚处有一台地阴挡，才未造成溃坝大祸。我国陕西省金堆城钼矿栗西沟尾矿坝，1988 年 4 月 13 日，因排洪隧洞基础塌陷破坏造成库区尾砂大量外泄，

1 500 t/d 规模的百花岭选矿厂停产,损失 3 200 万元,污染栗峪河、西麻坪河、石门河、伊洛河及洛河达 440 km。

(2) 我国吉林省板石沟铁矿尾矿库,因库区喀斯特溶洞塌陷及排水井基础破坏而二次出险,冲走尾砂 150 万 m³,经抢修处理后稳定。河北省承德钢铁厂双塔山尾矿库,投产初期两根 Φ500 mm 排水管中的一根断裂,只能将其堵塞,造成排水能力不足。1980 年 3 月 17 日,第二条排水系统的 Φ800 mm 混凝土排水管错位断裂,造成大量跑矿,坝内尾矿沉积滩面出现塌陷,形成漏斗状塌坑,大量泥浆涌入白高村,居民生命财产受到严重威胁。抢救人员及时向沉陷地点投入 600 多千克麻捆,止住漏砂,在 Φ800 mm 排水管里,用 Φ700 mm×10 mm 钢管内衬断裂处,分片安装,喷浆加固。断裂原因是排水管一段直接建在尾砂上,一端又置于隧洞口基岩上,造成不均匀沉陷。

二、尾矿库事故典型案例

(一) 鸿图选矿厂尾矿库溃坝事故

1. 事故概况

2000 年 10 月 18 日上午 9 时 50 分,广西南丹县大厂镇鸿图选矿厂尾矿库发生重大垮坝事故,共造成 28 人死亡,56 人受伤,70 间房屋不同程度毁坏,直接经济损失 340 万元。

事故发生过程:尾矿库后期坝中部底层首先垮塌,随后整个后期堆积坝全面垮塌,共冲出水和尾砂 14 300 m³,其中水 2 700 m³,尾砂 11 600 m³,库内留存尾砂 13 100 m³。尾砂和库内积水直冲坝首正前方的山坡反弹回来后,再沿坝侧 20 m 宽的山谷向下游冲去,一直冲到离坝首约 700 m 处,其中绝大部分尾矿砂留在坝首下方的 30 m 范围内。

事故将尾矿坝下的 34 间外来民工工棚和 36 间铜坑矿基建队的房屋冲垮和毁坏，共有 28 人死亡，56 人受伤，其中铜坑矿基建队职工家属死亡 5 人，外来人员死亡 23 人。

这是一起由于企业违规建设、违章操作，有关职能部门管理和监督不到位而发生的重大责任事故。

2. 尾矿库基本情况

鸿图选矿厂是由姚××和姚××共同投资 500 万元建设的一家私营企业，位于南丹县大厂矿区华锡集团铜坑矿区边缘，于 1998 年 8 月开工建设，1999 年 6 月建成投产。选矿厂选矿工艺部分由华锡集团退休工程师刘×和华锡集团车河选厂工程师王××2 人共同设计。设计选矿能力为 120 t/d，但实际日处理量为 200 t/d。

选矿厂尾矿库没有进行设计，是依照大厂矿区其他尾矿库模式建成的，没有经过有关部门和专家评审。尾矿库修筑方式是利用一条山谷构筑成山谷型上游式尾矿库。事故后验算的库容为 27 400 m³，实际服务年限仅为 1.5 年。尾矿库基础坝是用石头砌筑的一道不透水坝，坝顶宽 4 m，地上部分高 2.2 m，埋入地下约 4 m。在工程施工结束后，只是县环保局到现场检查一下就同意投入使用。后期坝采用人工集中放矿筑子坝的冲积法筑坝，并按照县环保局提出的筑坝要求筑坝。后期坝总高 9 m，坝面水平长度 25.5 m，事故前坝高和库容已接近最终闭库数值。尾矿库坝首下方是一条东南走向的上高下低的谷地。建坝时，坝首下方有几户农民和铜坑矿基建队的 10 多间职工宿舍。到了 1999 年下半年，便陆续有外地民工在坝首下方搭建工棚。选矿厂认为不安全，曾请求政府清除。南丹县和大厂镇政府则多次组织清理。但每次清理后，民工又陆续恢复这些违章建筑。事故发生时坝下仍有 50 多间外来民工工棚。

3. 事故原因

1）事故的直接原因

由于基础坝不透水，在基础坝与后期堆积坝之间形成一个抗剪能力极低的滑动面。又由于尾矿库长期人为蓄水过多，干滩长度不够，致使坝内尾砂含水饱和、坝面沼泽化，坝体始终处于浸泡状态而得不到固结并最终因承受不住巨大压力而沿基础坝与后期堆积坝之间的滑动面垮塌。

2）事故的间接原因

（1）严重违反基本建设程序，审批把关不严。尾矿库的选址没有进行安全认证；尾矿库也没有进行正规设计，而由环保部门进行筑坝指导；基础坝建成后未经安全验收即投入使用。

（2）企业急功近利，降低安全投入，超量排放尾砂，人为使库内蓄水增多。由于尾矿库库容太小，服务年限短，与选矿处理量严重不配套，造成坝体升高过快，尾砂固结时间缩短。同时由于库容太小，尾矿水澄清距离短，为了达到环保排放要求，库内冒险高位贮水，仅留干滩长度4 m。

（3）由于是综合选矿厂，尾矿砂的平均粒径只有 0.07～0.4 mm。尾砂粒径过小，导致透水性差，不易固结。

（4）业主、从业人员和政府部门监管人员没有经过专业培训，素质低，法律意识、安全意识差，仅凭经验办事。

（5）安全生产责任制不落实，安全生产职责不清，监管不力，没有认真把好审批关，没能及时发现隐患。

（6）政府行为混乱，对安全生产领导不力，没能及时发现安全生产职责不清问题，对选厂没有实行严格的安全生产审查，对选厂缺乏规划，盲目建设。

4. 事故教训和防范措施

(1) 事故原因主要是因为业主对尾矿库管理不善, 违规操作造成的。一方面, 由于当地前段时间降水少, 矿区生产用水不足, 为节约用水、降低成本, 业主有意使选矿废水在库内停留沉淀的时间延长, 以便废水回用, 于是违规操作, 将溢流口的排水口设置在较高的位置, 使大量的洗矿水积于库内, 加上当时连续下雨, 向库内补充了不少水量, 库容明显增加, 但业主仍未采取排水措施, 致使库内水面与坝首持平, 坝体尾砂难以固结, 坝体无法承受库内水体的巨大压力而造成坍塌; 另一方面, 由于这家个体选矿企业超出原来设计的生产能力进行超量生产, 使尾矿砂大大超过尾矿库的设计要求, 加快了坝体垒高的速度, 不利于坝首的加固, 使坝体的抗压能力明显降低, 从而易于垮坝。该坝的破坏类型实际上是因为人为使库水位升高, 造成的流土破坏。

(2) 针对尾矿库事故的重大危害性和事故的隐蔽性, 要规范和严格尾矿库建设项目安全生产审查机制, 把住进入市场前的安全生产关, 尽快改变尾矿库项目建设过程中安全生产审查的无组织状态, 从源头上消除隐患。

(3) 规范和整顿选矿业, 严格尾矿库的管理。要加强政策引导, 结合经济结构调整和矿业秩序整顿, 彻底取缔非法和不安全生产条件的尾矿库, 同时逐步淘汰小型尾矿库, 强制发展大型尾矿库进行集中选矿排放。坚决杜绝胡乱审批, 盲目建厂现象。

(4) 建立安全生产依法行政机制。要理顺安全生产监督管理体制, 明确政府、职能部门、矿山企业各自应承担的安全生产责任, 坚决纠正职能缺位、错位现象, 并严格执行行政执法责任追究制。在政府对企业的行业管理责任淡化后, 政府对企业的监督责任应当相应加强, 更不能出现监管真空。要尽快修订和完善有关安全生产监管方面的法律法规, 切实保证安全生产执法行为的严肃、合法、公正和有力。

（二）火谷都尾矿库坍塌案例

1. 概况

云南锡业公司火谷都尾矿库位于我国云南省红河州境内，为一个自然封闭地形。它位于个旧市城区以北 6 km，西南与火谷都车站相邻，东部高于个旧—开远公路约 100 m，水平距离 160 m，北邻松树脑村，再向北即为乍甸泉出水口，高于该泉 300 m，周围山峦起伏、地势陡峻（见图 4-7）。库区有两个垭口，北面垭口底部标高 1 625 m，东部垭口底部标高 1 615 m，设计最终坝顶标高 1 650 m，东部垭口建主坝，等尾矿升高后，再以副坝封闭北部垭口（见图 4-8）。

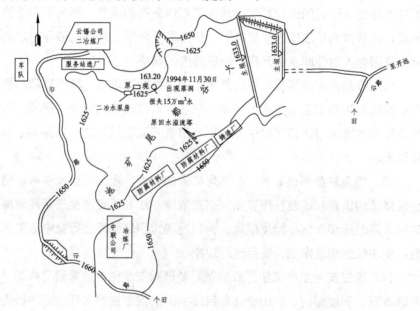

图 4-7　火谷都尾矿库平面图

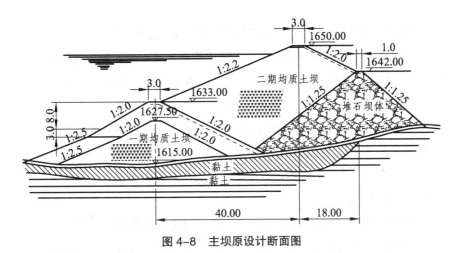

图 4-8　主坝原设计断面图

2. 坝体构造

该库位于溶岩不甚发育地区，周边有少许溶洞，主坝位于库区东部垭口处。原设计为土石混合坝，因工程量大分两期施工，第一期工程为土坝，坝高 18 m，坝底标高 1 615 m，坝顶标高 1 633 m，内坡为（1：2）～（1：2.5），外坡为 1：2，相应库容 4.75×10^6 m^3，土方量 1.2×10^5 m^3。第二期工程为土石混合坝，坝高 35 m，坝顶标高 1 650 m，相应库容 1.275×10^7 m^3，土方量 3.2×10^5 m^3，石方量 18×10^5 m^3。

第一期土坝工程施工质量良好，实际施工坝高降低了 5.5 m，坝顶标高为 1 627.5 m，相应减小土方工程量 9×10^4 m^3，相应库容量为 3.25×10^6 m^3。生产运行中，坝体情况良好，未发现异常现象。

按原设计意图在第一期工程投入运行后，即应着手进行尾矿堆筑坝体试验工作，若不能实现利用尾矿堆筑坝体，则应按原设计进行二期工程建设。

该库于 1958 年 8 月投入运行，至 1959 年底，库内水位已达 1 624.3 m，距坝顶相差 3.2 m，库容将近满库，此时尚未进行第二期工程施工。

为了维持生产，1960 年生产单位组织人员在坝内坡上分 5 层填筑了一座临时小坝，共加高了 67 m、坝顶标高为 1 634.2 m，筑坝与生产放矿同时进行（边生产边放矿），大部分填土没有很好夯实，筑坝质量很差。

1960 年 12 月，临时小坝外坡发生漏水，在降低水位进行抢险时又发生了滑坡事故。经研究将二期工程的土石混合坝坝型改为土坝，坝顶标高 1 639.5 m，并将坝体边坡改至内坡 1∶1.5，外坡 (1∶1.5) ～ (1∶1.75)，以维持生产。

第二期筑坝工程施工质量理应按第一期工程的质量要求进行工程施工，至于第二期坝体能否堆筑在临时小坝坝体之上以减少筑坝工程量，必须等待工程地质勘察做出结论后再行决定。然而，该企业相关负责人并未如此做。

1961 年 3 月第二期工程坝体已施工至 1 625 m 标高，但筑坝速度（坝体增高）落后于库内水位上升速度。为了维持生产并减少筑坝工程量，在没有进行工程地质勘察的情况下，企业即决定将第二期工程部分坝体压在临时小坝上，同时提出进一步查明工程地质情况和尾矿沉积情况后，再决定第二期工程坝体采取前进（全部压在临时小坝上）方案或后退（只压临时小坝 1/3）方案。1961 年 5 月，在未进行工程地质勘察的情况下，企业决定将第二期工程坝体全部压在临时小坝上，且坝体增高 4.5 m，即坝顶标高为 1 644 m，土坝内坡为 1∶1.5，外坡分别为 1∶1.5、1∶1.6、1∶1.75。修改后的坝坡断面构造见图 4-9。

第二期工程从 1961 年 2 月开工到 1962 年 2 月完工。按原设计要求施工时每层铺土厚度 15～20 cm，土料控制含水率 20%时，相应干密度不小于 1.85 t/m³。但施工中压实后坝体干密度降低为 1.7 t/m³，没有规定土坝土料的含水率，并且施工与生产运行齐头并进，甚至有 4～5 个月时间，由于库内水位上升很快，不得不先堆筑土坝来维持生产，因

此施工中坝体的结合面较多（较大的结合面有 6 处）。坝体的结合部位
没有采取必要的处理措施，施工质量差，施工中经试验后规定每层铺土
厚度为 50 cm，实际铺土厚度大部分为 40～60 cm，个别铺土厚度达
80 cm，施工中质检大部分坝体湿密度达 1.7 t/m³ 以上。在施工期间已
发现临时小坝后坡有漏水现象，有一段 100 m×1 m×1 m 的坝体（为
后来的决口部位）含水较多，没有压实。在临时小坝内还存在抢险时遗
留的钢轨、木杆、草席等杂物，以及临时小坝外坡长约 43 m、高 5～9 m
的毛石挡土墙。

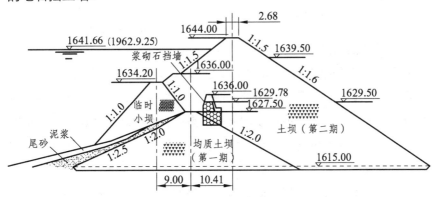

图 4-9 修改后（溃坝前）坝体断面图

第二期工程完工后不久，于 1962 年 3 月曾发现坝顶有长 84 m、宽
2～3 cm 的纵向裂缝一条，经过一个多月的观测，裂缝仍在发展，于 1962
年 5 月将裂缝进行了开挖回填处理。

3. 溃坝事故

由于施工期生产与施工作业同时进行，未进行坝前排放尾矿、坝前
水位较高，加之事故前 3 天下了中雨，库内水位已达 1 641.66 m；1962
年 9 月 20 日曾发现坝南端及后来溃坝决口处的坝顶上各有宽 2～3 mm
的裂缝两条，长度约 12 m 左右；另外，在内坡距坝顶 0.8 m 处（事故

决口部位上）也发现同样裂缝一条。

1962 年 9 月 26 日，在坝体中部（坝长 441 m）发生溃坝，决口顶宽 113 m，底宽 45 m（位于 1 933 m 一期坝高），深约 14 m，流失尾砂 3.3×10^6 m³，澄清水 3.8×10^5 m³，共流失尾矿及澄清水达 3.68×10^6 m³。此次溃坝事故共造成 171 人死亡、92 人受伤，11 个村寨及 1 座农场被毁，近 8 200 亩农田被冲毁及淹没，冲毁房屋 575 间，受灾人数 13 970 人，同时还冲毁和淹没公路长达 45 km，事故造成了巨大的生命、财产损失。

4. 事故原因及教训

1）事故主要原因

（1）第二期坝的修改，未作稳定性验算，坝坡太陡，坝体断面单薄；上坝土料含水率和压实干容重都未明确，每层铺土过厚，土料不均。以致坝的碾压质量不好，坝体多次分期加高，较大的结合面有 6 处，小的接缝更多，且都未按规范要求处理；构筑时又是边施工、边生产，蓄水放矿同时进行，坝身土壤不能很好固结；其上游坡又压在质量很差的临时小坝上。由此可见该坝质量很差，容易产生变形和位移，坝体的整体性和稳定性都深受影响。

（2）当时作为维持生产的临时小坝基础坐落在尾矿砂和矿泥层上，本身就不稳定；其下游坡没有很好压实，有一段含水饱和无法碾压；1960 年抢险时投入的树木、支架、草席和施工生产留下的石墩钢轨等也没有清除；而二期坝又压在上面，增加了小坝变形和下滑的危险。

（3）在第二期坝设计时，原考虑在上游坡利用尾矿堆积，使之对土坝起保护作用，但在使用过程中，由于没有及时在坝前放矿，以致清水逼近坝前。水浪对上游坡不断冲刷侵蚀，加之坝身断面本来就比较单薄，更降低了坝的稳定性。

（4）在尾矿设施的运行管理上，缺少严格的防护、维修、观测、记录制度。运行过程中对尾矿砂的堆积情况研究不够。

2）应吸取教训

（1）尾矿处理是矿山安全生产的重要环节，企业无论从投资安排、管理人员配置、规章制度健全及督促检查等各个方面，都应高度重视，严格管理，防微杜渐，消除隐患，才能从管理角度确保其安全生产运行。

（2）尾矿设施的建设安排必须根据矿山生产服务年限作出长期规划。一般尾矿设施工程建设周期长，必须提前几年建设才能保证生产，不能临渴挖井或采取填填补补的临时措施。

（3）尾矿库建设必须严格按基本建设程序办事，切忌边设计、边施工、边生产。

（4）无论设计、施工和生产管理都要认真贯彻落实技术责任制。设计应严格执行规范，施工要确保质量，生产管理要配备足够的技术力量和维护人员，经常观测检查，重要的尾矿坝应作为要害设施，日夜巡逻。

（5）细粒级量大的尾矿，必须坚持从坝前均匀分散放矿，使粗粒尾矿压在坝内坡，把细粒泥浆和清水赶到尾矿库末端去。

（三）山西襄汾新塔矿业尾矿库重大责任事故

2008 年 9 月 8 日上午 7 时 58 分，山西省临汾市襄汾县新塔矿业有限公司 980 沟尾矿库发生溃坝事故，造成 277 人死亡、4 人失踪、33 人受伤，直接经济损失 96 192 万元。

980 沟尾矿库是 1977 年临钢公司为与年处理 5 万 t 铁矿的简易小选厂相配套而建设的，位于山西省临汾市襄汾县陶寺乡云合村 980 沟。1982 年 7 月 30 日，尾矿库曾被洪水冲垮，临钢公司在原初期坝下游约 150 m 处重建浆砌石初期坝。1988 年，临钢公司决定停用 980 沟尾矿库，并进行了简单闭库处理，此时总坝高约 364 m。2000 年，临钢公司拟重新启用 980 沟尾矿库，新建约 7 m 高的黄土子坝，但基本未排放尾矿。2006 年 1 月 16 日，980 沟尾矿库土地使用权移交给襄汾县人民政府。

2007 年 9 月，新塔公司擅自在停用的 980 沟尾矿库上筑坝放矿，尾矿堆坝的下游坡比为 1：1.3～1：1.4。自 2008 年初以来，尾矿坝子坝脚多次出现渗水现象，新塔公司采取在子坝外坡用黄土贴坡的方法防止渗水并加大坝坡宽度，并用塑料膜铺于沉积滩面上，阻止尾矿水外渗，使库内水边线直逼坝前，无法形成干滩，事故发生前，尾矿坝总坝高约 50.7 m，总库容约 368 万 m³，储存尾砂约 294 万 m³。

事故的直接原因是：新塔公司非法违规建设、生产，致使尾矿堆积坝坡过陡。同时，采用库内铺设塑料防水膜防止尾矿水下渗和黄土贴坡阻挡坝内水外渗等错误做法，导致坝体发生局部渗透破坏，引起处于极限状态的坝体失去平衡、整体滑动，造成溃坝。

事故的间接原因是：新塔公司无视国家法律法规，非法违规建设尾矿库并长期非法生产，安全生产管理混乱；山西省地方各级有关部门不依法履行职责，对新塔公司长期非法采矿、非法建设尾矿库、非法生产运营等问题监管不力，少数工作人员失职渎职、玩忽职守；山西省地方各级政府贯彻执行国家安全生产方针政策和法律法规不力，未依法履行职责，有关领导干部存在失职渎职、玩忽职守问题。

山西襄汾特大尾矿库事故为尾矿库的管理敲响了一记警钟，国家发展改革、国土资源、环境保护等有关部门应进一步加强有关尾矿库建设、运行、闭库监管等方面的政策研究，尽快落实尾矿库重大隐患整改专项资金；督促地方各级人民政府相关部门认真执行有关安全标准、规程，严格尾矿库准入条件，强化尾矿库的立项审批、监督检查和运行管理；完善联合执法机制，严厉打击各类非法采矿、违法建设和违法生产活动。

三、事故教训及对策

根据尾矿库失事的直接原因分析，尾矿库事故主要可以归纳为 3 种类型：洪水及排水系统引起的事故、坝体及坝基失稳的事故、周边环境不利因素引起的事故。对各类事故的因素和对策概括如下：

（一）洪水及排水系统引起事故的因素及对策

（1）防洪设防标准低于现行标准，造成尾矿库防洪能力不足，发生洪水漫顶溃坝。避免措施如下：

① 按现行防洪标准进行复核，当设计的防洪标准不足时，应重新进行洪水计算及调洪演算。

② 经计算确认尾矿库防洪能力不足时，应采取增大调洪库容或扩大排洪设施排洪能力的措施。

（2）洪水计算依据不充分，洪峰流量和洪水总量计算结果偏低。避免措施如下：

① 应用当地最新版本水文手册中的小流域或特小流域参数进行洪水计算及调洪演算。

② 采用多种方法计算，经对比分析论证，确定应采用值，一般应取高值。

（3）尾矿库调洪能力或排洪能力不足，安全超高和干滩长度不能满足要求，造成溃坝。避免措施：可采取增大调洪库容或扩大排洪设施排洪能力的措施，必要时，可增建排洪设施。

（4）排洪设施结构原因和阻塞造成尾矿库减少或丧失排洪能力，避免措施如下：

① 对因地基问题引起排洪设施倾斜、沉陷断裂和裂缝的，应及时进行加固处理，必要时，可新建排洪设施；对地基情况不明的，禁止盲目设计。

② 对因施工质量问题或运行中各种不利因素引起的排洪设施损坏（如混凝土剥落、裂缝漏砂、砂石磨蚀、钢筋外露等），应及时进行修补、加固等处理。

③ 对排洪设施堵塞的，应及时检查、疏通。

④ 对停用的排水井，应按设计要求进行严格封堵。

（5）子坝挡水无效，溃坝。避免措施如下：

① 生产上应在汛前通过调洪演算，采取加大排水能力等措施达到防洪要求，严禁子坝挡水。

② 必要时，可增大尾矿子坝坝顶宽度，使其达到最高洪水位时能满足设计规定的最小安全滩长和安全超高要求。

（二）坝体及坝基失稳事故的因素及对策

（1）基础情况不明或处理不当引起坝体沉陷、滑坡。采取措施如下：

① 查明坝基工程地质及水文地质条件，精心设计。

② 及时进行加固处理。

（2）坝体抗剪强度低，边坡过陡，抗滑稳定性不足。采取措施如下：

① 上部削坡，下部压坡，放缓坡比。

② 压坡加固。

③ 碎石桩、振冲等加固处理，提高坝体密度和抗剪强度。

（3）坝体浸润线过高，抗滑稳定性不足。避免措施如下：

① 设计上采用透水型初期坝或具有排渗层的其他形式初期坝，尾矿堆积坝内预设排渗设施。

② 生产上可增设排渗降水设施，如垂直水平排渗井、辐射排水井等。

③ 降低库内水位，增加干滩长度。

（4）坝面沼泽化、管涌、流土等渗流破坏。避免措施如下：

① 增设排渗降水设施。

② 采用反滤层并压坡处理。

（5）振动液化。避免措施如下：

① 设计上应进行专门试验研究，采取可行措施。

② 降低浸润线。

③ 废石压坡，增加压重。

④ 加密坝体，提高相对密度。

（三）周边环境引起事故的因素及对策

（1）非法采掘，引起地质灾害，导致尾矿库事故。避免措施如下：

① 尾矿库建设中应查明周边地质条件，对不良地质现象应采取必要的治理措施。

② 采取有效措施杜绝尾矿库周边非法采掘。

③ 加强巡视，发现异常及时查明原因，采取措施，防止地质灾害发生。

（2）周边非法采矿企业向库内排放尾矿，占据尾矿库调洪库容，避免措施如下：

① 政府有关部门应坚决取缔非法采矿作业。

② 必要时采取加高坝体等工程措施，增加尾矿库调洪库容，满足尾矿库防洪要求。

（3）在尾矿坝上和库内进行乱采滥挖，破坏坝体和排洪设施。避免措施如下：

① 严禁非法作业。

② 及时巡视并修复尾矿库安全设施。

第五章　尾矿库安全管理与监督

【学习要点】

1. 大纲要求：了解企业尾矿库安全管理机构与职责，熟悉尾矿库安全检查的方式和要求，明确尾矿库事故应急救援体系建设及规定；会熟练开展尾矿库安全检查，正确识别尾矿库常见病害，会准确填写生产、检查记录。

2. 本章要点：矿山企业安全管理机构设置要求，尾矿库车间（工段）或班组安全生产责任制、安全管理制度及安全操作规程；尾矿库安全检查的内容，安全检查方式及检查开展要求；尾矿库事故隐患排查，事故应急救援体系建设及应急救援演练要求，事故现场医疗抢救护理知识；尾矿库工程档案管理，尾矿库管理监督要求等。

【考试比例及课时建议】

本章与第四章、第四章均属专业技能内容，3 章考试比例共占 53%，其中第五章考试比例占 14%，建议初训时间 6 学时，复训时间 1 学时。

第一节　尾矿库安全管理机构与职责

一、矿山安全机构

（一）法律法规要求

《安全生产法》、《矿山安全法》以及《四川省安全生产条例》等法律法规对生产经营单位在遵守法规、加强管理、健全责任制和完善安全生产条件等方面都作出了明确规定，同时还明确了生产经营单位的主要负责人、安全管理人员、特种作业人员和所有从业人员的安全生产责任。

矿山企业生产涉及危险有害因素较多，属于高危行业范畴，因此要求设立专职安全生产管理机构，配置专兼职安全生产管理人员，强调安全投入保障，并规定了违反安全生产法要求的处罚标准。近年来，随着安全生产行政许可制度的推行，安全生产标准化创建的倡导、安全文化建设的要求，矿山企业的安全生产管理体系正日臻完善和规范。

（二）矿山安全生产管理体系的基本模式

矿山安全生产管理体系的基本路径，就是通过建立健全安全生产责任制，制定安全管理制度和操作规程，排查治理隐患和监控重大危险源，建立预防机制，规范生产行为，使各生产环节符合有关安全生产法律法规和标准规范的要求，使人、机、物、环处于良好的生产状态，并持续改进，不断加强企业安全生产规范化建设。概括起来，主要包含以下要点：

1. 确立企业安全生产方针和目标

（1）在以人为本、风险控制、持续改进原则基础上，结合本企业的安全生产条件基础，确立具有本企业特色、能够被全体员工认同的企业安全生产方针。

（2）依据法律法规要求、风险评价结果、系统内部评价结果，以及管理评审结果、过去安全绩效指定部门与人员负责目标的设立、沟通、回顾，建立安全目标考核评价制度，建立目标跟踪监测系统，为实现具体的目标提供足够的资源，体现企业的安全态度、信心和行动努力方向。

2. 切实提升企业员工的安全生产意识

有效提升企业所有员工安全生产意识的核心要务，就是全面、及时、规范地宣贯国家安全生产法律、法规、规章和技术规范、标准。即通过企业的不懈努力，确保企业的每一个员工都熟悉本岗位、本部门、本企业生产经营活动涉及哪些安全法律法规和技术规范标准；清楚自身的任何不安全行为都是对某条安全法规条款的违背，都将受到何种性质和程度的处罚。强化安全法制观念，自觉摈弃"三违"行为，努力做到"三不伤害"！而要达到该目的，企业必须有安全法律法规的识别制度与识别机制，随时追踪并更新自己的数据库，通过各种途径和渠道向员工传递法律法规信息。同时，要使员工理解，企业的安全生产规章制度及执行体系，实际就是国家法律法规、技术规范和标准在本企业的延伸。

3. 健全企业安全生产组织保障体系

首先，是企业的安全生产责任制是否真正得到落实，尤其是企业主要负责人的安全生产职责必须满足法律法规的要求；企业从法人岗位一直到后勤服务的临时工岗位，从安全生产专职管理机构到生产、技术、财务、供应等所有的管理机构，都编制有可监督、可量化考核的安全生产责任制条款。其次，企业配置有足够的具备安全生产管理能力的专兼职安全生产管理人员，在企业的任何一个危险作业场所均能够有安全管理岗位及称职的安全管理人员值守。第三，企业的安委会（或安全领导小组）、安全管理部门机构，以及下属的安全生产管理网络，应通过企业正式的文件形式予以确认和公示，明确职责，并吸收员工代表，培训提升能力、定期开展活动，确保所有员工了解。第四，要能确保所有员工可随时获取、学习和了解安全管理的各项规章制度，含基本制度、安全检查制度、职业危害预防和职业卫生管理制度、安全教育培训制度、事故和事件管理制度、重大危险源监控制度、重大隐患整改制度、设备和设施安全管理制度、危险物品和材料管理制度、特殊作业现场管理与审批制度、特殊工种管理制度、安全生产档案管理制度和安全生产奖惩制度等。

4. 危险源辨识与风险评估机制

企业有系统全面、动态地识别和评估风险，有效控制风险的计划和行动。要求每一个岗位均编制有可操作的作业指导书，作业指导书应简明扼要，步骤清楚、完整，对危险源的辨识全面，关键步骤确定准确，安全措施齐全。企业岗位风险评估应程序化、常态化，有记录、有档案、可追溯。

5. 安全教育和培训机制

一是企业有安全教育培训计划目标和考核，确保年度的安全教育培训工作规范有序；二是企业法人、安全生产管理人员、特种作业岗位人员必须持证作业，并按期参加复训；三是企业员工的"三级"安全培训记录齐全，培训方式和内容可考核可复查。

6. 生产工艺安全管理机制

矿山基本建设、生产运行及安全设施配置等（论证、勘察、设计、施工、验收等各个环节）的技术资料、图纸档案管理规范。提升运输、通风、支护、供配电、动力供应（压风或燃料）、爆破器材、防排水和防灭火设施，以及安全卫生设施、应急处理程序更新情况、受影响员工的针对性培训情况、作业指导书、作业程序的更新情况等，是否围绕生产工艺的安全可靠性进行了系统地配置和更新。

7. 设备设施安全管理机制

矿山设备设施的安全管理制度是否健全完善，设备设施的平面布置、安全设施配置是否符合法规要求；设备设施的维修维护、检测检验等环节的安全控制措施是否落实。特种设备、安标产品、矿用关键设备等是否认真进行了危险有害因素辨识，是否编制有安全操作规程，操作人员是否均经规范培训取得上岗资格。

8. 作业现场安全管理

《金属非金属矿山安全技术规程》中规定的安全出口、安全通道设置符合性，矿井冲击地压、冒顶片帮等监控措施，掘进、矿房、采空区及废弃井巷安全管理符合性，露天采场边坡监测符合性，井下通风条件保障，供电可靠性保障，等等，均应达到技术规范要求。作业现场的安全标志、安全色、安全防护设施等符合性，以及作业过程中的交接班制度记录，个体防护用品使用，作业指导书的规范使用，以及员工对安全出口和紧急撤离路线的熟悉程度考核等。

9. 职业卫生健康管理

职业卫生健康管理包括：职业健康监护制度的制定，职业危害因素分析，健康监护档案的健全情况，职业危害监测计划、识别，员工职业病防护措施。

10. 安全投入保障及技术支持

制订安全经费提取和使用管理制度，有专款使用记录；建立健全安全经费支付台账，进行年度核算考核。注意引进和实施安全新产品、新技术、新工艺、新材料，以及重大危险源监控、预警与控制技术；依法参加工伤保险并积极探索分散安全风险的其他保险模式。

11. 安全检查的有效推进

企业所有生产经营场所、活动、设备、设施、人员和管理等环节，均应实施有效的安全检查程序，不断发现隐患、消除隐患，限期整改，时刻保持对事故苗头的忧患意识和高度警惕状态。结合贯彻隐患排查治理的要求，把风险辨识及风险管理的机制融入到日常管理活动之中。

12. 应急体系建设及应急管理

建立规范的应急管理体系和事故应急救援机制。

13. 事故调查与报告分析管理

按照相关法规的要求，设立企业生产事故处理的机构及管理制度，有效应对突发事件并能按照程序规定上报事故，积极配合事故调查组进行有序调查，严肃处理事故责任人员，坚持事故处理"四不放过"原则，从事故中吸取经验教训。

14.绩效考核与持续改进

健全企业的安全生产管理绩效考核体系，完善从企业法人代表到基层普通员工的安全奖惩制度，切实保障企业每一个员工的安全生产管理业绩得到考评，并依据考评结果获得鼓励和鞭策。同时对企业的安全生产管理体系运行质量进行评估，不断修正、补充和提升并持续改进安全管理体系的运行效能。

（三）矿山企业安全生产管理制度参考目录

（1）方针和目标管理制度。

（2）法律法规管理制度。

（3）安全责任制度。

（4）管理机构与人员任命制度。

（5）员工参与制度。

（6）安全生产规章制度管理。

（7）内外联系与合理化建议制度。

（8）管理评审制度。

（9）供应商承包商管理制度。

（10）安全认可与奖励制度。

（11）工余安全管理制度。

（12）危险源辨识与风险评价制度。

（13）关键任务识别与分析管理制度。

（14）任务观察管理制度。

（15）安全教育培训制度。

（16）设计管理制度。

（17）采矿工艺管理制度。

（18）生产保障系统管理制度。

（19）变化管理制度。

（20）设备设施管理制度。

（21）现场安全管理制度。

（22）作业过程管理制度。

（23）劳动防护用品管理制度。

（24）职业卫生管理制度。

（25）人机功效管理制度。

（26）安全投入管理制度。

（27）安全科技管理制度。

（28）工伤保险管理制度。

（29）安全检查制度。

（30）纠正和预防措施管理制度。

（31）应急管理制度。

（32）事故/事件管理制度。

（33）绩效测量管理制度。

（34）系统内部评价管理制度。

二、尾矿车间、工段或班组安全管理职责

尾矿库一般属于矿山（选厂）的附属设施，应在企业的安全生产管理体系内从事安全生产活动，其部门及岗位的安全管理系统及机制应遵从企业的统一要求。但尾矿库是一座人为形成的高位泥石流危险源，一

旦失事将对矿山企业及下游的人民生命财产造成惨重的损失。因此，尾矿库应列为矿山企业的一个重大危险源，须引起矿山主要负责人的高度重视，并配置强有力的安全管理队伍，切实保障其安全运行。

1992 年 11 月 7 日发布的《中华人民共和国矿山安全法》和 1996 年 10 月 30 日国务院发布的《中华人民共和国矿山安全法实施条例》中，对尾矿库的安全工作都有明确指示。2000 年 12 月 1 日原国家经贸委第 20 号令《尾矿库安全管理规定》对尾矿库安全管理的要求就更加具体。这说明我国早已将尾矿库安全管理用国家法律和行政法规的形式予以确立，其严肃性和重要性不言而喻。国家安监总局设立以来，对《尾矿库安全监督管理规定》又进行了两次修订，同时颁布了《尾矿库安全技术规程》，并将尾矿库纳入单独办理安全生产许可证的范围。

（一）尾矿库安全管理过程控制的特殊性

尾矿库能否安全运行取决于多种因素。当尾矿库投入运行之前，尾矿库的工程地质、水文地质勘察，尾矿库设计、初期坝及排洪构筑物的施工与监理等工作就成为确保尾矿库安全运行的基础。

勘察报告提供的各项力学指标是设计者确定方案和进行坝体稳定性计算的依据，如果指标比实际偏高，则导致设计出来的尾矿库（坝）偏于危险；设计人员资质不够，关键问题考虑不周，更是遗患无穷；施工质量不好，自然也是隐患所在。上述因素的危害在尾矿库投入运行的初期，往往不易被察觉，一旦发现，即使花费大量时间和资金进行治理，也难以取得显著效果，应当引起更大的关注。

尾矿库投入运行以后，企业的技术管理、生产操作与维护、安全检查与监督等工作是确保尾矿库安全运行的关键。

尾矿库技术属于一门边缘性科学应用技术，涉及面广，变化的不确定因素较多。有一些意外的天然及人为因素长期或周期性地威胁着尾矿库的安全，由此产生各种病害也是难免的。因此，尾矿库病害的治理和抢险工作也属于安全管理范畴。所以，尾矿库安全管理的涵盖面是多方面的。

（二）尾矿库安全管理制度建设

《尾矿库安全监督管理规定》明确，企业经营管理者是尾矿库安全生产的第一责任人。第一责任人应在规定管辖的范围内指定或设立相应的机构负责实施《尾矿库安全监督管理规定》中有关对企业的各种要求，组织制订适合本单位实际情况的规章制度，配备与实际工作相适应的专业技术人员或有实际工作能力的人员负责尾矿库的安全管理工作，保证必需的安全生产资金。

鉴于尾矿工作涉及的危险有害因素程度及专业技术特征，国家认定矿山尾矿操作工为特种作业人员。一方面尾矿库操作条件艰苦，需要具有吃苦耐劳精神的员工；另一方面尾矿操作中有许多专业技能要求，又需要具有一定文化基础的员工；所以尾矿工是比较难得的专业人才。但一些矿山企业比较忽略尾矿工需要专业技能的条件，甚至用小学文化程度以下的人员从事尾矿工作，这显然是极为不妥的。

尾矿库安全管理制度建设，必须结合本矿山及尾矿库的实际情况进行，切忌照抄照搬其他尾矿库的管理模式。下面列举的制度条款仅作参考。

1. 企业尾矿库安全管理机构的主要职责

（1）贯彻执行国家有关尾矿库安全生产的方针、政策、法规及技术规范。

（2）编制尾矿库安全工作、年度计划和长远规划，并组织实施。

（3）编制尾矿库安全生产的各项规章制度，并检查执行情况。

（4）编制各种灾害预案，并组织演练。

（5）负责技术资料的收集、整编、分析和保存，建立健全技术档案工作。

（6）按有关规定审批和报批尾矿库的设计、施工和检测项目。

（7）定期或不定期组织尾矿库的安全大检查，落实尾矿库安全隐患的治理工作。

（8）负责尾矿库抢险和工程救护，发现重大事故隐患和险情要及时向有关安全生产监督管理部门报告，紧急情况下，应报请当地人民政府及有关部门给予协助。

（9）组织尾矿库操作和安全管理人员的培训工作。

2. 尾矿车间、工段或班组的职责

大型尾矿库设置尾矿车间，中型尾矿库设置尾矿工段，小型尾矿库设置尾矿班组。它们都是尾矿设施安全生产操作的基层机构，主要职责如下：

（1）认真贯彻执行上级下达的各项指令和任务。

（2）建立健全尾矿设施安全管理的工作制度。

（3）编制年、季度作业计划和详细运行图表，统筹安排和实施尾矿输送、分级、排放、筑坝和排洪的管理工作。

（4）日常巡查和观测，发现不安全因素时，应立即采取应急措施并及时向上级报告。

（5）对尾矿设施的安全检查和监测作出及时、全面的记录。

3. 尾矿库安全管理制度

（1）尾矿库的安全管理制度主要包括责任制、奖惩制和考核制。

（2）尾矿库的安全管理实行厂、车间二级管理承包责任制。厂长为尾矿库的安全第一责任人；生产副厂长为直接责任人；车间主任为尾矿库安全的直接负责人。

（3）尾矿库的安全检查，作为安全管理制度的一项管理内容，可分为四级，即日常检查、定期检查、特别检查和安全鉴定。

① 日常检查：车间、班组应对尾矿库进行日常检查，交接班应有记

录，并妥为保存。

② 定期检查：厂部组织有关人员对尾矿库的安全运行情况进行定期检查，每月一次，发现问题及时研究处理，并将检查结果向主管领导报告，将有关资料归档；主管尾矿库安全部门应组织有关职能部门的人员，每年汛前、汛后对尾矿库的安全运行情况进行一次全面的检查，并于汛期前一个季度提出尾矿库度汛方案报当地防汛指挥部，同时抄报行业尾矿坝工程安全技术监督站。

③ 特别检查：当发生特大洪水、暴雨、强烈地震及重大事故等灾害后，工厂应组织有关部门及基层管理单位对尾矿库的安全状态进行一次全面的大检查，必要时报请上级有关单位会同检查，检查结果应同时抄报上级主管部门。

④ 安全鉴定：当尾矿坝堆积坝高度达到总堆积高度的 1/2～2/3 时，应根据具体情况按现行规范标准进行一至二次安全鉴定工作，其重点应为抗洪能力及坝体稳定性。

（4）尾矿库的安全管理应纳入正常生产计划，并列入安全生产、质量评比工作内。应建立严格的奖惩制度，对在确保尾矿库安全运行方面作出贡献的管理、操作人员实行奖励。对于玩忽职守、违反管理规程的人员及造成事故的直接责任人，要追究责任、严肃处理。

（5）设置专职或兼职尾矿安全管理人员，负责具体技术工作，其人员应具备尾矿库安全管理方面的基本专业知识，掌握尾矿库设计文件及有关规定，了解尾矿处理工艺流程，熟悉国家或部门有关标准及规定、规范等。

（6）尾矿库操作是特殊工种作业人员，必须通过培训考核合格后才能上岗。

4. 尾矿工岗位职责

（1）认真完成班组长下达的生产任务。

（2）严格按设计文件的要求和有关技术规范进行操作。

（3）严格按要求做好尾矿输送、浓缩、分级、尾矿排放、筑坝、防洪排洪、坝体位移和浸润线的观测记录等各项工作。

（4）巡坝过程中，如发现在库区周围爆破、滥挖尾矿、堵塞排水口等危害尾矿库安全的活动，应及时劝阻并制止。

（5）发现险情，应及时报告上级，必要时有权当机立断采取排险措施。

（6）完成应急预案所要求的相关工作。

5. 尾矿库安全管理人员职责

（1）贯彻执行《尾矿库安全管理规定》，执行党的安全生产方针、政策、法令、规定和上级有关指示。

（2）深入现场检查，督促巡管、巡坝人员对坝首执行 24 h 监控，对存在的不安全因素，提出整改措施和处理意见。

（3）建立健全尾矿管理、检查、监测台账和月报表。

（4）制订尾矿库安全管理预案，签订尾矿安全消防救援合同。雨季做到当日检查当日向有关领导汇报。

（5）定期对库区周边巡逻，保持库区安全。严格库内放矿制度，保持尾砂自然坡度。

（6）尽量延长库内干滩长度，保持库内尾水达标排放。

（7）参与库区的新建、扩建、堆筑子坝、封井等工程的督促实施和验收工作。

（8）协助科领导和其他科员处理好安全文明生产存在的问题。

（9）加强政治理论和业务知识学习，提高技术水平。

（10）做好相关应急救援预案的落实工作。

6. 尾矿坝巡视人员职责

（1）负责对尾矿库所有尾矿管的检查工作，发现泄漏及时采取措施解决或通知选厂一级泵站停机换泵，杜绝坝面有冲沟现象。

(2) 负责对浸润管完好情况的检查，确保浸润管在库内露出 1 m 以上。

(3) 负责对尾矿库坝首截洪沟、坝坡截水沟有无堵塞的检查工作。

(4) 按生产调度指令，做好库内放矿的均衡分布，保证滩面均匀上升。

(5) 负责对库内调洪高度、水位上升的检查工作。

(6) 负责对坝体两岸稳定及山体有无异常和急变的检查工作。

(7) 负责对坝体渗透水水质变化的检查工作。

(8) 每月月初，将这个月巡坝检查记录呈送厂安环科，以便存档。

(9) 做好相关应急救援预案的落实工作。

7. 尾矿库排放与筑坝操作规程

(1) 尾矿坝滩顶高程必须满足生产、防汛、冬季冰下放矿和回水的要求。

(2) 尾矿筑坝必须有足够的安全超高、沉积干滩长度和下游坝面坡度。

(3) 每一期筑坝冲填作业之前，必须进行岸坡处理。岸坡处理应做隐蔽工程记录，如遇泉眼、水井、地道或洞穴等，要采取有效措施进行处理，经主管技术人员检查合格后方可冲填筑坝。

(4) 上游式尾矿筑坝法，应于坝前均匀分散放矿，修子坝或移动放矿管时除外，不得任意从库后或库侧放矿。同时满足以下要求：粗颗粒尾矿沉积于坝前，细颗粒排至库内，在沉积滩范围内不允许有大面积矿泥沉积；沉积滩顶应均匀平整；沉积滩坡度及长度等应符合设计的要求；严禁矿浆沿子坝内坡趾横向流动冲刷坝体；放矿矿浆不得冲刷坝坡；放矿应有专人管理。

(5) 坝体较长时应采用分段交替放矿作业，使坝体均匀上升，应避免滩面出现侧坡、扇形坡或细颗粒尾矿大量集中沉积于一端或一侧。

(6) 放矿口的间距、位置、同时开放的数量、放矿时间以及水力旋流器使用台数、移动周期与距离，应按设计要求或作业计划进行操作。分散放矿支管、导流槽伸入库内的长度和距滩面的高度应符合设计要求。

(7) 为保护初期坝的反滤层免受尾矿水冲刷，应采用多管小流量的放矿方式，以利尽快形成滩面，并采用导流槽或软管将矿浆引至远离坝顶处排放。

(8) 冰冻期、事故期或由某种原因确需长期集中放矿时，不得出现影响后续堆积坝体稳定的不利因素。

(9) 岩溶发育地区的尾矿库，应加强周边放矿，以加速形成防渗层，减少渗漏和落水洞事故。

(10) 每期子坝堆筑完毕，应进行质量检查，检查记录需经主管技术人员签字后存档备查。主要检查内容：子坝剖面尺寸、长度、轴线位置及边坡坡比；新筑子坝的坝顶及内坡趾滩面高程、库内水面高程；尾矿筑坝质量。

(11) 尾矿滩面及下游坝坡面上不得有积水坑。

(12) 坝外坡面维护工作可视具体情况选用以下措施：坝面修筑人字沟或网状排水沟；坡面植草或灌木类植物；采用碎石、废石或山坡土覆盖坝坡。

8. 尾矿库水位控制与防汛操作规定

(1) 控制尾矿库水位应遵循的原则：在满足回水水质和水量要求前提下，尽量降低库水位；当回水与坝体安全对滩长和超高的要求有矛盾时，应确保坝体安全；水边线应与坝轴线基本保持平行。尾矿库实际情况与设计要求不符时，应在汛期前进行调洪演算。

(2) 汛期前应采取下列措施做好防汛工作：明确防汛安全生产责任制，建立值班、巡查和下游居民撤离方案等各项制度，组建防洪抢险队伍；疏浚库内截洪沟、坝面排水沟及下游排洪河（渠）道；详细检查排洪系统及坝体的安全情况，要根据实际条件确定排洪口底坎高程，将排洪口底坎以上 1.5 倍调洪高度内的堵板全部打开，清除排洪口前水面漂浮物，确保排洪设施畅通；库内设清晰醒目的水位观测标尺，标明正常运行水位和警戒水位；备足抗洪抢险所需物资，落实应急救援措施；及时了解和掌握汛期水情和气象预报情况，确保上坝道路、通信、供电及照明线路可靠和畅通。

（3）排除库内蓄水或大幅度降低库水位时，应注意控制流量，非紧急情况不宜骤降。

（4）岩溶或裂隙发育地区的尾矿库，应控制库内水深，防止落水洞漏水事故。

（5）未经技术论证，不得用常规子坝拦洪。

（6）洪水过后应对坝体和排洪构筑物进行全面认真的检查与清理。发现问题应及时修复，同时，采取措施降低库水位，防止连续暴雨后发生垮坝事故。

（7）不得在尾矿滩面或坝肩设置泄洪口。有地形条件的尾矿库，可设置非常排洪通道。

（8）尾矿库排水构筑物停用后的封堵，必须严格按设计要求施工，并确保施工质量。一般情况下，必须在井内井座顶部封堵或在隧洞支洞处封堵，严禁在排水井井筒上部封堵。

9. 排渗工序操作规程

（1）尾矿坝的排渗设施包括排渗棱体、排渗褥垫、排渗盲沟和各种排渗井等。在尾矿坝运行过程中如需增设或更新排渗设施，应经技术论证，并经企业安全管理部门批准。

（2）排渗设施属隐蔽工程，必须按设计要求精心选料、精心施工，详细填写隐蔽工程施工验收记录，并绘制竣工图。排渗设施的施工可参照《碾压式土石坝施工技术规范》执行。

（3）坝肩、盲沟等应严格按设计要求施工，防止发生集中渗流。

（4）尾矿库运行期间应加强观测，注意坝体浸润线出逸点的变化情况和分布状态，严格按设计要求控制。

（5）当发现坝面局部隆起、塌陷、流土、管涌、渗水量增大或渗水变浑等异常情况时，应立即采取措施进行处理并加强观察，同时报告企业安全管理部门，情况严重的，应报当地安全生产监督部门。

10. 尾矿库溢流井工序安全操作规程

（1）根据尾矿库内尾水水质变化情况和生产耗水情况，服从厂调度指挥安排，做好溢流井围板添加等工作。

（2）因加围板需用铁船在水上作业，作业人员要求必须懂得一定的水性，并且身体素质要好。患有高血压、心脏病、贫血、精神病患者等病的人员不能安排从事此项工作。

（3）加围板工作人员不得少于6人（井边撑船两头各1人，加板4人，包括1人指挥在内）。车间安全员必须到场监督。

（4）工作人员必须严格穿戴好劳动保护用品，配备好救生服。

（5）作业前必须认真检查所用的围板是否符合要求，两面是否有裂痕，确定合格后方能使用。

（6）加围板前必须把将用的围板的上下面污泥和原加好的围板面上的污泥用水洗净。

（7）作业时必须佩戴好安全带。起围板时指派1人统一指挥，要齐心协力，步调一致。

（8）每加好一块周边围板，必须将两头、上下间隙用水泥砂浆抹好，溢流口要用软布或黄泥浆，将两头、上下间隙补好，尽量减少泄漏。

（9）工作完毕要认真做好当天参加工作人员、加高围板块数和累计溢流口加高块数的记录工作，并将情况及时汇报厂安环科。

11. 尾矿库防震管理

(1) 处于地震区的尾矿库，应制订相应的防震和抗震的应急计划，内容包括：抢险组织与职责；尾矿库防震和抗震措施；防震和抗震的物资保障；尾矿坝下游居民的防震应急避险预案；震前值班、巡坝制度等。

(2) 尾矿库原设计抗震标准低于现行标准时，必须进行加固处理。

(3) 严格控制库水位，确保抗震设计要求的安全滩长满足地震条件下坝体稳定的要求。

(4) 上游建有尾矿库、排土场、水库等工程设施的，应了解上游所建设施的稳定情况，必要时应采取防范措施。

(5) 地震后，必须对尾矿库进行巡查和检测，及时修复和加固破坏部分，确保尾矿库运行安全。

第二节　尾矿库安全检查

一、尾矿库安全检查的主要内容

尾矿库安全检查的目的在于及时发现安全隐患，以便及时处理，避免隐患扩大，防患于未然，这是防止尾矿库事故发生的重要措施，是"安全第一，预防为主，综合治理"方针的体现。尾矿库安全检查是企业安全生产管理的一项重要内容，也是各级安全生产监督管理部门的责任。安全检查分为日常安全检查（含日常巡视）、定期安全检查、特殊安全检查和安全评价 4 级。

尾矿库日常安全检查和定期安全检查的内容和周期可参照表 5-1，并对检查记录和资料进行分析、整理。

表 5-1　尾矿库生产运行期安全检查项目及检查周期

检查项目	检查周期	备　注
一、防洪安全检查		
1. 防洪标准检查		尾矿库等别变化时检查一次
2. 库水位检查	1 次/月	汛期 1 次/日
3. 滩顶高程的测定	1 次/月	汛期 1 次/日或自动监测
4. 干滩长度及坡度测定	1 次/月	汛期 1 次/日或自动监测
5. 防洪能力复核	1 次/年	每个汛期前 1 个月完成
二、排洪设施安全检查		
1. 排水井	1 次/月	排洪时应设专人看管，防止漂浮物淤堵
2. 排水斜槽	1 次/季	
3. 排水涵管	1 次/季	
4. 排水隧洞	1 次/季	
5. 截洪沟、溢洪道	1 次/月	汛期 1 次/日
三、尾矿坝安全检查		
1. 外坡比	2 次/年	
2. 位移	1 次/月	出现异常，增加次数或自动监测
3. 坝面裂缝、滑坡等变形	1 次/月	出现异常，增加次数
4. 浸润线	1 次/月	出现异常，增加次数或自动监测
5. 排渗设施	1 次/月	出现异常，增加次数或自动监测
6. 尾矿坝渗漏水水量及水质	1 次/月	
7. 排水沟等保护设施	1 次/季	
四、库区安全检查		
1. 周边地质稳定性	1 次/季	
2. 违章作业、违章建筑	1 次/月	

二、尾矿库安全检查方式及记录

（一）防洪安全检查

防洪标准是国家规定构筑物或设施应具备的抵御洪水的能力，进行尾矿库防洪安全检查应首先检查其防洪标准是否满足要求，已建、拟建和在建的尾矿库都应满足国家现行防洪标准。因此，检查尾矿库设计的防洪标准首先是核实其是否符合《尾矿库安全监督管理规定》和《尾矿库安全技术规程》中的相关规定。当设计的防洪标准高于或等于规程规定时，可按原设计的洪水参数进行检查，当设计的防洪标准低于规程规定时，应重新进行洪水计算及调洪演算。

当尾矿库防洪标准低于规定需重新进行洪水计算时，应注意尾矿库的洪水具有小流域甚至特小流域的特点，应用当地最新版本水文手册中小流域、特小流域参数进行洪水计算及调洪演算。

尾矿库水位检测，其测量误差应小于 20 mm。在遇有风浪时，更需准确测定其稳定水位，控制其衰减在规定范围内。检测方法有：

（1）查阅现场近期实测记录。

（2）库内水位标尺记录。

（3）根据排水设施关键部位的标高进行推算。

（4）用水准仪实测。

尾矿库滩顶高程的检测，应沿坝（滩）顶方向布置测点进行实测，其测量误差应小于 20 mm。当滩顶一端高一端低时，应在低标高段选较低处检测 1～3 个点，当滩顶高低相同时，应选较低处不少于 3 个点；其他情况，每 100 m 坝长选较低处检测 1～2 个点，但总数不少于 3 个点。各测点中最低点作为尾矿库滩顶标高。

进行滩顶高程的测定，目的在于确定最低滩顶高程，这是检查尾矿库安全超高和安全滩长的基准参数。尾矿库干滩长度的测定，视坝长及水边线弯曲情况，选干滩长度较短处布置 1～3 个断面。测量断面应垂直于坝轴线布置，在几个测量结果中，选最小者作为该尾矿库的沉积滩干滩长度。

检查尾矿库沉积滩干滩的平均坡度时，应视沉积干滩的平整情况，每 100 m 坝长布置不少于 1～3 个断面。测量断面应垂直于坝轴线布置，测点应尽量在各变坡点处进行布置，且测点间距不大于 10~20 m（干滩长者取大值），测点高程测量误差应小于 5 mm。尾矿库沉积干滩平均坡度，应按各测量断面的尾矿沉积干滩加权平均坡度平均计算。

尾矿库安全检查还需要确定库内水位、最低滩顶标高、沉积滩面坡度，再根据排洪设施的排水能力，进而进行调洪演算，确定最高洪水位及相应的安全超高和安全滩长是否满足设计要求。调洪演算是尾矿库安全检查和安全现状评价中对尾矿库防洪能力复核的主要手段和主要内容，应认真对待，保证其复核的可靠性。

排洪构筑物安全检查主要内容：构筑物有无变形、位移、损毁、淤堵，排水能力是否满足要求等。尾矿库排洪设施基本上是属于进水和排水类水工构筑物，为保证其功能有效，其稳定、结构强度和过水能力都应达到设计要求。

排水井检查内容：井的内径、窗口尺寸及位置，井壁剥蚀、脱落、渗漏、最大裂缝开展宽度，井身倾斜度和变位，井、管联结部位，进水口水面漂浮物，停用井封盖方法等。钢筋混凝土排水井常见的问题是裂缝、井身倾斜、"豆腐渣"工程、封井方式不得当等，应及时进行加固处理，必要时增建新设施。严禁在停用排水井井身顶部封堵，应按设计要求，在井座顶部封堵。如发现已在井身顶部封堵，则应立即采取补救措施，在井座顶部实行封堵。

排水斜槽检查内容：断面尺寸、槽身变形、损坏或坍塌，盖板放置、断裂，最大裂缝开展宽度，盖板之间以及盖板与槽壁之间的防漏充填物，漏砂，斜槽内淤堵等。

排水涵管检查内容：断面尺寸，变形、破损、断裂和磨蚀，最大裂缝开展宽度，管间止水及充填物，涵管内淤堵等。

对于无法入内检查的小断面排水管和排水斜槽可根据施工记录和过水畅通情况判定。

排水斜槽、排水涵管常见的问题是结构裂缝、受损、基础沉陷错位、漏砂、淤堵等。应及时进行加固、清淤等。钢筋混凝土结构的允许裂缝开展宽度应符合表 5-2 的规定。

排水隧洞检查内容：断面尺寸，洞内塌方，衬砌变形、破损、断裂、剥落和磨蚀，最大裂缝开展宽度，伸缩缝、止水及充填物，洞内淤堵及排水孔工况等。排水隧洞常见的问题是洞内塌方、衬砌剥落和磨蚀、排水孔失效等，应及时加强砌护，疏通排水孔等。当隧洞进口段出现水压过大有漏砂现象时，必须引起高度重视，应立即查明原因，妥善处理，必要时可进行高压灌浆处理。

溢洪道、截洪沟检查内容：断面尺寸，沿线山坡滑坡、塌方，护砌变形、破损、断裂和磨蚀，沟内淤堵等。对溢洪道还应检查溢流坝顶高程、消力池及消力坎等。溢洪道、截洪沟常见的问题是边坡塌方淤堵、护砌破损等，应及时检查，妥善处理。

表 5-2 钢筋混凝土结构构件最大裂缝宽度的允许值

结构构件所处的条件			最大裂缝宽度/mm
水下结构	水质无侵蚀性	水力坡降≤20%	0.3
		水力坡降≤20%	0.2
	水质有侵蚀性	水力坡降≤20%	0.25
		水力坡降≤20%	0.15
水位变动区	水质无侵蚀性	年冻融循环次数≤50%	0.25
		年冻融循环次数≤50%	0.15
	水质有侵蚀性		0.15
水上结构			0.3

（二）尾矿坝安全检查

尾矿坝安全检查内容：坝的轮廓尺寸，变形、裂缝、滑坡和渗漏，坝面保护等。尾矿坝的位移监测可采用视准线法和前方交汇法，尾矿坝的位移监测每年不少于 4 次，位移异常变化时应增加监测次数，尾矿坝的水位监测包括库水位监测和浸润线监测；水位监测每月不少于 1 次，暴雨期间和水位异常波动时应增加监测次数。

（1）检测坝的外坡坡比。每 100 m 坝长不少于 2 处，应选在最大坝高断面和坝坡较陡断面。水平距离和标高的测量误差不大于 10 mm。尾矿坝实际坡陡于设计坡比时，应进行稳定性复核，若稳定性不足，则应采取措施。

（2）检查坝体位移。要求坝的位移量变化应均衡，无突变现象，且应逐年减小。当位移量变化出现突变或有增大趋势时，应查明原因，妥善处理。

（3）检查坝体有无纵、横向裂缝。坝体出现裂缝时，应查明裂缝的长度、宽度、深度、走向、形态和成因，判定危害程度，妥善处理。

（4）检查坝体滑坡。坝体出现滑坡时，应查明滑坡位置、范围和形态以及滑坡的动态趋势。

（5）检查坝体浸润线的位置。应查明坝面浸润线出逸点位置、范围和形态。

（6）检查坝体排渗设施。应查明排渗设施是否完好、排渗效果及排水水质是否符合要求。

（7）检查坝体渗漏。应查明有无渗漏出逸点，出逸点的位置、形态、流量及含砂量等。

（8）检查坝面保护设施。检查坝肩截水沟和坝坡排水沟断面尺寸，沿线山坡稳定性，护砌变形、破损、断裂和磨蚀，沟内淤堵等；检查坝坡土石覆盖保护层实施情况。

尾矿坝应重点检查外坡坡比、位移、塌陷、裂缝、冲沟、浸润线、渗透水及沼泽化。当尾矿坝外坡坡比陡于设计时，应进行稳定复核；当出现异常时，应及时查明原因，妥善处理。

（三）库区安全检查

尾矿库库区安全检查主要内容：周边山体稳定性，违章建筑、违章施工和违章采选作业等情况。

检查周边山体滑坡、塌方和泥石流等情况时，应详细观察周边山体有无异常和急变，并根据工程地质勘察报告，分析周边山体发生滑坡的可能性。尾矿库周边山体滑坡或泥石流对尾矿坝或尾矿库排洪设施造成严重破坏的案例时有发生，因此应非常重视尾矿库周边山体的地质稳定性，加强监测，出现异常及时采取有效措施。

检查库区范围内危及尾矿库安全的主要内容：违章爆破、采石和建筑，违章进行尾矿回采、取水，外来尾矿、废石、废水和废弃物排入，放牧和开垦等。

第三节 尾矿库事故应急救援与抢险

一、尾矿库隐患治理

尾矿库隐患排查治理的内容主要包括以下几个方面：

（1）按照设计要求组织生产运行情况，是否按规定编制年度尾矿排放作业计划；对存在危害尾矿库安全的违规设计、超量储存、超能力生产等隐患的整改情况。

（2）最小安全超高、最小干滩长度、排洪设施，尾矿坝浸润线埋深、坝体外坡坡比、排渗设施等是否满足设计与《尾矿库安全技术规程》要求；滩顶高程是否满足生产、防汛、冬季冰下放矿和回水要求；四等以上尾矿坝是否设置了坝体位移和坝体浸润线观测设施。

（3）已投入生产运营但无正规设计或者资料不全的尾矿库，在规定的期限内完成补充设计或补齐必要资料的整改情况。

（4）从事尾矿库放矿、筑坝、排洪和排渗设施操作的特种作业人员安全教育培训和持证上岗情况。

（5）防洪度汛主要措施、应急预案、物资器材准备等情况；对尾矿坝实施有效监控的情况，对尾矿坝下游居民区或重要设施实施有效监控的情况。

（6）在用尾矿库回采再利用和闭库后再利用的尾矿库，未履行建设项目"三同时"制度的整改情况。

（7）库区内存在从事爆破或采砂等危害尾矿库安全的隐患整改情况。

（8）未履行安全评价、安全设施设计审查及竣工验收制度的整改情况。

（9）安全生产责任制、安全生产规章制度、操作规程的建立和落实等情况。

（10）事故处理和责任追究情况，防垮坝、防漫顶、防自然灾害等事故情况，重大险情应急救援预案制订、应急物资储备和演练情况。

二、尾矿库应急救援体系建设

尾矿库应急救援体系建设应在企业应急救援体系的统一部署下进行。基本要求是矿山企业应在企业应急救援体系中专门设立尾矿库应急救援指挥系统、针对尾矿库事故的特点成立专业救援组织和队伍，储备应急物质和器材，编制尾矿库应急救援预案，组织尾矿库专项应急救援演练等。

（一）国家级尾矿事故灾难应急预案

国家安全生产监督管理总局 2007 年编制了国家级的《尾矿库事故

灾难应急预案》。概括起来有以下要点：

（1）需要启动Ⅰ级响应的尾矿库灾难事故，跨省级行政区、跨多个领域（行业和部门）的尾矿库事故，国务院领导同志有重要批示，社会影响较大的尾矿事故；需要国家安全生产监督管理总局组织处置的重大事故，适用于国家级应急预案指导应急处置。

（2）国家级应急预案实施统一领导，分级负责原则。在国务院及国务院安委会统一领导下，安全监管总局负责指导、协调特别重大尾矿库事故灾难应急救援工作。地方各级人民政府、国务院有关部门和生产经营单位按照各自职责和权限，负责尾矿库事故的应急管理和应急处置相关工作。

（3）实施条块结合，属地为主原则。尾矿库事故灾难现场应急处置的领导和指挥以地方人民政府为主，发生事故的单位是事故应急救援的第一响应者，地方各级人民政府根据信息报告，按照分级响应的原则及时启动相应的应急预案。国务院有关部门指导、协助做好救援工作，协调调动社会资源参与救援。

（4）依靠科学，依法规范救援行为。充分发挥专家的作用，实行科学民主决策；依靠科技进步，采用先进技术，不断改进和完善应急救援的装备、设施和手段，提高应急处置技术和水平。依据有关规章规范应急管理和救援工作，增强应急处置方案的权威性和可操作性。

（5）预防为主，平战结合。贯彻落实"安全第一，预防为主，综合治理"的方针，做好应对事故的思想准备、预案准备、物资和工作准备。定期开展应急预案演练，加强部门协调配合，建立联动机制。将日常管理和应急救援工作相结合，做到常备不懈。

（6）安全监管总局成立尾矿库事故应急工作领导小组，在国务院及国务院安委会统一领导下，负责统一指导、协调特别重大尾矿库事故灾难应急救援工作。国家安全生产应急救援指挥中心具体承办有关工作。

（7）特别重大事故现场应急救援指挥部由省级人民政府负责组织成立，总指挥由省级人民政府负责人担任。现场应急救援指挥部按照事故应急预案，迅速组织应急救援队伍和专家，调动装备资源，统一指挥事故现场应急救援工作，并及时向安全监管总局报告事故及救援情况；需要本行政区域以外力量增援的或波及本行政区域外的事故，报请安全监管总局协调，并说明需要的救援力量、救援装备、波及范围等情况。现场救援指挥由熟悉事故现场情况的有关领导干部具体负责。

（8）生产经营单位按照《尾矿库安全监督管理规定》和《尾矿库安全技术规程》，定期对尾矿库进行安全评价，完善应急预案和管理制度，建立尾矿库档案，并将有关材料根据尾矿库的等别，报送省或市级安全生产监督管理部门和环境保护部门备案；针对尾矿库事故与洪涝灾害密切相关的特点，密切关注气象变化，加强对汛期尾矿库的管理，加大对尾矿坝的监测监控与预警，做好各项应急准备工作；对确定为危库、险库和病库的，按照《尾矿库安全监督管理》和《尾矿库安全技术规程》进行处理。

（9）安全监管总局统一负责全国尾矿库重大事故的接收、报告和信息处理工作，制定相关工作制度；建立全国尾矿库基本情况和重大灾害事故数据库。省级安全监管部门及其应急指挥机构利用现代信息技术对辖区内重点尾矿库进行跟踪管理，掌握重点尾矿库变化情况，及时分析监控信息。各级安全生产监督管理部门及其应急指挥机构掌握辖区内的尾矿库分布、等别等基本状况，建立辖区内尾矿库基本情况和重大事故隐患数据库，同时报上一级安全生产监督管理部门及其应急指挥机构备案。生产经营单位应经常对尾矿库进行安全检查，及时消除事故隐患。对需当地人民政府或安全生产监督管理部门协调解决的问题，要及时报告。

（10）生产经营单位应同当地人民政府建立联动工作机制，对尾矿库可能存在的危害性、预防知识和紧急情况下的避险知识进行宣传，通过多种形式和渠道，告知尾矿库事故可能危及区域的群众；雨季前，应对尾矿库进行一次全面检查，消除事故隐患；雨季期间，应加强对尾矿库的日常检查，同时与气象部门保持经常联系，及时掌握气象信息；事故可能发生时，通过预先确定的报警方法第一时间告知事故可能涉及的群众。

（11）尾矿库坝体出现管涌、流土等现象，威胁坝体安全时；尾矿库坝体出现严重裂缝、坍塌和滑动迹象，有垮坝危险时；尾矿库库内水位超过限制最高洪水水位，有洪水漫顶危险时；在用排水井倒塌或者排水管坍塌堵塞，丧失或者降低排洪能力时，生产经营单位要立即报告当地安全生产监督管理部门和人民政府，并启动应急预案，进行应急救援，防止险情扩大，避免人员伤亡。地方人民政府根据尾矿库事故险情，进行事故预警，启动相应的应急预案，及时组织群众疏散转移，实施救援。

（12）尾矿库发生事故时，事故现场人员应立即将事故情况报告单位负责人，并按照有关应急预案立即开展现场自救、互救。单位负责人接到事故报告后，应尽快确定事故影响（或波及）范围、人员伤亡和失踪情况以及对环境的影响，迅速组织抢救，并按照国家有关规定立即报告当地人民政府和有关部门。中央企业在向当地人民政府上报事故信息的同时，应当上报安全监管总局、环保总局和企业总部。

地方人民政府和有关部门接到事故报告后，应当按照规定逐级上报，并应当在 2 h 内报告至省（区、市）人民政府，紧急情况下可越级上报。事故灾难发生地的省（区、市）人民政府应当在接到特别重大事故信息报告后 2 h 内，向国务院报告，同时抄送安全监管总局和环保总局。

（13）按照条块结合、属地为主的原则，当地人民政府成立事故现场应急救援指挥部，按照应急预案统一组织指挥事故救援工作，有关部门协作配合。

（14）尾矿库事故发生后，发生事故的单位应立即启动应急预案，组织事故抢救，防止事故扩大，避免和减少人员伤亡，并通知有关专业救援机构；当地人民政府应组织相关部门和专业应急救援力量协助救援。

（15）省（区、市）人民政府应组织当地有关部门负责善后处置工作，包括伤亡救援人员、遇难人员亲属的安置、补偿，征用物资补偿，救援费用和事故累及人员医疗救治费用的支付，灾后重建，现场清理与处理等事项；负责恢复正常工作秩序，消除事故后果和影响，安抚受害和受影响人员，确保社会稳定。

事故灾难发生后，保险机构应及时派员开展应急救援人员和受灾单位及人员保险受理、赔付工作。

（16）应急响应结束后，地方人民政府及事故单位应认真分析事故原因，深刻吸取事故教训，制订事故防范措施，落实安全生产责任制，防止类似事故发生。省级安全生产应急指挥机构负责收集、整理应急救援工作记录、方案、文件等资料，组织专家对应急救援过程和应急救援保障等工作进行总结和评估，提出改进意见和建议，并将总结评估报告报安全监管总局。

（二）企业级尾矿库应急预案模板

1. 总　则

第一条　制订尾矿库应急预案是为了确保迅速、有序、切实有效地实施现场急救和做好伤员安全转移，避免和降低因灾害性事故所造成的损失，保障员工和人民群众身心健康和生命财产安全，有效促进企业的发展，确保社会稳定。

第二条　事故发生突然，扩散迅速，涉及范围广，危害性大，应及时指导和组织员工和周边群众采取有效措施加强自身保护，必要时迅速撤离危险区或可能受到危害的区域。撤离过程中，应积极组织员工和周边群众开展自救和互救工作。

第三条　为迅速控制事态发展，应对事故造成的危害进行检测、监测，测定事故危害区域、灾害性质及危害程度。及时控制住造成事故的危险源是应急救援工作的首要任务，只有及时控制住危险源，防止事故继续扩大，才能及时有效实施救援工作。

第四条　各单位、部门必须高度重视安全生产工作，坚持"安全第一、预防为主、综合治理"的方针，遵守和执行国家的《安全生产法》、《矿山安全法》等法律法规，建立健全安全生产责任制，完善安全生产条件，加强监督管理，确保安全生产。

第五条　尾矿库发生生产安全事故（灾害）后，事故现场有关人员应当立即报告本单位负责人，事故单位负责人接报后，应及时做出应急反应，并应及时向矿长报告事故情况（含时间、地点、事故现场简要情况）。

各单位、部门负责人接到事故（灾害）报告后，应迅速采取有效措施，组织抢救，防止事故扩大，减少人员伤亡和财产损失，同时向矿长报告有关情况及所需救援人员与物资；矿长接报后，必要时启动应急救援预案，并向公司总经理报告事故（灾害）有关情况，由公司按国家有关规定向当地安监管理等部门报告。

任何单位和个人都应支持、配合事故抢救，并提供一切便利条件。

2. 应急组织机构及职责

第六条　指挥系统及其职责。

（1）指挥领导机构。

总指挥：×××、副总指挥：×××、成员：×××。指挥部设在×××。根据人事变动情况，应及时调整应急救援指挥部及领导小组成员。

（2）应急救援指挥部或领导小组职责。

日常职责：

① 负责"应急救援预案"的制订和完善工作。

② 负责组建应急救援队伍。

③ 负责组织排险队、救援队的实际训练等工作。

④ 负责建立通信与警报系统,贮备抢险、救援、救护方面的装备、物资。

⑤ 负责督促做好事故的预防工作和安全措施的定期检查工作。尤其是汛期,要求各单位派人进行 24 h 值班、巡查。对查出的隐患,应及时处理。

应急时职责:

① 发生事故(灾害)时,应根据事故发展的态势及影响发布和解除应急救援命令、信号。按指挥人员、应急救援队的职责,立即组织应急救援。

② 向公司及上级部门、当地政府和友邻单位通报事故的情况。

③ 必要时向当地政府和有关单位发出紧急救援请求。

④ 负责事故(灾害)调查的组织工作。

⑤ 负责总结事故的教训和应急救援经验。

(3) 指挥部人员分工及各部门职责。

① 总指挥:负责组织本单位尾矿库的应急救援指挥工作(并对事故发展态势及影响作出及时、果断的组织指挥和决策)。

② 副总指挥:协助总指挥负责应急救援的具体指挥工作,及时汇报现场应急救援情况。

③ 技术部负责人及其成员:负责事故处理时设备和人员的调度工作,负责抢险救灾期间的信息收集,并及时报告总指挥及有关人员,负责事故现场通信联系和对外联系。协助总指挥负责工程抢险、抢修的设备安装现场指挥。

④ 办公室负责人及其成员:负责灭火、警戒、疏散、道路管制,负责将事故有关信息、影响、救援工作进展情况经领导审核后,适时、准确、统一发布,避免公众猜疑和不满;负责伤病员的有关必需品的供应和灾民衣、食、住、行的安排及工作,指挥救护车辆的调度。

④ 安全部门负责人及其成员：协助总指挥做好事故报警、情况通报及事故处置等工作；对事故现场、影响边界、食物、饮用水、卫生及水体、土壤、农作物及有害物质扩散区域内的监测和处理工作。

⑥ 医疗部门成员：负责对受伤人员采取及时有效的现场急救及合理地转送医院进行治疗；为现场急救、伤员运送、治疗及健康监测等做好准备和安排。掌握和了解主要危险对员工造成伤害的类型，掌握对受危险化学品伤害人员进行正确消毒和治疗的方法。

⑦ 供应部门负责人及成员：负责抢险救援物资的供应及运输工作；负责危险化学品的运输、储存安全跟踪及管理。

第七条 应急救援队伍：根据尾矿库管理情况组织应急求援队伍。

第八条 应急救援队伍职责。

(l) 应急救援队日常职责。

① 应急救援队伍的管理要实行专业化,建立健全以岗位责任制为中心的各项规章制度。

② 经常深入生产现场，检查尾矿库的安全运行情况。

③ 做好各种工作和会议记录。

(2) 教育、训练与演练。

① 应对位于重大危险源周边的人群进行危害程度宣传,使其了解潜在危险的性质和健康危害，掌握必要的自救知识，了解预先指定的疏散路线和集合地点以及各种警报的含义和应急救援工作有关要求。

② 基础培训与训练的目的是保证应急人员具备良好体能、战斗意志和作风，明确各自职责，熟悉本单位潜在重大危险的性质、救援基本程序和要领，熟练掌握个人防护装备和通信装备的使用等；专业训练关系到应急队伍的实战能力，主要包括专业常识、堵源技术、抢运和现场急救等技术；战术训练是各项专业技术的综合运用，可使各级指挥员和救援人员具备良好组织指挥能力和应变能力，以进一步提高救援队伍的救援水平。

③ 应根据本单位的实际情况，针对危险源可能发生的事故（灾害）做好应急救援的技术、装备的维护和检查，应以多种形式进行应急演练，包括每年至少一次实战模拟综合演习。

（3）应急救援队应急职责。

一旦发生生产安全事故（或灾害），在指挥部的领导和指挥下，根据生产事故（灾害）的性质、现场情况和应急救援技术要求，正确穿戴好个人防护用品与安全器具，迅速组织应急救护人员，采取有力措施，以最短时间、最短距离、最快速度到达现场，按各自的任务及时有效地排除险情，控制并消除事故，抢救伤员，做好应急救援工作。

3. 建立事故（灾害）应急救援的各种保障

第十条　通信保障。由办公室负责、有关部门配合支持，加强管理。通信保障包括有线、无线、警报、协同通信的组成、任务和有关信号规定，应保证完好畅通，联络无误。

第十一条　运输和工程机械保障。

（1）办公室、物资供应等部门，应把救护车、小车、正常运输车辆纳入应急救援运输保障系统，登记牌号，明确任务要求，做好日常的维护工作。

（2）救护车驾驶员未经批准，不得离开驻地，离开时必须指定他人接替。

（3）应急救援的工程机械按就近原则进行调配，任何单位应无条件地服从调配进行抢险救灾。

第十二条　抢险物资保障。物资供销部门负责对应急救援技术装备及物资的采购储备工作，包括抢险抢救装备物资的种类、数量、编号等要求。

第十三条　治安保障。执行现场应急救援的保卫（保安）人员应根据发生事故（灾害）的现场情况进行分工，划分重点警戒目标区，保证道路交通的安全畅通。做好群众、员工的疏散工作，必要时请求当地派出所的支持。

4. 应急救援运行（响应）程序

第十四条　接警与通知：

（1）各生产单位若发生事故（灾害），事故单位现场人员（或知情者）必须立即报告本单位负责人。内容应包括事故（灾害）发生时间、地点、伤亡情况、规模及严重程度。事故单位负责人接报后须立即向矿长汇报，同时告知安监部门。

（2）矿长接到汇报后应根据事故（灾害）性质和规模等初始信息决定是否启动应急救援。通知应急救援指挥中心有关人员、开通信息与通信网络，通知调配救援所需技术装备、物资，以采取相应的行动。必要时向社会应急机构、政府发出事故救援请求。

（3）根据指挥人员和应急救援队的职责，在总指挥的指挥协调和决策下，对事故（灾害）进行初始评估，确认紧急状态。迅速有效地进行应急响应决策，建立现场工作区域，确定重点保护区域和应急行动优先原则，指挥和协调现场队伍开展救援行动，合理高效地调配和使用应急资源。

第十五条　应急救援体系响应程序（见图5-1）。

第十六条　警报和信息传递。

（1）接警报后，统一由办公室发布指令。

（2）矿区所有员工听到危险警报信号后，立即穿戴好劳保用品前往本区域集合，由部门领导指定专人带队前往事发现场并积极参与事故抢险工作。

（3）各区域集中地点：×××。

第十七条　办公室及有关人员应随时收集信息，及时向指挥部领导报告，以利决策。

第十八条　应急期间，由于抢险和救援需要的人员和设备，任何单位和个人必须顾全大局，服从指挥和调配。

第十九条　应急期间，指挥部人员、各区域（单位）负责人、值班巡查人员、应急救援队成员的一切通信工具不得关机，确保通信畅通。

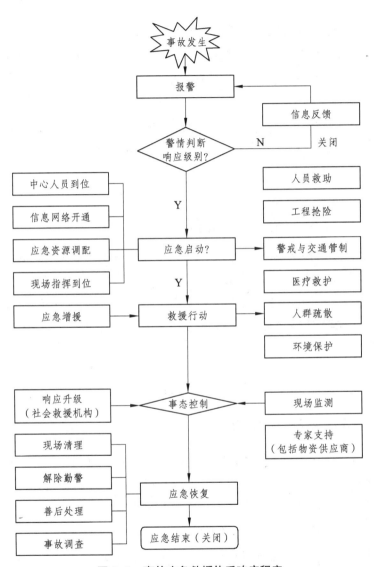

图 5-1 事故应急救援体系响应程序

5. 现场恢复

第二十条 现场恢复（又称为紧急恢复）。

（1）事故被控制后，应根据各类事故现场实际进一步消除潜在危险，恢复到基本稳定状态。恢复过程中，应遵循各类事故现场处理知识，提供指导和建议。对恢复工程（或还需进一步监测）时间较长的，应做好交接工作。

（2）现场短期恢复完成，并基本处于安全稳定状态后，总指挥可以宣布应急救援工作结束，人员和设备正式安全撤离现场。

（3）事故调查及后果评价。

6. 预案管理与评审改进

第二十一条　预案管理与评审改进。

（1）应对预案的制订、修改、更新、批准和发布做出明确的管理规定，并保证定期演习，应急救援后对应急救援预案进行评审。

（2）针对实际情况的变化以及预案中所暴露出的缺陷，不断地总结、补充、完善、更新和改进应急预案文件体系。

三、尾矿库事故现场应急处理

（一）抗洪抢险应急处理

根据对尾矿库大坝、排水构筑物、库区周边环境及生产作业活动的调查和分析，尾矿库主要存在坝体滑坡、漫堤溃坝、管涌、雷击、地震、淹溺等主要危险和有害因素。

1. 尾矿坝洪水期抗洪抢险措施

（1）检查尾矿坝潜在地质灾害事故的可能状况，重点关注以下几点。

① 雨季时雨水对尾矿坝体的浸透饱和，易造成坝体的"坐落下陷"。

② 随着坝体的增高、压力的增大，排水斜槽（与盖板）出现裂缝，潜在排水斜槽发生突然性垮塌事故的可能。

③ 库区上部的废弃渣石在大暴雨时,易随着洪水流到尾矿库排洪明渠进口端,从而堵住排洪明渠,这时将使洪水进入库区。

④ 库区干滩面的平缓,使库区调洪、蓄洪能力变小,易在洪水时漫过坝顶,因此必须保证尾矿库排洪系统的安全畅通,在应急情况下需打开溢流斜槽盖板,确保尾矿坝的安全。

(2) 为加强对防洪工作的领导,各单位应成立"防洪抢险小组"。在事故应急救援指挥部的领导下,尾矿坝发生紧急突发事故时,防洪抢险小组人员应赶赴事故现场进行抢险。所有员工有责任和义务参与矿山及尾矿库防洪抢险工作,接到命令后必须立即赶到事故现场参与抢险。

(3) 尾矿坝应急设施的日常管理要求。

① 应定期检查排洪明渠和排洪斜槽等排洪构筑物,确保其安全和畅通无阻,特别是截洪沟,在汛期之前必须将沟内杂物清除干净,并将薄弱地段进行加固处理。汛期前应加强值班和检查,保证尾矿构筑物的安全运行。

② 尾矿坝坡面上的排水沟除了要进行经常性清理疏通外,还要将坝面积水坑填平,让雨水顺利流入排水沟。

③ 在满足澄清要求的条件下,库区水位应经常性保持在低水位状态运行,现场管理人员应随时收集气象预报,了解汛期水情。

④ 应准备好必要的抢险、交通、通信供电和照明器材与设备(并应建立防洪物资清单),及时维修上坝道路,以便防洪抢险。

⑤ 现场管理人员暴雨期间必须 24h 值班巡查,设警报信号与应急联络,并组织好抢险队伍。

⑥ 平时加强尾矿坝体的安全检查,发现隐患及时处理,洪水过后,应对坝体和排洪构筑物进行全面认真的检查和清理。若发现有隐患应及时进行处理。

⑦ 洪水时应有专人看护斜槽盖板,必要时打开盖板,及时调节库内

水位。当发现尾矿坝有危险迹象时，必须立即通知环保人员。

2. 监测记录及保管

尾矿坝监测管理规定：由公司技术部门负责对坝体的位移、沉降等项目的监测，监测记录应及时报送给安全环保管理部门存档。

（二）现场自救和避灾

灾害事故发生后，受灾人员及波及人员应沉着冷静，一方面及时通过各种通信手段向上级汇报灾情，另一方面认真分析和判断灾情，对灾害可能波及的范围、危害程度、现场条件和发展趋势作出判断。在保证安全的前提下，应采取积极有效的方法和措施，及时投入现场抢救，将事故消灭在初始阶段或控制在最小范围内。当现场不具备现场抢险的条件和可能危及人员的安全时，应及时组织人员撤退。

受灾人员撤离灾区时，应遵守下列行动准则：

（1）沉着冷静、坚定信念。撤离灾区时，必须保持清醒的头脑，情绪镇定，做到临危不乱，并坚定逃生的信念。

（2）认真组织、服从管理。现场的管理人员和有经验的人员要发挥组织领导作用，所有遇险人员必须服从指挥，保持秩序，不得各行其是、单独行动。

（3）团结互助、同心协力。所有人员应团结互助，主动承担工作任务，同心协力撤离到安全地点。

（4）加强安全防护。撤退中要运用正确的逃生技巧、手段和使用一切可利用的安全防护用品和器材。

（5）正确选择撤退路线。撤退前，要根据灾害事故的性质和具体情况，确定正确的撤退路线。要尽量选择安全条件好、距离短的行动路线。在选择路线时，既不可图省事，受侥幸心理支配冒险行动，也不要犹豫不决而错过最佳撤退时机。

（三）事故现场伤员急救

1. 现场救护应急程序

伤害或急症发生后，在场人员应立即进行现场急救，并通知驻地医生和施工现场的值班干部。人员受伤现场救护的应急程序一般为：

（1）生产现场一旦发生人员受伤事故，伤者或现场其他人员应立即大声疾呼"受伤了"，同时赶赴报警点，发出急救信号，并报告值班干部（如果有值班医生，应立即通知）。

（2）用电话、对讲机与120急救中心或医院联系，通报伤者情况、出事地点、时间，要求医院做好急救准备，必要时马上出动救护车。

（3）单位应急小组人员（含医生）立即赶到受伤现场，必要时启动车辆，做好护送准备。

（4）检查伤员受伤情况，并采取必要的救护和有针对性的急救措施。

（5）运送伤员去医院。运送人员在途中要与急救小组时刻保持联系，随时报告伤者的病情和具体位置。

（6）基层干部立即向上级主管部门汇报。

2. 现场救护的一般原则

（1）先确定伤员是否有进一步的危险，立即使伤病者脱离危险区。

（2）先救命后救伤，沉着、冷静、迅速地优先紧急处理危重伤病人。

（3）最大限度地争取快速投入救护的时间。

（4）搬运伤病员之前，应将病人的骨折及创伤部位予以相应处理，保留离断的肢体或器官，如断肢、断指等。

（5）对呼吸、心力衰竭或心跳停止的病人，应清理呼吸道，立即进行人工呼吸或胸外心脏按压。

（6）控制出血。

（7）查看病人是否有中毒的可能性。

（8）预防及抗休克处理。

（9）如必要时，应尽快寻求援助或送往医疗部门。同时，加强运送医院途中的监护。

3. 现场伤病程度判断

在伤病员较多的情况下，应首先判断病情轻重。在一般现场急救中，应首先抢救危重病人，然后再处理较轻病人。有以下情况者属危重病人：

（1）神志不清、精神萎靡者。

（2）呼吸浅快、极度缓慢、不规则或停止者。

（3）心率或心律显著过速、过缓，心律不规则或心跳停止者。

（4）血压显著升高，严重降低或测不出者。

（5）瞳孔散大或缩小，两侧不等大，对光反射迟钝或消失者。

对有上述情况的病人，必须迅速抢救，并密切观察其呼吸、心跳和血压等生命体征的变化。

4. 人工呼吸急救办法

人工呼吸急救方法多用于现场触电、H_2S 中毒等症状中。当触电者脱离电源或 H_2S 中毒者脱离现场之后，应根据触电、中毒者的具体情况迅速对症抢救。现场抢救的方法很多，但主要是人工呼吸法和胸外挤压法：

1）对症救护法

（1）H_2S 中毒后，轻者出现头痛、头晕、无力、呕吐等症状，重者出现头晕、心悸、呼吸困难、抽搐、昏迷等症状。应使中毒者及时脱离现场，迅速进行人工呼吸，并请医生诊治或送医院诊治。

（2）如果触电者伤势不重，神志清醒，但有些心慌，四肢发麻，全身无力，或者触电者在触电过程中一度昏迷，但已经清醒过来，应使触电者就地安静休息，不要走动，严密观察，或请医生诊治或送医院诊治。

（3）如果触电者伤势较重，已失去知觉，但心脏跳动和呼吸还存在，应使触电者舒适、安静地平卧，严禁将触电者抬离地面。调整触电者姿势时，可就地慢慢翻滚，周围人应让开使空气流通，解开触电者的衣服，以利于呼吸。如冬天寒冷，要注意保温，并迅速请医生诊治或送医院诊治。如发现触电者呼吸困难或发生痉挛、心脏跳动或呼吸停止时，应立即做进一步抢救。

（4）如果触电者伤势严重，呼吸或心脏全部停止跳动，应立即进行人工呼吸和胸外心脏按压，并速请医生诊治或送往医院抢救，在送往医院途中不能终止急救。

2）人工呼吸法

在各种人工呼吸法中，以口对口人工呼吸法效果最好，如图 5-2 所示。在实行人工呼吸前，应迅速将伤者身上妨碍呼吸的衣领、上衣、腰带等解开，并迅速取出伤者口中妨碍呼吸的食物、血块、黏液等，以免堵塞呼吸道。

图 5-2　口对口人工呼吸法

做口对口人工呼吸时，应使伤者仰卧，并使其头部充分后仰，用一只手托在伤者颈后，使鼻孔朝上，以利于呼吸畅通。

口对口人工呼吸法操作步骤如下：

（1）伤者鼻或口紧闭，救护人员深吸一口气后，紧贴伤者的口鼻向内吹气。

（2）吹气完毕，救护人员立即离开伤者的口鼻，并松开伤者的鼻孔或嘴唇，让伤者自己呼气，时间为 3 s。如发现伤者胃部充气鼓胀，可一面用手轻轻加压于其腹部，一面继续吹气换气。如果无法使伤者张开嘴，可改用口对鼻人工呼吸法。

3) 胸外心脏按压法

胸外心脏按压法是伤者心脏停止跳动后的急救方法。做胸外心脏按压时，应使伤者仰卧在较结实的地方，姿势与口对口人工呼吸法相同，如图 5-3 所示，操作方法如下：

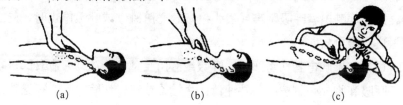

(a)　　　　　　　　　(b)　　　　　　　　　(c)

图 5-3　胸外心脏按压法

（1）救护人员跪在伤者一侧或骑在其腰部两侧，两手相叠，手掌根部放在心窝上方（胸 1/3～1/2 处）。

（2）掌根用力垂直向下朝脊背方向挤压，压挤心脏里面的血液，对成年人应压陷 3～4 cm，以每分钟挤压 60 次为宜。

（3）挤压后掌根迅速全部放松，让伤者胸部自动复原，放松时掌根不必完全离开胸部。一旦伤者呼吸和心脏跳动都停止了，应及时进行口对口人工呼吸和胸外心脏按压，每次吹 2～3 次，再挤压 10～15 次，吹气和挤压的速度都应慢慢提高。

4) 仰卧举臂压胸法

伤者仰卧，救护者骑跪于伤者头侧，双手握住伤者两侧前臂近肘关节部位，将臂自胸前牵伸过头，胸廓被动扩张形成吸气，然后将伤者肘关节屈曲放回胸廓下部，并施加压力形成吸气，反复进行。

5) 仰卧压胸法

伤者仰卧在地，救护者骑跨在伤者髋侧，双手五指伸开，拇指向内。前臂伸直，压迫伤者胸廓下半部为呼气，然后放松双手，利用胸廓弹性恢复原状形成吸气。如此反复进行，也可结合仰卧举臂压胸法进行。

6）俯卧压背法

将伤者俯卧，头偏向一侧，救护者半立或跪在伤者髋侧，双手掌伸开压迫胸廓下部为呼气，然后双手放松为吸气。如此反复进行。

施行人工呼吸抢救要坚持不断，切不可轻率终止，在送往医院途中亦应连续进行。在抢救过程中，如发现伤者皮肤由紫变红、瞳孔由大变小，则说明抢救有效果。如果发现伤者嘴唇稍有开合，或眼皮活动，或喉嗓间有咽东西的动作，则应注意其是否有自动心脏跳动和自动呼吸。伤者能自动呼吸时，即可停止人工呼吸。如果人工呼吸停止后，伤者仍不能自己呼吸时，则应立即再做人工呼吸。急救过程中，如伤者身上出现尸斑或身体僵冷，经医生做出无法救活的诊断后方可停止抢救。此外，严重的外伤急救应与人工呼吸急救同时进行。

5. 急症与意外伤害急救

1）触电

触电急救的基本原则是动作迅速、方法正确。人体触电以后，可能由于痉挛或失去知觉等原因而紧抓带电体，不能自己摆脱电源。此时，救活触电者的首要步骤就是使触电者尽快脱离电源。

对于低压触电事故，可采用下列方法使触电者尽快脱离电源：

（1）如果触电地点附近有电源开天或电源插销，可立即拉下开关或拔出插销，断开电源。

（2）若触电地点附近没有电源开关或电源插销，可用有绝缘柄的电工钳或有干燥木柄的斧头切断电线，断开电源，或用干木板等绝缘物插入触电者身下，以隔断电流。

（3）当电线搭落在触电者身上或被压在身下时，可用干燥的衣服、手套、绳索、木板、木棒等绝缘物作为工具，拉开触电者或拉开电线。

对于高压触电事故，可采用下列方法使触电者脱离电源：

（1）立即通知有关部门停电。

（2）戴上绝缘手套，穿上绝缘靴，用相应电压等级的绝缘工具按顺序拉开开关。

（3）抛掷裸金属线使线路短路接地，迫使保护装置动作，切断电源。

当触电者脱离电源后，应根据触电者的具体情况，迅速进行现场急救。主要急救方法有人工呼吸法和胸外心脏按压法。

2）溺水

（1）迅速将溺水者营救出水，立即清理其口、鼻内的淤泥、杂草及呕吐物。对有假牙者应取出假牙。松开紧裹的内衣、胸罩、腰带。对开口困难者，可先按捏两侧颊肌，然后再用力开启。为了保持呼吸通畅，可以将伤员的舌头拉出口外。

（2）根据具体情况进行倒水处理。倒水时可以抱起伤员的腰腹部，使其背朝上、头朝下进行，或抱起伤员的双腿，将其腹部放在抢救者的肩膀上，快步奔跑。或者将伤员的腹部放在半跪着的抢救者的腿上，使伤员头部下垂，用手按压其背部。倒水以能倒出口、咽及气管里面的水为度。无呼吸道阻塞者可以不倒水，以免耽误下一步处理的时间。

（3）对于呼吸停止的伤员，应立即进行口对口人工呼吸。对于呼吸和心跳均停止者，可同时进行人工呼吸和胸外心脏按压。待伤员复苏后继续保暖，并密切观察其病情变化情况。

3）车辆伤害

（1）组织人员组成抢救小组，统一指挥，立即扑灭火灾或者消除可能诱发火灾的因素，熄灭车辆发动机，关闭车辆电源，打急救电话呼救，并指派人员保护事故现场，维持现场秩序。

（2）根据伤员伤势情况采取相应的急救措施。对生命垂危和心跳停止的病人，要立即进行胸外心脏按压和口对口人工呼吸。对意识丧失的伤员，在进行胸外心脏按压和口对口人工呼吸前，应用手指（戴防渗手套）或者手帕清除伤员口中的泥土、呕吐物、假牙等。对出血的伤员，要立即进行止血处理，包扎好伤口。对于骨折的伤员，要按照各类骨折的情况进行相应的处理。

（3）要正确搬运伤员。在搬运时，要特别注意防止颈椎错位和脊椎损伤。从车内搬动、移出重伤员时，应在地面上提前放置颈托（现场可用硬纸板、硬橡皮或厚的帆布等做成简易颈托）。对昏迷在座位上的伤员，在安放好颈托后，可拆卸下坐椅，连同伤员一起搬出。对抛出座位的昏迷的伤员，应在原地安装颈托，对伤口进行包扎后，再进行搬运。

（4）在运送伤员的过程中，一般应将伤员采用仰卧位平放在担架或者木板上。不要使伤员采用半卧位、半坐位和歪侧卧位，以免加重伤势。

4）毒蛇咬伤

在发生毒蛇咬伤的情况时，要及时打急救电话求救。在医务人员赶到或赶往医院治疗以前，要抓紧时间进行自救。在自救的过程中，要力求减少蛇毒的吸收，应尽快在伤口上方或超过一个关节的地方绑扎止血带。止血带的松紧度以压迫静脉但不影响动脉的供血为准（包扎后，在绑扎的远端仍然可以摸到动脉的搏动）。现场如果没有止血带，可用布带替代，在 2 h 以后再进行第一次松绑。在绑扎止血带后，要立即进行伤口内蛇毒的清除以及全身蛇毒的中和治疗。现场可用肥皂水和清水清洗伤口及其周围的皮肤，再用温水或 0.02% 的高锰酸钾溶液反复冲洗伤口，洗去黏附在身体上的蛇毒液。

5）高处坠落

（1）观察伤员受伤情况，取出伤员身上的用具和口袋里面的硬物。

（2）搬运和转送伤员。在搬运和转送过程中，颈部和躯干不能前屈或扭转，应使伤员脊柱伸直。禁止一人抬腿、一人抬肩或抬头。

（3）对创伤部位进行包扎和止血处理。

（4）对颌、面部受伤的伤员要去除假牙，清除移位严重的组织碎片、血块及分泌物。对颌、面部受伤和受复合伤的伤员，要解开其颈、胸部纽扣，使伤员保持呼吸畅通。

（5）快速平稳地送往医院。

6）中暑

将中暑患者搬运到通风、阴凉处，使之仰卧，解开衣领，快速扇风，并用冷毛巾敷在患者的头部。有条件者，可以服用一些人丹或十滴水，用冰块或者冰棒敷在患者的头部，同时用凉水反复擦洗身体。严重者要立即送医院治疗。

7）冻伤

局部冻伤时，用 $35\sim40\,°C$ 的温热水洗冻伤处几次并擦干，搽上冻伤膏，盖上棉被及其他保暖物品。包扎要轻些，以免压迫局部血管。全身冻伤时，首先要进行复温。对青壮年及身体条件较好的病人多用较快的速度复温：将病人放入 $38\sim42\,°C$ 温水中，口鼻要露在水面外，一直到指（趾）甲床潮红为止。待病人神志清醒后 10 min 左右移出擦干，用厚被子保暖。对冻伤病人，绝对不能火烤。对于年老体弱者，应采用缓慢复温的方法：把病人放在温房里，用棉被裹身保暖，使体温逐渐上升。绝不可用手按摩受冻部位，这样会加剧破坏受伤的细胞组织，还会加剧病人的疼痛，甚至会导致病人休克。待病人清醒后，应让其喝热饮料，如姜糖水、热浓茶等，让其充分休息。

第四节　尾矿库工程档案管理

尾矿库既是矿山生产建设的一个辅助工程，又是一个具有长期危险隐患的堆积体，甚至矿山生产停止后尾矿库的危险隐患依然存在，并一直要延续到若干年后尾矿库被作为二次资源开发利用完毕为止。尾矿库后期堆积坝作业既是生产运行行为，也是坝体建设不断延续的过程，随着坝体不断升高的同时其安全风险程度也在逐步累积，需要在堆积过程中不间断地质勘察、技术论证和工程设计等支撑系统的运行。所以，尾矿库的技术资料积累暨工程档案管理具有极其特殊的价值和作用。

国家安监总局 38 号令《尾矿库安全监督管理规定》第十四条规定：尾矿库施工应当执行有关法律、行政法规和国家标准、行业标准的规定，严格按照设计施工，确保工程质量，并做好施工记录。生产经营单位应当建立尾矿库工程档案和日常管理档案，特别是隐蔽工程档案、安全检查档案和隐患排查治理档案，并长期保存。《尾矿库安全技术规程》（AQ 2006—2005）专门在第 12 章对尾矿库工程档案的目录作出了规定。

一、尾矿库工程档案资料

1. 尾矿库建设阶段资料

（1）测绘资料：包括永久水准基点标高及坐标位置、控制网、不同比例尺的地形图等。

（2）工程、水文地质资料：包括地表水、地下水以及降雨、径流等资料，库区、坝体、取土采石场及主要构筑物的工程地质勘察资料及试验资料。

（3）设计资料：包括不同设计阶段的有关设计文件、图纸以及有关审批文件等。

（4）施工资料：包括开工批准文件、征地资料、工程施工记录、隐蔽工程的验收记录。

（5）质量检查及评定资料：主要建筑物、构筑物测量记录，沉降变形的观测记录，图纸会审记录，设计变更、材料构件的合格证明，事故处理记录，竣工图及其他有关技术文件等。

2. 尾矿库运行期资料

尾矿库工程的特点是：投入运行期即是进入续建工程施工期，如筑坝工作是利用排放出的尾矿材料自身进行堆筑，而且是边生产边筑坝的。同时各主体构筑物随着尾矿库的投入运行，荷载逐年加大，各种溶蚀、冲刷、腐蚀等也随着使用时间的增长而加剧，相应的运行状态也在不断地变化。因此，运行期的技术档案、观测数据及分析资料等尤为宝贵，必须认真做好档案的保存工作。

1）尾矿库运行资料

包括正常期、汛前期、汛后期尾矿沉积滩长度、坡度、不同位置上沉积滩的尾矿粒度分析资料，尾矿库内的正常水位、汛前水位、汛后水位、澄清水距离及水质、库内调洪高度及安全超高、交接班记录、事故记录以及安全管理的有关规定、管理细则和操作规程等。

2）尾矿筑坝资料

包括逐年堆筑子坝前、后的尾矿坝体断面（注明标高，坝顶宽度，堆坝高度，平均坝外坡比），堆筑质量、堆坝中存在的问题及处理结果、新增库容、筑坝尾矿的粒度分析资料，坝体浸润线及变形观测资料，渗流情况（包括部位、标高、渗流量、渗水水质等）、坝外坡面排水设施及其运行情况，有关隐蔽工程建设情况记录等。

3）排水构筑物资料

包括尾矿排水构筑物过流断面及结构强度情况、运行状态、封堵情况（方法、材料、部位），发生的问题及处理等有关文件及图纸。

4）尾矿库安全综合治理的资料

包括安全检查、隐患整改、发生事故、治理工程建设情况和建设过程中所有的资料。

5）其他资料

如环境保护、环境影响，企业与地方各级政府之间往来的文件函等。所有这些资料的原始资料应在基层单位妥善保存，复制整理的资料应在公司厂（矿）的 管理机构中按库逐一分类保管，以便随时查找调阅。有条件的还应建立数据库，逐步实现标准化管理。

二、档案资料的收集和管理

对矿山企业来讲，尾矿的生产建设资料来自不同的职能部门和生产单位，但都必须建立统一的资料档案归口管理部门。各职能部门和生产单位有责任将本部门和本单位有关尾矿库安全生产建设的所有正式资料和文件上交档案管理部门统一集中管理，档案管理部门应将尾矿库的各种资料和文件分门别类存储起来，妥善保管；同时要制订档案文件管理办法，做到档案管理有程序、有制度。

1. 设计资料一律存档

设计资料的保存是尾矿库安全管理的基础工作之一，设计资料存档，一方面随时可以供管理人员查阅，对照规程与设计，确保生产建设过程中管理有依据；另一方面可供各级检查监督人员审查，审查设计单位是否执行了国家的政策法规，审查矿山企业是否执行了设计的法规规程。

尾矿库的任何工程的设计资料在由设计单位提交到矿山企业时，只要通过了设计评审，一般要将通过了设计评审的设计文件（一式两份）存入单位档案室，然后由档案室负责人按类别入库。

2. 生产建设资料逐级保存

尾矿库的生产建设是一个长期的过程，它随着矿山企业的成立而形成，然而，即使矿山企业资源枯竭而停产，尾矿库的生产建设也不会停止，并长久运行下去，直到将来科学更发达，人们有能力进行科学合理、经济有效地利用尾矿资源时，尾矿库的功能才会停止发挥作用。

在漫长的生产建设中，矿山企业因职能的分工，有生产单位、工程建设管理单位、技术管理单位、安全管理部门、观测专业部门，有与地方部门协调关系的部门，还有协助企业的外部科研设计、监理等单位。所有这些单位都参与了尾矿库的生产建设和安全管理工作，在这些单位的具体负责人手中，保存着有关尾矿库安全管理的第一手资料，其中大部分需要直接存档，有些资料必须由具体负责人整理后归档入库。这些单位的具体负责人要经常学习尾矿安全技术规程，牢记自身职责范围工作要点，养成记工作日记的习惯。企业上下全体负责人要形成自觉将自己管理尾矿库工作的一切资料及时整理归档的氛围，档案室负责人也要积极主动地咨询和督促资料归档。

3. 考核管理

资料归档和档案管理是企业的一项基础管理工作，企业应该制订档案管理办法，对资料归档、档案入库、档案目录管理、档案借阅等都要有明确的考核办法，企业要对档案管理的积极分子进行奖励，对不支持、甚至破坏档案的人员要进行严格考核，确保档案资料齐全完好。

附录：尾矿库建设与管理相关法律法规和技术规范

一、相关法律、法规，规章及规定

1.《中华人民共和国安全生产法》（中华人民共和国主席令〔2002〕第 70 号）

2.《中华人民共和国矿山安全法》（中华人民共和国主席令〔1992〕第 65 号）

3.《中华人民共和国劳动法 》（中华人民共和国主席令〔1994〕第 28 号）

4.《中华人民共和国劳动合同法》（中华人民共和国主席令〔2007〕第 65 号）

5.《中华人民共和国防震减灾法》（中华人民共和国主席令〔1997〕第 94 号）

6.《中华人民共和国矿产资源法》（中华人民共和国主席令〔1996〕第 74 号）

7.《中华人民共和国环境保护法》（中华人民共和国主席令〔1989〕第 22 号）

8.《中华人民共和国水污染防治法》（中华人民共和国主席令〔2008〕第 87 号）

9.《中华人民共和国固体废物污染环境防治法》（中华人民共和国主

席令〔2004〕第 31 号)

10.《安全生产许可证条例》(中华人民共和国国务院令〔2004〕第 397 号)

11.《工伤保险条例》(中华人民共和国国务院令〔2003〕第 375 号)

12.《特种设备安全监察条例》(中华人民共和国国务院令〔2009〕第 549 号)

13. 国务院《关于进一步加强企业安全生产工作的通知》(国发〔2010〕23 号)

14.《尾矿库安全监督管理规定》(国家安监总局〔2011〕年第 38 号令)

15.《中华人民共和国矿山安全法实施条例》(原劳动部〔1996〕第 4 号令)

16.《非煤矿矿山企业安全生产许可证实施办法》(国家安全生产监督管理局〔2009〕第 20 号)

14.《非煤矿矿山建设项目安全设施设计审查与竣工验收办法》(国家安全生产监督管理局、国家煤矿安全监察局令第 18 号)

15.《建设项目安全设施"三同时"监督管理暂行办法》(国家安监总局〔2010〕36 号)

16.《地质灾害防治管理办法》(国土资源部令〔1999〕4 号)

17.《矿山特种作业人员安全操作资格考核规定》(劳部发〔1996〕35 号)

18.《工作场所职业卫生监督管理规定》(国家安监总局 47 号令)

19.《四川省安全生产条例》四川省第十届人大常委会第二十四次会议通过

24.《四川省生产经营单位安全生产责任制规定》四川省人民政府令第 216 号

25.《四川省建设项目安全设施监督管理办法》四川省人民政府令第254号

26.《关于抓好非煤矿山和冶金、建材等行业建设项目安全设施"三同时"工作的通知》（四川省安全监管局川安监[2011]82号）

二、相关技术规范、标准

1.《尾矿库安全技术规程》AQ 2006—2005

2.《金属非金属矿山安全规程》（GB 16423—2006）

3.《尾矿库安全监测技术规范》（AQ 2030—2010）

4.《尾矿堆积坝岩土工程技术规范》（GB 50547—2010）

5.《尾矿砂浆技术规程》（YB/T 4185—2009）

6.《尾矿设施施工及验收规程》（YS 5418—95）

7.《选矿厂尾矿设施设计规范》（ZBJ 1—90）

8.《安全色》（GB 2893—2008）

9.《安全标志及使用导则》（GB 2894—2008）

10.《矿用产品安全标志标识》（AQ 1043—2007）

11.《金属非金属矿山安全标准化规范尾矿库实施指南》（AQ 2007.4—2006）

12.《碾压式土石坝设计规范》（SJ 274—2001）

13.《水工建筑物抗震设计规范》（DL 5073—2000）

14.《岩土工程勘查规范》（GB 50021—2001）

15.《生产经营单位安全生产事故应急预案编制导则》（AQ/T 9002—2006）

16.《建筑物防雷设计规范》（GB 50057—2010）

17.《防洪标准》（GB 50201—1994）

18.《中国地震动参数区划图》（GB 18306—2001）

19.《砌石坝设计规范》（SL 25—2006）

20.《碾压式土石坝施工技术规范》（DL/T 5129—2001）

21.《给水排水工程构筑物结构设计规范》（GB 50069—2002）

22.《水工混凝土结构设计规范》（SL/T 191—1996）

23.《溢洪道设计规范》（SL 253—2000）

24.《水工隧洞设计规范》（SL 279—2002）

25.《土工合成材料应用技术规范》（GB 50290—1998）

26.《工业企业设计卫生标准》（GBZ 1—2010）

27.《生产过程安全卫生要求总则》（GB/T 12801—2008）

28.《工作场所有害因素职业接触限值》（GBZ 2.1—2007）

29.《矿山安全标志》（GB 14161—2008）

题　库

第一部分　必知必会试题

1. 判断题

（1）《尾矿库安全监督管理规定》要求：直接从事尾矿库放矿、筑坝、巡坝、排洪和排渗设施操作的作业人员必须取得特种作业操作证书，方可上岗作业。（　）

（2）核工业矿山尾矿库、电厂灰渣库的安全监督管理工作，依然适用《尾矿库安全监督管理规定》的条款要求。（　）

（3）尾矿工应熟练掌握尾矿库观测、监测和报警设施的操作运行及数据采集和处理，发现隐患和险情，应及时报告上级，得到上级批准后采取排险措施。（　）

（4）矿山安全标志牌应设置在与安全有关的明显的地方，并保证人们有足够的时间注意它所表示的内容。标志牌的设置高度应尽量与人眼的视觉高度一致。（　）

2. 单选题

（1）生产经营单位必须坚持（　）并重的原则，依法对从业人员进行安全生产教育和培训，未经安全生产教育和培训合格的从业人员不得上岗作业。

  A. 管理、装备、培训 B. 生产、安全、培训

  C. 安全、管理、教育

（2）尾矿操作工应认真学习尾矿库安全管理的专业知识，熟练掌握尾矿库相关工序的专业操作技能；自觉参加（　），熟悉尾矿库操作的新工艺、新材料和新设备；在完成车间（或班组）下达的生产任务时，确保其操作符合相关安全生产法律法规的要求。

　　　　A．技术培训　　　　B．安全培训　　　　C．岗位复训

（3）由于尾矿是矿石磨选后的最终剩余物，因此含有大量的矿泥，且矿泥以（　）形式存在，严重干扰了尾矿中有价物质的回收。

　　　　A．细粒、微细粒　　B．细沙、黏土　　　C．泥浆、黏稠物

（4）上游式尾矿坝受（　）的影响，往往含细粒夹层较多，渗透性能较差，浸润线位置较高，故坝体稳定性较差。

　　　　A．尾矿浆　　　　　B．选矿方式　　　　C．排矿方式

第二部分　应知应会试题

一、综合部分试题

1.判断题

（1）安全生产的监督管理既包括政府及有关职能部门对安全生产的监管，也包括社会力量的监管。（　）

（2）安全生产保障制度要求对危险性较大的建设项目由企业确定是否进行安全认证和评价。（　）

（3）生产经营场所的员工宿舍视实际情况设置紧急疏散标志、保持疏散出口。（　）

（4）职工在发现安全生产事故隐患后应立即报告单位负责人，生产经营单位对事故隐患应及时整改。（　）

（5）安全设施一经投入生产和使用，不得擅自闲置或拆除，确有必

要闲置或拆除，必须由企业集体决策。（　）

（6）尾矿库投入运行后的安全管理，尤其是闭库及闭库后的维护管理尚缺乏比较完善和统一的规范。（　）

（7）《安全生产法》等法律法规，赋予了从业人员安全生产的权利；从业人员在享有安全生产权利的同时，也必须依法履行安全生产的义务。（　）

（8）用人单位虽然没有对从业人员进行安全生产的教育培训，从业人员也要先上岗作业，边工作边培训。（　）

（9）用人单位不得因从业人员拒绝违章指挥和强令危险作业而打击报复，降低其工资、福利等待遇，但可解除与其订立的劳动合同。（　）

（10）从业人员因安全生产事故受到伤害，除依法应当享受工伤保险外，还有权向用人单位要求民事赔偿。工伤保险和民事赔偿不能互相取代。（　）

（11）用人单位为从业人员提供符合国家或行业标准的劳动防护用品后，从业人员有权决定是否佩戴和使用劳动防护用品。（　）

（12）尾矿工已被国家列为矿山特种作业人员，因此，必须经专业培训机构正规培训，通过专业考试并取得合格成绩，具备特种作业安全操作资格，才能上岗作业；作业过程中应持证上岗，自觉接受安全生产监督监察机关的检查审核。（　）

（13）生产环境中的有害因素：包括生产场所不卫生、车间布局不合理、通风照明不标准、防尘防毒防暑降温设施及个体防护设施配置不符合要求等。（　）

（14）职业病病人依法享受职业病待遇，不适宜继续从事原岗位的职业病人应调离并妥善安置，接触职业病危害的岗位不用另外发放岗位津贴。（　）

（15）粉尘引起的职业病主要有神经系统的头痛、耳鸣、心悸、易激怒等，心血管系统有心率加快或血压不稳，消化系统有肠胃功能紊乱，

食欲减少、消瘦等。（　）

（16）机械性噪声，流体动力性噪声，电磁性噪声均属生产性噪声。（　）

（17）噪声对健康的危害有听觉系统听力下降，并引起全身中毒性，局部刺激性，变态反应性，光感应性，感染性，致癌性、尘肺等。（　）

（18）我国金属非金属矿山常见的职业病有：氮氧化物中毒、一氧化碳中毒、铅锰及其化合物中毒、矽肺、石棉肺、滑石尘肺、噪声聋及由放射性物质导致的肿瘤等。（　）

（19）尘肺病是指在生产活动中吸入粉尘而发生的肺组织纤维化为主的疾病。尘肺病是我国发病范围最广、危害最为严重的职业病，特别是矿山。我国的尘肺病约 60%发生在矿山。（　）

（20）矿山大量产生的生产性毒物主要有爆破产生的氮氧化物、二氧化碳、硫铁矿氧化自然产生的一氧化硫，某些硫铁矿还会产生硫化氢、甲烷等。（　）

（21）全身振动引起的功能性改变，脱离接触和休息后，不能自动恢复。（　）

（22）职业病防治的早期发现病损，是指及时发现职业病隐患者，加强治疗，调离原岗位，定期疗养等；早期发现病损的重点是实行体检和环境监测。（　）

（23）职业卫生管理体系要求：员工在上岗前、换岗前、退休前应进行体检并档案齐全准确；接触职业危害因素的岗位人员应定期进行体检并档案齐全。（　）

（24）噪声危害防治国家标准规定，一般容许 85 dB（A），放宽企业不得超过 90 dB（A）；接触不足 8 h 岗位容许放宽 3 dB（A），最大强度不得超过 95 dB（A）。（　）

（25）局部振动卫生标准为：使用振动工具或工件的作业，工具手

柄或工件 4 h 等能量频率计全振动加速度不得超过 10 m/s^2。（　）

（26）防暑降温措施：改进工艺操作条件和工作环境条件，采用隔热措施使设施外表不超过 60 ℃，最好在 40 ℃ 以下。（　）

（27）尾矿库因洪水漫坝而失事的比例为 35%～50%，居首位。（　）

（28）坝体振动液化，主要指发生地震时，坝体丧失稳定而遭到破坏。（　）

（29）坝基过度沉陷是指：因工程地质原因造成坝体的沉陷、塌坑、裂缝、滑坡，以及排水涵管等排水构筑物的断裂而失事。（　）

（30）造成尾矿堆积坝边坡过陡的主要原因有：放矿工艺不合理；为增加库容人为改缓坡比。（　）

（31）尾矿坝沉陷的主要原因有：坝基随载能力不均衡；坝体施工质量差；坝身结构及断面尺寸设计不当。（　）

（32）渗漏是尾矿库常见的危险因素，会导致溢流出口处坝体冲刷及管涌等多种形式的破坏，严重的会导致垮坝事故。（　）

（33）绕坝渗漏的主要原因是与土坝两端连接的岸坡工程地质条件差而处理不当等。（　）

（34）矿山安全标志将禁止标志、警告标志、指令标志和提示标志 4 类标志划为主标志，标志上的文字说明和方向指示划为补充标志。（　）

（35）警告人们注意可能发生危险的标志是警告标志，其基本形状为等边矩形；警告标志的颜色为黄底、黑边、黑图形符号。（　）

（36）指令标志的基本种类有 20 种，其布置地点主要在人员进出井口、井下人员休息候车等醒目地方。（　）

（37）提示标志的基本种类有 15 种，其布置地点主要在安全出口沿线、躲避硐室指示及硐室入口、爆破警戒线、风口及交叉道口、井下运输及送风回风巷道、井下避灾路线等。（　）

（38）文字补充标志必须与主标志联用，单独使用没有任何安全含

义。文字补充标志的底色应与联用的主标志的底色相统一，其文字的颜色用黑色。（　　）

（39）矿山安全标志牌必须经国家技术监督部门认可的安全产品质量检验单位检验合格后方可使用。（　　）

（40）安全色是指传递安全信息含义的颜色，包括红、蓝、黄、绿4种颜色。为使安全色更加醒目的反衬色为对比色，包括黄、白两种颜色。（　　）

2. 单项选择题

（1）安全生产监督管理部门对行政区域内的安全生产实施（　　）管理。政府有关职能部门如公安部门、建设行政管理部门、质量技术监督部门、工商行政管理部门等，在各自的职责范围内负责安全生产的监督管理。

    A. 行政监督　　　　　B. 综合监察　　　　　C. 综合监督

（2）尾矿设施是矿山企业的（　　）和环境保护项目。

    A. 选矿配套项目　　B. 重大危险源　　　C. 资源利用

（3）尾矿库投入运行以后，企业的技术管理、生产操作与维护、（　　）等工作是确保尾矿库安全运行的关键。

    A. 安全检查与监督　　　　B. 安全制度与检查

    C. 安全巡检与治理

（4）尾矿库技术涉及面广，不确定因素较多，还有一些意外的天然及人为因素长期或周期性地威胁着尾矿库的安全，由此产生各种病害也是难免的，因此尾矿库病害的治理和（　　）工作也属于安全管理范畴。

    A. 整改　　　　　B. 环境整治　　　　　C. 抢险

（5）矿山企业取得安全生产许可证后，尾矿库还需单独取得安全生产许可证，同时明确规定（　　）为尾矿库安全生产的第一责任人。

    A. 选矿厂厂长　　　B. 矿山安全处处长

    C. 矿山主要负责人

(6) 从业人员与用人单位建立劳动关系时，应当要求订立劳动合同，劳动合同应当写明为从业人员提供符合国家法律、法规、标准规范的劳动安全卫生条件和必要的劳动防护用品。这些要求属于从业人员的（　　）权利。

　　　　A．知情权　　　　　B．劳动保护权利　　　　　C．民主监督权

(7) 从业人员的（　　）规定从业人员应了解作业场所和工作岗位存在的危险因素、危害后果，以及针对危险因素应采取的防范措施和事故应急措施，用人单位必须向从业人员如实告知，不得隐瞒和欺骗。如果用人单位没有如实告知，从业人员有权拒绝工作，用人单位不得因此做出对从业人员不利的处分。

　　　　A．知情权　　　　　　　　B．获得安全教育培训权

　　　　C．获得劳动防护用品权

(8) 用人单位不得因从业人员在紧急情况下停止作业或者采取紧急撤离措施而降低其工资、福利待遇或者解除与其订立的劳动合同。这是从业人员的（　　）权利。

　　　　A．工伤保险和民事索赔权

　　　　B．紧急避险权

　　　　C．提请劳动争议权

(9) 为保持生产经营活动的良好秩序，有效地避免、减少生产安全事故的发生，从业人员具有（　　），这也是从业人员在安全生产方面的一项法定义务。

　　　　A．服从管理的义务　　　　　B．遵守规章制度的义务

　　　　C．发现事故隐患及时报告义务

(10) 尾矿工要自觉遵循（　　）的要求和有关技术规范的规定，在尾矿库项目建设和运行管理过程中，依法依规操作，确保其技术指标达到《尾矿库安全监督管理规定》和《尾矿库安全技术规程》的相关标准。

　　　　A．安全管理　　　　B．规章制度　　　　C．设计文件

（11）尾矿操作人员在巡坝过程中，如发现库区周围存在爆破、滥挖尾矿、堵塞排水口等危害尾矿库安全的活动，应及时（ ）。

A．将其驱赶　　　　B．劝阻并制止　　　　C．报告上级

（12）化学因素、物理因素、生物因素等属于（ ）的职业有害因素。

A．生产过程中　　　B．劳动过程中　　　C．生产环境中

（13）劳动组织和劳动制度不合理、劳动姿势造成局部紧张、劳动强度过大或劳动安排不当、不良工作体位的设置且长期没有纠正等属于（ ）的职业有害因素。

A．生产环境中　　　B．劳动过程中　　　C．生产过程中

（14）职业病种类，包括尘肺、职业性放射性疾病、职业中毒；职业性皮肤病、职业性眼病、职业性耳鼻喉口腔病、职业性肿瘤和其他职业病等（ ）种。

A．120　　　　　　B．110　　　　　　C．115

（15）生产过程中形成的能够较长时间浮游于空气中的固体微粒叫（ ）；含游离二氧化硅的粉尘能引起严重的职业病矽肺病，此外还影响设备设施和产品质量、污染环境。

A．悬浮性粉尘　　　B．生产性粉尘　　　C．超细粉尘

（16）高温作业是指高气温达到（ ）以上伴有热辐射，并伴有高气湿（相对湿度超过80%）的作业环境，以及露天受气候影响等作业环境。

A．30～35 ℃　　　B．35～40 ℃　　　C．35～38 ℃

（17）根据（ ）的不同，尘肺病分为矽肺病、石棉肺病、铁矽肺病、煤肺病、煤矽肺病等。

A．致病程度　　　　B．致病粉尘　　　　C．致病原因

（18）（ ）可以直接刺激皮肤，引起皮肤炎症；刺激眼睛可引起角膜炎；进入耳内，会使听觉减弱，有时也会导致炎症。

A．矿尘　　　　　　B．悬浮粉尘　　　　C．二氧化硅

（19）游离二氧化硅普遍存在于矿岩中，其含量对（ ）的发生和发展起着重要作用。

    A．哮喘病　　　　B．尘肺病　　　　C．皮肤病

（20）作业场所粉尘浓度对尘肺病的发生和发展起着决定性的作用，《金属非金属矿山安全规程》要求，入风井巷和采掘工作面的风源含尘量不得超过（ ）。

    A．$0.4\,mg/m^3$　　B．$0.3\,mg/m^3$　　C．$0.5\,mg/m^3$

（21）噪声一般用（ ）或声压大小的变化程度来衡量，单位为分贝（dB）。

    A．听力　　　　B．声强　　　　C．声波

（22）矿山的空压机、凿岩机、球磨机等是重要的噪声源。矿山噪声的危害一是损伤听力；二影响生产过程中的语言交流；三是对人的（ ）造成强烈刺激。

    A．精神　　　　B．心理　　　　C．大脑

（23）振动对人体作用将造成职业伤害，（ ）可引起前庭器官刺激和自主神经功能紊乱，如眩晕、恶心、血压升高、心跳加快、疲倦、睡眠障碍等。

    A．全身振动　　　　B．部位振动　　　　C．局部振动

（24）（ ）则引起以末梢循环障碍为主的病变，还可累及肢体神经及运动功能，发病部位多在上肢，典型表现为发作性手指发白（白指症），患者多为神经衰弱症和手部症状。

    A．全身振动　　　　B．部位振动　　　　C．局部振动

（25）从根本上不接触职业危害因素，如通过新工艺新技术淘汰接触职业危害的设备设施；采取各种措施减少接触量和时间，达到规定的范围；对人群中的易感染者定出就业禁忌等。属于职业病预防的（ ）措施。

    A．病因预防　　　　B．技术预防　　　　C．专业预防

（26）（　）防治的卫生保健措施是：保健食品、定期体检、讲究个人卫生。

　　　　A．生物危害　　　　B．物理危害　　　　C．尘毒危害

（27）合理的劳动作息时间，保证作业人员的休息条件，车间设休息室，加强对作业人员的防暑急救教育，属于防暑降温的（　）措施。

　　　　A．技术　　　　　　B．组织　　　　　　C．保健

（28）坝体施工质量不合格，或坝体外坡过陡或坝体浸润线过高而引起坝坡出现裂缝、坍塌、滑坡等将导致（　）进而导致事故。

　　　　A．坝肩滑坡　　　　B．坝基沉陷　　　　C．坝体失稳

（29）（　）能引起管涌、流土、跑浑、滑坡、塌坑、坝脚沼泽化等现象，进而造成尾矿库溃坝。

　　　　A．沉陷　　　　　　B．漏矿　　　　　　C．渗流

（30）造成初期坝边坡过陡的主要原因有：盲目节省投资，（　）；有的堆石坝是用生产废石进行堆坝，没有控制陡坡比。

　　　　A．人为改陡坡比　B．片面追求进度　C．违反技术设计

（31）（　）抬高，说明坝坡的稳定性很差，有可能发生滑坡事故。造成浸润线抬高的主要原因有：无排渗设施；排渗设计不合理；排渗设施施工质量不良；排渗设施管理不当。

　　　　A．库水位　　　　　B．浸润线　　　　　C．坝坡比

（32）坝外坡裸露，遇暴雨冲刷造成坡面（　），影响坝体的稳定性，严重时导致决口溃坝。其主要原因有：坝坡太陡；地表水未拦截或拦截不彻底；坝坡未植被覆盖。

　　　　A．沉陷　　　　　　B．拉沟　　　　　　C．垮塌

（33）禁止或制止人们的某种行为的安全标志叫禁止标志；禁止标志的基本形状为带斜杠的（　），禁止标志的颜色为白底、红圈、红斜杠。

　　　　A．方形　　　　　　B．三角形　　　　　C．圆形

（34）禁止标志的基本种类有 22 种，其布置地点主要在禁止（ ）使用、人员进出井口和坑口、不允许启动的机电设备、停电检修维修作业、放炮警戒区、禁止行人通道口等位置。

    A．烟火　　　　　B．爆炸品　　　　　C．电气

（35）警告标志的基本种类有（ ）种，其布置地点主要在需要提醒人们注意安全的场所、设备设施安置的地方、井下瓦斯集聚地段、盲巷口、仓库、爆炸物资储存及适用场所、电气设施及设备位置等。

    A．19　　　　　B．20　　　　　C．25

（36）指示人们必须遵守某种规定的安全标志是指令标志；指令标志的基本形状为圆形；指令标志的颜色为（ ）、白图形符号。

    A．黄色　　　　　B．蓝色　　　　　C．绿色

（37）提示标志的基本形状为（ ）；提示标志的颜色为绿底、白图案，亦可用黑字。

    A．正方形　　　　　B．圆形　　　　　C．长方形

（38）标志牌不应设置在门、窗、架等可移动的物体上，标志牌前不得放置妨碍认读的障碍物。多个标志牌在一起设置时，应按（ ）的顺序，先左后右、先上后下排序。

    A．禁止、警告、指令、提示

    B．警告、禁止、提示、指令

    C．警告、禁止、指令、提示

（39）标志牌应定期清洗，每（ ）至少检查一次，如有变形、损坏、变色、图形符号脱落、亮度老化等现象应及时维修或更换。

    A．季度　　　　　B．半年　　　　　C．一月

（40）凡涂有安全色的部位每半年应（ ），保持整洁、明亮，如有变色、褪色等问题，应及时重涂或更换。

    A．检查三次　　　　　B．检查一次　　　　　C．检查两次

3. 多项选择题

(1)《安全生产法》确立了我国安全生产监督管理制度。具体有以下几个方面：一是县级以上地方各级人民政府的监督管理；二是负有安全生产监督管理职责的部门的监督管理；还有（　　）方面的监督。

  A. 监察机关   B. 对安全生产社会中介机构

  C. 社会公众   D. 新闻媒体

(2)尾矿库投入运行之前，尾矿库的工程地质、水文地质勘察、（　　）等工作是确保尾矿库安全运行的基础。

  A. 尾矿库设计

  B. 气象资料收集

  C. 初期坝及排洪构筑物的施工与监理

  D. 防洪标准确定

(3)尾矿库安全管理特别强调的制度至少应当有以下方面：① 尾矿库新改扩建项目安全设施"三同时"制度；② 尾矿操作工持证培训、复训管理制度；③ 尾矿库车间（工段）安全责任制度；④ 尾矿库班组安全责任制度；⑤ 尾矿工岗位安全责任制度；⑥ 尾矿库安全检查制度。其中的安全检查制度包括（　　）等。

  A. 节假日检查   B. 日常检查

  C. 汛期检查   D. 特别检查

(4)被诊断为患有职业病的从业人员有依法享受（　　）的权利。

  A. 职业病待遇   B. 工伤补助

  C. 接受治疗   D. 康复和定期检查

(5)从业人员不仅要严格遵守安全生产有关法律法规，还应当遵守用人单位的安全生产规章制度和操作规程，这是从业人员在安全生产方面的一项法定义务，从业人员必须增强法纪观念，自觉遵章守纪，从维护（　　）出发，把遵章守纪、按章操作落实到具体的工作中。

A．国家利益   B．集体利益

C．企业利益   D．自身利益

(6) 职业病危害的后果包括（   ）方面。

A．出现职业特征引起身体外表改变

B．身体素质及抗病能力下降

C．引发职业病   D．出现病损

(7) 高温作业严重时可能发生中暑；分为（   ）等。

A．先兆中暑   B．轻症中暑

C．严重中暑   D．重症中暑

(8) 我国金属非金属矿山常见的职业病有：氮氧化物中毒、一氧化碳中毒、铅锰及其化合物中毒、（   ）及由放射性物质导致的肿瘤等。

A．矽肺   B．石棉肺

C．滑石尘肺   D．噪声聋

(9) 职业危害的三级预防是指（   ）。

A．病因预防   B．提前诊断

C．早期发现病损   D．防止病损进一步恶化

(10) 健康监护机制基本内容包括（   ）。其中健康检查分为：就业前检查、定期体检和职业病普查。

A．健康检查   B．建立健康监护档案

C．健康状况分析   D．劳动能力鉴定

(11) 职业卫生管理体系要求：对本矿山存在的粉尘、噪声和振动、有毒有害物质、高低温场所、辐射、潮湿等职业危害因素应分别采取（   ）的措施，并编制有详细准确的企业职业危害清单。

A．工程控制   B．管理控制

C．行为控制   D．个人保护

(12) 尾矿库的事故类型主要是（   ）等。

A．暴雨冲击　　　　　B．洪水漫坝

C．坝基沉陷　　　　　D．渗漏及垮塌

（13）导致尾矿库溃坝和尾矿泄漏事故的因素很多，可归纳为：自然因素、设计因素、（　　）和技术因素。

A．施工因素　　　　　B．监理因素

C．管理因素　　　　　D．社会因素

（14）在尾矿库安全监督管理中，直接导致尾矿库事故的危险因素主要有：尾矿堆积坝边坡过陡，浸润线逸出，裂缝，渗漏，滑坡，坝外坡裸露拉沟，排洪构筑物排洪能力不足，排洪构筑物堵塞，排洪构筑物错动、断裂、垮塌，干滩长度不够，安全超高不足，抗震能力不足，（　　），地震，淹溺，雷击等。

A．渗流　　　　　　　B．库区渗漏

C．山洪　　　　　　　D．崩岸和泥石流

（15）渗漏分类按渗漏的部位可分为（　　）。

A．坝体渗漏　　　　　B．坝基渗漏

C．接触渗漏　　　　　D．绕坝渗漏

（16）安全标志是用以表达特定安全信息的标志，用（　　）或文字构成。安全标志一般分为禁止标志、警告标志、指令标志和提示标志 4 类。

A．图形符号　　　　　B．安全色

C．几何形状（边框）　D．混合色

（17）安全色的表征意义：红色传递（　　）的信息；蓝色传递必须遵守规定的指令性信息；黄色传递注意、警告的信息；绿色传递安全的提示性信息。

A．禁止　　　　　　　B．停止

C．危险　　　　　　　D．提示消防设备设施

（18）排洪构筑物不能及时排泄设计频率暴雨的洪水，导致库水位

升高，安全超高不够，甚至漫顶溃坝。其主要原因有（　　）。

  A．设计洪水标准低于现行标准

  B．未清除泄洪道杂物

  C．为节约投资，人为缩小泄洪道断面尺寸

  D．排洪通道存在限制性"瓶颈"

（19）排洪构筑物断裂造成大量泄漏，垮塌造成堵塞，排洪能力急剧下降，危及坝体安全。其主要原因有（　　）等。

  A．无设计或设计不合理　　B．未按设计要求施工

  C．地基不均匀沉陷　　　　D．出现不均匀或集中荷载

（20）尾矿废水超标排放，含有（　　）未经处理，将对环境造成污染。使用尾矿废水灌溉，直接导致农作物减产，还可能导致谷物、蔬菜、水果等农产品有毒有害元素超标，人长期食用将导致慢性中毒。

  A．悬浮物　　B．油类　　C．COD　　D．有毒有害元素

二、专业部分试题

（一）尾矿库基本概念及基础知识

1．判断题

（1）尾矿库是具有高势能人造泥石流的危险源，尾矿库选址应尽量位于大的居民区、水源地、水产基地及重点保护的名胜古迹的上游方向。（　）

（2）尾矿库库区汇水面积要小，纵深要长，纵坡要缓，这样可减小排洪系统的规模。（　）

（3）尾矿一般由选矿厂排放的尾矿矿浆经自然脱水而形成，是固体工业废料的主要组成部分。（　）

（4）平地型尾矿库的特点之一是初期坝相对较长，初期坝和后期尾

矿堆坝工程量较大，由于库区纵深较短，澄清距离及干滩长度受到限制，后期堆坝高度一般不太高，故库容较小。（　）

（5）将选矿厂排出的尾矿送往指定地点堆存或利用的技术叫做尾矿利用。（　）

（6）尾矿输送系统的任务是将选矿厂排出的尾矿送往尾矿库堆存，可分为干式输送和浓缩输送两大类。（　）

（7）尾矿库排渗设施用来排除尾矿坝体内的渗流水，降低坝体的浸润线，确保坝体安全。（　）

（8）尾矿回水设施包括回水泵站、回水管道和浓缩池等。（　）

（9）安全库容是在暴雨期间用以调洪的库容，是设计确保最高洪水位不致超过规定水平面所需的库容，因此这部分库容在非雨季一般不许占用，雨季绝对不许占用。（　）

（10）有效库容是指滩面以下沉积尾矿以及悬浮状矿泥所占用的容积；它是尾矿库实际可容纳尾矿的库容。（　）

（11）尾矿库各生产期的设计等别应根据该期的全库容和坝高分别进行确定，当用尾矿坝高和库容分别确定的等别相差一等时，以低者为准；当等差大于一等时，按高者降低一等。（　）

（12）在不同使用期失事，造成危害的严重程度是不同的。因此，同一个尾矿库在整个生产期间根据库容和坝高划分为不同的等别是合理的。（　）

（13）不透水初期坝尾矿堆高后，浸润线往往从初期坝坝顶以上的子坝坝脚或坝坡逸出，造成坝面沼泽化，不利于坝体的稳定性。（　）

（14）当初期坝的高度较高时，坝体下游坡每隔 15～20 m 设置一宽度为 1～2 m 的马道，以利坝体的稳定，方便操作管理。（　）

（15）现在普遍采用土工布（又称无纺土工织物）作反滤层。在土工布的上下用粒径符合要求的碎石作过滤层，并用毛石护面。（　）

(16) 为防止渗透水将尾矿或土等细颗粒物料通过堆石体带出坝外，在土坝坝体与排水棱体接触面处以及堆石坝的上游坡面处或与非基岩的接触面处都须设置反滤层。（ ）

(17) 在初期坝坝顶以上用尾矿砂逐层加高筑成的坝体，称为子坝；子坝又称为后期坝（也称尾矿堆积坝）。（ ）

(18) 后期坝除下游坡面有明显的边界外，没有明确的内坡面分界线；但不能认为沉积滩面即为其上游坡面。（ ）

(19) 上游式筑坝的特点是子坝中心线位置不断向初期坝上游方向移升，坝体由流动的矿浆自然沉积而成。（ ）

(20) 下游式尾矿筑坝是在初期坝下游方向用水力旋流器将尾矿分级，溢流部分（细粒尾矿）排向初期坝下游方向沉积；底流部分（粗粒尾矿）排向初期坝上游方向沉积。（ ）

(21) 下游式或中线式尾矿筑坝分级后用于筑坝的尾矿，其粗颗粒（$d \geq 0.074 \, mm$）含量不宜小于 60%，否则应进行筑坝试验。（ ）

(22) 上游式尾矿坝沉积滩顶至设计洪水位的高差规定：4 等库的最小安全超高不得小于 0.5 m，最小干滩长度不得小于 50 m。（ ）

(23) 尾矿库沉积滩指水力冲击尾矿形成的沉积体表层，通常指埋入水面部分。（ ）

(24) 沉积滩面与堆积坝外坡的交线，为沉积滩的最高点。坝顶一般是指滩顶，而不是指子坝顶；滩顶和子坝顶二者在一般情况下是有区别的。（ ）

(25) 抗滑稳定分析是研究尾矿坝（包括初期坝和后期坝）的上游坝坡抵抗滑动破坏能力的问题。（ ）

(26) 对于运行中的尾矿库，进行抗滑稳定计算时，应根据设计勘察结果确定其浸润线位置和坝体土层分布及物理力学指标。（ ）

(27) 简化毕肖普法与瑞典圆弧法都是基于刚体极限平衡理论的条

分法。它们的主要区别在于前者计及条块间作用力，后者则没有。（　）

（28）尾矿坝稳定计算必须考虑沉积尾矿物理力学指标的一致性，所以应根据该坝勘察报告确定概化分区及相应的物理力学指标。（　）

（29）尾矿坝的坝体坡比应经稳定计算确定，透水堆石坝上游坡坡比不宜陡于 1：1.6；土坝上游坡坡比不能陡于或等于下游坡。（　）

（30）使土体开始产生不允许的管涌、流土等变形的渗透坡降称为临界坡降。（　）

（31）从安全角度考虑，对级别较高的尾矿坝结合抗滑稳定的需要，大多采取措施使浸润线不致在坡面逸出；对级别较低的尾矿坝可在逸出部位采取贴坡反滤加以保护。（　）

（32）尾矿坝在大地震时极易发生液化，如果这种液化发生在坝体上游坡部位，则会引起边坡坍塌，危害甚大，即使不坍塌，其抗滑稳定安全系数也大大降低。（　）

（33）尾矿库宜采用排水井（斜槽）-排水管（隧洞）排洪系统，最好不采用溢洪道或截洪沟等排洪设施。（　）

（34）当采用排水井作为尾矿库进水构筑物时，为了适应排矿口位置的不断改变，往往需建多个井接替使用，相邻二井井筒不能重叠。（　）

（35）当尾矿库淹没范围以上具备较缓山坡地形时，可沿库周边开挖截洪沟或在库后部的山谷狭窄处设拦洪坝和溢洪道分流。（　）

（36）《尾矿库安全技术规程》规定，三等尾矿库初期的防洪标准为 50～100 年洪水重现期，中后期的防洪标准为 200～300 年洪水重现期。（　）

（37）尾矿库库内水面面积不超过流域面积的 10%时，其洪水计算可按全面积陆面汇流计算。否则，水面和陆面面积的汇流应分别计算。（　）

（38）当尾矿库的调洪库容足够大，可以容纳得下一场暴雨的洪水

总量时，排水构筑物应做得尽可能大，以适应需求。（　）

（39）尾矿库虽然有一定的调洪库容，但不足以容纳全部洪水，在设计排水构筑物时不能考虑利用调洪库容进行排洪计算，以减小排水构筑物的尺寸，节省工程投资费用。（　）

（40）洪水计算时，当确定尾矿库等别的库容或坝高偏于下限，或尾矿库使用年限较短，或失事后危害较轻者，宜取重现期的下限；反之宜取上限。（　）

（41）对置于非岩基的排水涵管，在结构上可采取"短管"技术，即控制每节管段长度（或沉降缝间距）不超过10 m，以适应地基沉降。（　）

（42）设计排水系统时，应考虑终止使用时在井座或支洞末端进行封堵的措施。（　）

（43）排水斜槽既是进水构筑物，又是输水构筑物，无论库水位升高与否，进水口的位置均不能移动。（　）

（44）山坡截洪沟也是进水构筑物兼作输水构筑物，沿全部沟长均可进水。在较平缓山坡处的截洪沟易遭暴雨冲毁，管理维护工作量大。（　）

（45）排水管是最常用的输水构筑物。一般埋设在库内最底部，荷载较大，一般采用钢筋混凝土管。（　）

（46）浆砌块石管是用浆砌块石作为管底和侧壁，用钢筋混凝土板盖顶而成。整体性差，承压能力较低，适用于堆坝不高、排洪量不大的尾矿库。（　）

（47）隧洞需由专门凿岩机械施工，故净空尺寸较大，它的结构稳定性好，是大、中型尾矿库常用的输水构筑物，但其投资费用较大、成本较高。（　）

（48）传统的尾矿坝监测系统主要采取人工定期通过传统仪器对尾矿坝的坝体位移、浸润线等进行测量，再通过离线计算与比对，评估尾矿坝的安全状态。（　）

（49）库水位观测的目的是根据历史库水位推测设计洪水位时的干滩长和安全超高是否满足设计的要求。（　）

（50）安全滩长检测法。设现状库水位为 H_s，先在沉积滩上用皮尺量出最小干滩长度 $[L_g]$，并插上标杆 a，用仪器测出 a 点地面标高 H_a。当最小调洪深度 $H_t = H_a - H_s \leq [H_t]$ 时，即认为安全滩长满足设计要求。否则，不满足。（　）

（51）浸润线的位置是分析尾矿坝稳定性的最重要的参数之一，因而也是判别尾矿坝安全与否的重要特征，配置准确测试浸润线的观测设施是必须认真对待的一项工作。（　）

（52）为确保坝体稳定所需要的浸润线深度，初步设计的坝体稳定计算剖面图中均对浸润线深度进行了设计标示。（　）

（53）浸润线观测管如果测不到水位，说明浸润线高于设计要求值，坝体安全；如果测得水位较高，说明需要采取降低浸润线的治理措施。（　）

（54）盲目将观测管的渗水段埋设得很深，或将观测管从上到下都开孔渗水，这样测得的水位往往比实际浸润线低得多，使人误认为浸润线很深，坝体很安全，这是非常危险的。（　）

（55）坝体位移观测点布置时，每个观测横断面上应在不易受到人为或天然因素损坏的地点选择一处建立观测标点，此外在坝脚下游 5～10 m 范围内的地面上布置观测标点，并同时记录下其最初的标高和坐标。（　）

（56）生产管理部门应定期在尾矿坝坝体位移观测点的工作基点安装仪器，以此基点为标准，观测各观测标点的位移。（　）

（57）目前，由于设计规范尚未对坝体最大位移作出限量规定，一旦发现观测位移数据出现异常时，应立即判别坝体的安全状态，进而确定是否需要采取治理措施。（　）

（58）尾矿坝在线监测系统还会与尾矿坝灾害应急指挥系统等其他相关系统相结合，做到功能延伸，形成具有一体化处理功能的综合系统。

（　）

（59）尾矿库在线监测系统设备的数据通信、数据采集装置和监控主机之间可采用有线和（或）无线网络通信，尾矿坝安全监测站或网络工作组应根据要求提供网络通信接口。（　）

（60）尾矿坝在线监测系统的远程发布软件采用模块化结构，其中的降雨量软件模块、视频监控软件、干滩软件模块属于渗流量软件模块类型。（　）

（61）尾矿坝在线监测系统的现场监控中心一般布置在尾矿坝现场值班室内，也可与监测管理站设置在一起，用于数据管理、展示、分析及互联网发布。（　）

（62）矿山监控中心、集团监控中心乃至政府安监部门通过互联网进入监测系统，可以对尾矿坝的运行状态进行实时查看、分析，但不能对监测系统进行控制。（　）

（63）尾矿坝内部监测剖面的选择应该根据尾矿库的等级、尾矿坝结构形式、施工方案以及地址地形等情况，选择原河床、合龙段、地质及地形复杂段、结构及施工薄弱段等关键区域。（　）

（64）坝体渗漏水的流量监测主要通过渗漏水的出流和汇集条件以及所采用的测量方法等确定，与尾矿坝的坝型和坝基地质条件关系不大。（　）

（65）浸润线是尾矿坝安全的生命线，浸润线的高度直接关系到坝体稳定及安全状况。（　）

（66）对坝区的渗漏量进行实时监测，能对自然降水尤其是夏季雨季的大量降水导致的坝体稳定波动进行提前预警，具有直观和非常实际的意义。（　）

（67）GPS 变形监测技术是基于全球卫星定位系统来进行尾矿库坝体的变形监测，该技术具有全天候监测、抗干扰强、精度高等特点。（　）

（68）固定测斜仪适用于长期监测大坝、筑堤、边坡、基础墙等结

构的变形，可以用来监测坝体水平位移变化。（　　）

2．单项选择题

（1）寻找尾矿库库址应考虑该库容能容纳全部生产年限的尾矿量；如确有困难，其服务年限以不少于（　　）为宜。

　　　　A．十年　　　　　　　B．五年　　　　　C．三年

（2）由于尾矿是矿石磨选后的最终剩余物，因此含有大量的矿泥，且矿泥以（　　）形式存在，严重干扰尾矿中有价物质的回收。

　　　　A．细粒、微细粒　　　B．细沙、黏土　　C．泥浆、黏稠物

（3）初期坝相对较短，坝体工程量较小；后期尾矿堆坝相对较易管理和维护，当堆坝较高时，可获得较大的库容；库区纵深较长，澄清距离及干滩长度易于满足设计要求的坝型属于（　　）尾矿库。

　　　　A．傍山型　　　　　　B．截河型　　　　C．山谷型

（4）国内低山丘陵地区的尾矿库大多属于（　　）尾矿库类型。

　　　　A．山谷型　　　　　　B．傍山型　　　　C．平地型

（5）尾矿处理的方式有湿式、干式和介于两者之间的（　　）。

　　　　A．压滤式　　　　　　B．浓缩式　　　　C．混合式

（6）尾矿水力输送系统一般包括尾矿浓缩池、尾矿输送管道、砂泵站和尾矿分散管槽、尾矿自流沟、（　　）及相应辅助设施等。

　　　　A．浓缩池　　　　　　B．放矿主管　　　C．事故泵站

（7）尾矿坝渗水设施一般有渗水盲管、无砂混凝土、挡水板墙（　　）、无纺土工布等。

　　　　A．砂石级配反滤层　　B．坝坡排水沟　　C．库底排水管

（8）尾矿库观测设施用来观测坝体的形变、坝体内浸润线位置，以便于采取措施治理（　　）内存在的隐患。

　　　　A．地基　　　　　　　B．坝体　　　　　C．浸润线

（9）（　　）是为确保设计洪水位时坝体安全超高和沉积滩面以及地

面以上所形成的空间容积，此库容是不允许占用的，故又称安全库容；

  A．有效库容   B．全库容   C．空余库容

 （10）设计时，可根据全库容曲线确定各使用期的尾矿库等别；生产部门可根据（ ）曲线推算各年坝顶所达标高，以便制订各年尾矿坝筑坝生产计划。

  A．空余库容   B．有效库容   C．全库容

 （11）某尾矿库库容 1 100 万 m³，坝高 58 m，该尾矿库等别应划分为（ ）库。

  A．三等   B．四等   C．五等

 （12）一般尾矿坝是由初期坝（又称基础坝）和后期坝（又称尾矿堆积坝）组成。只有当尾矿颗粒极细，无法用尾矿堆坝者，才采用类似建水坝（即无后期坝）的形式贮存全部尾矿，习惯称之为（ ）。

  A．一次建坝   B．挡水坝   C．挡砂坝

 （13）透水初期坝的主要坝型有堆石坝或在各种不透水坝体上游坡面设置（ ）的坝型。

  A．排水棱体   B．排渗通道   C．排洪通道

 （14）若在均质土坝内坡面和坝底面铺筑可靠的（ ），使尾矿堆积坝内的渗水通过此排渗层排到坝外。这样，便成了适用于尾矿堆坝要求的透水土坝。

  A．排洪沟   B．反滤层   C．排渗层

 （15）在坝的上游坡面用砂砾料或土工布铺设反滤层，其作用是有效地降低后期坝的（ ）。由于它对后期坝的稳定有利，且施工简便，成为 20 世纪 60 年代以后广泛采用的初期坝型。

  A．库水位   B．浸润线   C．安全库容

 （16）为了满足敷设尾矿输送主管、放矿支管和向尾矿库内排放尾矿操作的要求，初期坝坝顶应具有一定的宽度。一般情况下坝高 20～

30 m 的初期坝，其坝顶宽度不宜小于（　）m。

  A．3.0   B．3.5   C．4.0

 （17）为排出土坝坝体内的渗水和保护坝体外坡脚，在土坝外坡脚处设置毛石堆成的排水棱体。排水棱体的高度为初期坝坝高的 1/5～1/3，顶宽为（　）m，边坡坡比为 1：1～1：1.5。

  A．1.5～2.0 B．1.5～1.6 C．1.0～1.5

 （18）尾矿堆积坝实质上是尾矿沉积体，这种水力充填沉积的砂性土（　）稳定性能较差，一旦失稳，造成的灾害损失惨重，其安全可靠性是设计和生产部门十分重视的工作。

  A．边坡   B．坝基   C．坝坡

 （19）上游式尾矿坝受（　）的影响，往往含细粒夹层较多，渗透性能较差，浸润线位置较高，故坝体稳定性较差。

  A．尾矿浆   B．选矿方式   C．排矿方式

 （20）上游式和中线式筑坝的坝体尾矿颗粒粗，抗剪强度高，（　）较好，浸润线位置较低，故坝体稳定性较好。但分级设施费用较高，且只适用于颗粒较粗的原尾矿，又要有比较狭窄的坝址地点，国外使用较多，国内使用尚少见。

  A．库水位控制 B．渗透性能 C．尾矿固结

 （21）一般坝高大于 100 m 的尾矿库、属（　）且坝址狭长的尾矿库、尾矿颗粒较粗的尾矿库、地震设防烈度为 8 度及 8 度以上地区的尾矿库，宜采用下游式或中线式后期坝。

  A．截河型   B．傍山型   C 山谷型

 （22）下游式或中线式尾矿筑坝还要求坝址地形较窄，否则，筑坝上升速度满足不了库内（　）上升速度，也无法筑坝。

  A．尾矿固结   B．沉积滩面   C．库水位

 （23）上游式筑坝工艺，中、粗尾矿可采用直接冲填筑坝，尾矿颗

粒较细时则宜采用（　　）冲填筑坝法。

    A．分级　　　　　　B．渠槽　　　　　　C．冲积式

（24）采用分级粗尾砂进行堆筑，需增强尾矿坝的渗透性和稳定性，当坝基不具有满足排渗要求的天然排渗层时，应于（　　）设置可靠的排渗设施。

    A．堆积坝底　　　　B．初期坝低　　　　C．尾矿库底

（25）上游式尾矿坝沉积滩顶至设计洪水位的高差要求：3等库的最小干滩长度不得小于70 m，其最小安全超高不得小于（　　）m。

    A．0.8　　　　　　　B．0.5　　　　　　　C．0.7

（26）新建尾矿库进行（　　）分析时，后期坝坝坡可根据经验假定，浸润线位置由渗流分析确定，坝基土层的物理力学指标通过工程地质勘察确定。

    A．坝体稳定性　　　B．抗滑稳定性　　　C．坝基稳定性

（27）《尾矿库安全技术规程》规定，按瑞典圆弧法计算坝坡抗滑稳定的安全系数，3等库（　　）的安全系数为1.20，洪水运行的安全系数不小于1.10。

    A．非常运行 I 　　　B．正常运行　　　　C．非常运行 II

（28）上游式尾矿坝的计算断面应考虑到尾矿（　　）规律，根据颗粒粗细程度概化分区。

    A．沉积　　　　　　B．流速　　　　　　C．分布

（29）上游式尾矿坝堆积至1/2~2/3最终（　　）坝高时，应对坝体进行一次全面的勘察，并进行稳定性专项评价，以验证现状及设计最终坝体的稳定性，确定相应技术措施。

    A．设计　　　　　　B．堆积　　　　　　C．最高

（30）在新建尾矿库设计中，由于尚未进行尾矿堆坝，一般是参考类似工程尾矿物理力学指标进行坝体稳定计算，确定尾矿坝设计堆积方

式和（　　）。

  A．堆积坝型   B．堆积标高   C．堆积断面

  （31）在库水位一定时，坝体（　　）上稳定渗流的自由水面线（或渗流顶面线）叫浸润线。

  A．基础坝   B．横剖面   C．纵剖面

  （32）当渗流的流速较大时，将尾砂中小颗粒从孔隙中带走，并形成越来越大的孔隙或空洞，这种现象称之为（　　）。

  A．流土   B．管涌   C．漏砂

  （33）尾矿坝渗流分析的任务之一是确定浸润线的位置，从而判断浸润线在坝体下游坡面逸出部位的（　　）是否超过临界坡降。

  A．坝体坡降   B．逸出流量   C．渗透坡降

  （34）上游式尾矿堆积坝的初期透水堆石坝坝高与总坝高之比值不宜小于（　　）。

  A．1/10   B．1/5   C．1/8

  （35）排洪系统应靠尾矿库一侧山坡进行布置，选线应力求短直；地基的工程地质条件应尽量好，最好无断层、破碎带、滑坡带及软弱岩层或（　　）。

  A．堆积层   B．结构面   C．残坡层

  （36）尾矿库排洪系统布置的关键是进水构筑物的（　　）。

  A．位置   B．尺寸   C．品质

  （37）尾矿库洪水计算应根据当地水文图册或有关部门建议的适用于（　　）汇水面积的计算公式计算。当采用全国通用的公式时，应当用当地的水文参数。有条件时应结合现场洪水调查予以验证。

  A．特小   B．库区   C．大面积

  （38）尾矿库排洪构筑物宜控制常年洪水（多年平均值）不产生无压与有压流交替的工作状态。无法避免时，应加设通气管。当设计为有

压流时，排水管（　）应满足工作水压的要求。

  A．材质   B．管径   C．接缝处止水

  （39）排洪计算的目的在于根据选定的排洪系统和布置，计算出不同库水位时的（　），以确定排洪构筑物的结构尺寸。

  A．泄洪流量   B．洪水流量   C．调洪库容

  （40）进行尾矿库洪水计算，确定防洪标准后，可从当地水文手册查得有关降雨量等水文参数，先求出尾矿库（　）汇水面积的设计洪峰流量和设计洪水总量及设计洪水过程线。

  A．上游   B．库区   C．不同高程

  （41）经调洪演算确定的最高洪水位，不仅应符合尾矿坝（　）和最小干滩长度的规定，而且还应满足尾矿坝稳定性的要求。

  A．水位控制   B．调洪库容   C．安全超高

  （42）排水构筑物是尾矿库重要的安全设施，又是（　）工程，必须安全可靠。因此要求排水构筑物的基础应尽量设置在基岩上，当无法设置在基岩上时，应进行基础处理，满足构筑物稳定和结构要求。

  A．隐蔽   B．排洪   C．基础

  （43）在排水构筑物上或尾矿库内适当地点，应设置清晰醒目的（　）标尺。

  A．排水   B．水位   C．安全

  （44）（　）排水井由现浇梁柱构成框架，用预制薄拱板逐层加高。结构合理，进水量大，操作也比较简便。从 20 世纪 60 年代后期起，被广泛采用。

  A．砌块石   B．框架式   C．窗口式

  （45）（　）没有复杂的排水井，但毕竟进水量小，一般在排洪量较小时经常采用。

  A．截水沟   B．排水涵管   C．排水斜槽

（46）尾矿库输水构筑物采用（　　）管整体性好，承压能力高，适用于堆坝较高的尾矿库。但当净空尺寸较大时，造价偏高。

　　　　A．高分子材料　　　B．钢筋混凝土　　　C．浆砌石

（47）尾矿库人工观测的方式工人工作量大，间隔时间长，受天气、现场环境、主观因素制约，不能及时反映尾矿坝安全状态，仅能够作为一种（　　）手段。

　　　　A．后备　　　　　　B．参考　　　　　　C．辅助

（48）对于坝前干滩坡度较大者，只要（　　）满足要求，安全超高一般都能满足要求，而无需检测安全超高。

　　　　A．安全滩长　　　　B．调洪库容　　　　C．坝体上升

（49）对于坝前干滩坡度较缓者，只要（　　）满足要求，安全滩长一般都能满足要求，而无需检测安全滩长。

　　　　A．调洪库容　　　　B．坝体稳定　　　　C．安全超高

（50）尾矿坝浸润线观测通常是在（　　）上埋设水位观测管。

　　　　A．坝体　　　　　　B．坝坡　　　　　　C．坝肩

（51）尾矿坝（　　）埋设深度是个关键，浅了测不到水位；深了所测得的水位往往低于实际浸润线。

　　　　A．浸润线观测管　　B．排渗盲管　　　　C．监测传感器

（52）尾矿坝浸润线观测管渗水段设置在设计所需浸润线的下面（　　）m 处为宜，这样测得的水位比较接近实际浸润线。

　　　　A．0.5～1.0　　　　B．1.0～1.5　　　　C．1.5～2.0

（53）目前我国尾矿坝位移观测仍以坝体（　　）观测为主，即在坝体表面有组织地埋设一系列混凝土桩作为观测标点，使用水准仪和经纬仪观测坝体的垂直沉降和水平位移。

　　　　A．内部位移　　　　B．横向位移　　　　C．表面位移

（54）尾矿坝坝体位移观测标点的布置以能全面掌握坝体的变形状

态为原则。一般可选择最大坝高剖面、地基地形变化较大的地段布置观测（　）面。

  A．横断   B．垂直   C．纵剖

（55）为便于观测，还需在库外地层稳定、不受坝体变形影响的地点建立观测基点（又称为工作基点）和（　）基点。

  A．起测   B．标准   C．参照

（56）尾矿库排水构筑物较高的溢水塔（排水井）在使用初期可能受地基沉降影响而倾斜，可采用肉眼或（　）对其变形隐患进行观测。

  A．经纬仪   B．放大镜   C．游标尺

（57）钢筋混凝土排水管和隧洞衬砌常见的病害为（　）或裂缝，前者用肉眼检查，后者可用测缝仪测量裂缝宽度以判断是否超标。

  A．沉陷   B．露筋   C．断裂

（58）尾矿坝在线监测系统利用遍布尾矿坝各监测点的（　）实时获取尾矿坝的各项运行数据。

  A．测试点   B．视频探头   C．传感器

（59）当尾矿坝出现安全隐患时，在线监测系统能及时判断并发出预警信号，提示相关部门进行处理，从而（　）尾矿坝溃坝及人员伤亡事故的发生。

  A．预防   B．及时预测   C．有效降低

（60）尾矿坝在线监测系统包含数据自动采集、传输、存储、处理分析及综合预警等部分，并具备在各种气候条件下实现（　）的能力。

  A．不间断监测   B．实时监测   C．预测预报

（61）尾矿坝在线监测数据设备的（　）应能适应应答式和自报式两种方式，按设定的方式自动进行定时测量，接收命令进行选点、巡回检测及定时检测。

  A．传输装置   B．编辑装置   C．采集装置

（62）尾矿坝在线监测系统采用分级架构，包括监测站、监测管理站、现场监控中心以及上层监控中心。其中，监测站布置在（　）监测区域内，用于在线获取监测点数据。

  A．尾矿坝   B．初期坝   C．堆积坝

（63）尾矿坝坝体位移监测设施通过表面位移变化监测，可以获取坝体的移动情况和（　）分布情况，进而评价尾矿坝的稳定性。

  A．渗流部位   B．内部应力   C．坝基稳定

（64）坝体内部位移监测通常在最大坝高处、地基地形地质（　）处布置监测剖面。每个监测剖面上设置监测点。

  A．变化较小   B．变化较大   C．基本稳定

（65）采用振弦式渗压传感器及光纤传感器技术，系统能实时在线、自动测量（　）埋藏深度，实现采集、贮存数据的自动化，绘制指定监测点历史曲线。

  A．坝体浸润线   B．澄清水位   C．坝体应力

（66）尾矿坝在线监测系统中，比较适合进行坝体（　）监测的技术手段主要包括高精度智能全站仪技术和 GPS 监测技术等。

  A．基础稳定   B．渗漏逸出   C．表面变形

（67）（　）技术，又称为测量机器人技术（或称为测地机器人），是一种能进行自动搜索、跟踪、辨识和精确找准目标并获取角度、距离、三维坐标以及影像等信息的智能型电子系统。

  A．人工智能   B．智能全站仪   C．实时传感仪

（68）固定测斜仪适用于长期监测大坝、筑堤、边坡、基础墙等结构的变形，可以用来监测坝体（　）变化。

  A．水平位移   B．内部变形   C．垂直沉降

3. 多项选择题

(1) 尾矿是选矿厂将矿石磨细、选取"有用组分"后所排放的废弃物,具有( )的特点。

　　　　A. 粒度细　　　B. 数量大　　　C. 成本低　　　D. 可利用性大

(2) 按照选矿工艺流程,尾矿可分为手选尾矿、化学选矿尾矿、电选及光选尾矿,以及( )等类型。

　　　　A. 振动选矿　　　　　　　B. 重选尾矿

　　　　C. 磁选尾矿　　　　　　　D. 浮选尾矿

(3) 尾矿设施最初由尾矿输送系统、尾矿堆存系统、尾矿库排洪系统、尾矿( )、尾矿库回水系统和尾矿水净化系统等几部分组成。

　　　　A. 排渗系统　　　　　　　B. 浓缩系统

　　　　C. 观测系统　　　　　　　D. 坝面排水系统

(4) 尾矿库排水系统一般包括截洪沟、溢洪道、( )等构筑物,用以将库内尾矿澄清水以及雨水排出尾矿库处。

　　　　A. 排水井　　　B. 排水管　　　C. 排水斜槽　　　D. 排水隧洞

(5) 尾矿库初期坝类型基本分为不透水坝和透水坝,包括有均质土坝、透水堆石坝,以及( )等。

　　　　A. 废石坝　　　B. 砌石坝　　　C. 混凝土坝　　　D. 土石坝

(6) 尾矿坝初期坝构造包括坝顶宽度和( )等。

　　　　A. 坝坡　　　B. 马道　　　C. 水棱体　　　D. 反滤层

(7) 后期坝根据其筑坝方式可分为( )。

　　　　A. 上游式尾矿筑坝　　　　　B. 下游式尾矿筑坝

　　　　C. 中线式尾矿筑坝　　　　　D. 其他尾矿筑坝模式

(8) 后期坝坝型主要由( )和地震设防烈度等条件综合分析确定。

　　　　A. 后期坝的高度　　　　　　B. 库址的地形

　　　　C. 尾矿粒度组成　　　　　　D. 库区汇水面积

（9）下游式或中线式尾矿筑坝虽然具有较好的稳定性，但也有其严格的适用条件。在设计上，尤其应对筑坝用（　　），进行详细的平衡计算，并且应充分考虑各种不利因素的影响。

  A．排矿主管   B．粗尾砂数量

  C．堆坝上升速度   D．黏土

（10）直接影响尾矿库安全的设施，包括初期坝、堆积坝、副坝、排渗设施和（　　）等设施。

  A．尾矿库排水设施 B．尾矿库截洪设施

  C．尾矿库观测设施 D．其他影响尾矿库安全

（11）尾矿坝稳定性分析主要指（　　）的分析。

  A．坝基稳定   B．抗滑稳定

  C．渗透稳定   D．液化稳定

（12）新建尾矿库设计中，由于尚未进行尾矿堆坝，一般是参考类似工程尾矿物理力学指标进行坝体稳定计算，确定尾矿坝设计（　　）。

  A．堆积方式   B．堆积断面

  C．堆积坡度   D．堆积高度

（13）影响尾矿坝稳定性的因素很多，一般情况下，（　　）坝基和坝体土料的抗剪强度越低，抗滑稳定的安全系数就越小；反之，安全系数就越大。

  A．尾矿堆积的高度越高   B．下游坡坡度越陡

  C．坝体内浸润线的位置越浅 D．库内的水位越高

（14）尾矿水在（　　）中受重力作用总是由高处向低处渗透流动，简称渗流。

  A．坝体 B．坝肩 C．坝基土 D．坝坡

（15）上游式尾矿坝的渗流计算应考虑尾矿筑坝放矿水的影响；1、2级山谷型尾矿坝的渗流应按（　　）确定。

A．三维计算　　　　　B．模糊计算

C．概率计算　　　　　D．模拟试验

（16）我国现行《构筑物抗震设计规范》规定：地震设防烈度为 6 度地区的尾矿坝可不进行抗震计算，但应满足（　　）要求。6 度和 7 度时，可采用上游式筑坝，经论证可行时，也可采用下游式筑坝工艺。

A．结构强度　　　　　B．抗震构造

C．工程措施　　　　　D．地基稳定

（17）尾矿库的排洪方式根据地形、地质条件、（　　）、操作条件与使用年限等因素，经过技术比较确定。

A．洪水总量　　　　　B．调洪能力

C．回水方式　　　　　D．设施材料

（18）进水构筑物与排矿口之间的距离应始终满足安全排洪和尾矿水得以澄清的要求；这个距离一般应不小于（　　）三者之和。

A．尾矿水最小澄清距离

B．调洪所需滩长

C．安全库水位

D．设计最小安全滩长（或最小安全超高所对应的滩长）

（19）当采用排水斜槽方案排洪时，为了适应排矿口位置的不断改变，需根据（　　）确定斜槽的断面和敷设坡度。

A．地形条件　　　　　B．进水量

C．排洪量大小　　　　D．汇水面积

（20）尾矿库的防洪标准应根据各使用期库的等别，综合考虑（　　）等因素，按规范确定。

A．库容　　　　　　　B．坝高

C．使用年限　　　　　D．对下游可能造成的危害

（21）尾矿库排洪计算的步骤是（　　）。

A．确定防洪标准

B．洪水计算

C．作水位-调洪库容和水位-泄洪流量关系曲线图

D．调洪演算

(22) 尾矿库进水构筑物的基本形式有（　　）以及山坡截洪沟等。

A．排水井　　　　　　　B．排水斜槽

C．排水隧洞　　　　　　D．溢洪道

(23) 排水井是最常用的进水构筑物，有（　　）和砌块式等形式。

A．斜槽式　　　　　　　B．窗口式

C．框架式　　　　　　　D．井圈叠装式

(24) 尾矿库输水构筑物的基本形式有（　　）等。

A．排水管　　　　　　　B．隧洞

C．斜槽　　　　　　　　D．山坡截洪沟

(25) 坝坡排水沟有两类：一类是沿山坡与坝坡结合部设置（　　），以防止山坡暴雨汇流冲刷坝肩。另一类是在坝体下游坡面设置（　　），将坝面的雨水导流排出坝外，以免雨水滞留在坝面造成坝面拉沟，影响坝体的安全。

A．浆砌块石截水沟　　　B．混凝土沟

C．反滤层压坡　　　　　D．纵横排水沟

(26) 通过确定尾矿库（　　）等步骤设计的排洪构筑物，应能确保设计频率的最高洪水位时的干滩长度不得小于设计规定的长度。

A．防洪标准　　　　　　B．洪水计算

C．调洪演算　　　　　　D．水力计算

(27) 尾矿库观测设施主要有人工观测和全自动在线观测两大类。人工观测主要包括（　　）。

A．库水位观测　　　　　B．浸润线观测

C．坝体位移观测　　　D．排水构筑物观测

（28）一项完善的尾矿库设计必须给生产管理部门提供该库在各运行期的（　　）以作为控制库水位和防洪安全检查的依据。

A．最小调洪深度

B．最大洪水流量

C．设计洪水位时的最小干滩长度

D．最小安全超高

（29）生产过程中浸润线的位置还会受（　　）以及坝体升高等因素的影响，所以经常会有些变动。

A．矿浆浓度　　B．放矿水　　C．干滩长度　　D．雨水

（30）经过近年来的快速发展和实践应用，尾矿坝在线监测系统已经呈现出智能化、功能丰富、可靠度高、系统兼容性强、（　　）的发展趋势。

A．抗干扰能力强　　　B．可视化程度高

C．用户界面友好　　　D．系统稳定

（31）当发生尾矿坝灾害事件时，相关部门可以通过尾矿库在线监测系统进行（　　）和应急指挥调度。

A．实时监控　　　B．远程修正

C．事件跟踪　　　D．辅助决策

（32）尾矿坝在线监测系统还具备数据自动采集、现场网络数据通信和远程通信、数据存储及处理分析、综合预警、防雷及抗干扰等基本功能，具备（　　）等辅助功能。

A．数据备份　　　B．掉电保护

C．自我诊断　　　D．故障显示

（33）由于组成尾矿坝在线监测系统的各种传感设备种类多样且布设的范围广，通信距离远近不一，有线通信网络线路架设困难且成本高，野外应用环境恶劣且多样化等因素，使得尾矿坝在线监测系统的通信架构无

法使用单一的通信手段，而是结合（　　）等多样化的综合通信系统。

　　A．有线　　　B．无线　　　C．短距离　　　D．长距离

（34）尾矿坝在线监测系统采用分级架构，包括（　　　）。

　　A．监测站　　　　　　　B．监测管理站

　　C．现场监控中心　　　　D．上层监控中心

（二）尾矿浓缩与输送

1．判断题

（1）尾矿流量较大、浓度较低的尾矿输送系统宜考虑尾矿浓缩，并结合地形条件通过技术经济比较确定。（　　）

（2）无论尾矿矿浆中有无泡沫或漂浮物，在溢流堰前应设置挡板，必要时尚应设置清除装置。（　　）

（3）浓缩机不用装设过载报警保护装置，有条件时考虑必要的计量、检测仪表即可。（　　）

（4）凡需应浓缩而未浓缩的尾矿浆，非事故处理情况，不得送往泵站和尾矿库。（　　）

（5）浓缩机停机前，应继续给矿，并继续运转一定时间；恢复正常运行之前，应注意防止浓缩机超负荷运行。（　　）

（6）采用高效浓缩机处理选矿厂尾矿，可实现尾矿高浓度输送，节约能源，增加回水利用率，减少环境污染，其社会效益和经济效益是显著的。（　　）

（7）水力旋流器结构简单，易制造，设备费低，生产能力大，占地面积小。设备本身无运动部件，操作维护简单。而且常压给矿，动力消耗较小。（　　）

（8）尾矿输送泵站的位置宜设计成地下式，并避免过大的挖方；泵站的事故矿浆及外部管道放空的矿浆可自流排往附近的事故池。（　　）

(9) 尾矿输送泵站应避免设在洼地或洪水淹没区，当不能避免时，泵站的地坪应高出洪水重现期为 50 年的洪水位 1.5 m 以上，或考虑其他防洪措施。(　)

(10) 当泵站发生事故停车后，操作人员应及时开启事故阀门实施事故放矿。待恢复生产时，事故池必须及时清理，使池内保持足够的储存容积。(　)

(11) 输送泵的轴承件运转不正常，会引起轴承体发热；一般检查润滑的油质和油量。如油质太差，应予以更换，补加油量适当。如电机轴与泵轴不同心应予以校正。轴承损坏应及时更换。(　)

(12) 应经常巡视检查输送线路，防治堵、漏、跑、冒。对易造成磨损和破坏的部位，应特别注意观察，若发现异常现象，要认真分析原因，及时排除。(　)

(13) 对配置浓缩设施的尾矿系统，应定期测定输送矿浆的流量、流速、浓度和密度，使其各项指标符合设计的要求。(　)

(14) 尾矿自流输送渠槽设有盖板的沟槽必须及时处理掉入沟槽的盖板。发现正在使用的沟槽中有液面壅高时，应立即查明原因，如有沉积杂物应及时清除。(　)

(15) 尾矿输送非金属管道应定期翻转，延长使用年限，防止漏矿事故。备用管道应保持良好状态，能随时转换使用。(　)

(16) 增大矿浆流速可提高尾矿输送系统的抗冻能力，流速达到 1.0 m/s 以上时，矿浆管槽多不会产生冻结。(　)

(17) 输送尾矿管道堵塞比较严重时，一般采取先用高压水加大冲洗管的清水量和水压，直至疏通为止。(　)

(18) 爆管是尾矿输送中最常见的事故，引起爆管事故的原因主要有：管道局部堵塞后引起管道内压力增高，当其压力超过管道所能承压的范围时，即发生管道爆裂。(　)

（19）管道敷设应避免凹形管段，如避免不了，应在凹形管段的最高点设置可迅速开启的放矿阀。（　）

（20）管道堵塞很严重时，在管道堵塞段每间隔一段距离开外溢口逐段疏通，直至堵塞段全部疏通为止。（　）

2. 单项选择题

（1）尾矿浓缩设计应满足选矿工艺对水质的要求和尾矿输送、（　）对浓度的要求。

  A．沉降   B．流速   C．筑坝

（2）浓缩池所需面积和深度，应视要求的溢流水（　）含量和排矿浓度，根据有代表性矿样的静态沉降试验成果或参照类似尾矿浓缩的实际运行资料，经计算确定。

  A．悬浮物   B．尾矿量   C．杂质

（3）浓缩池规格和数量的选择应根据选矿厂生产规模、系列数、投产过程及地形条件等因素确定，以（　）、数量少为宜。

  A．容积   B．直径大   C．深度浅

（4）浓缩池给矿口前应设置拦污格栅，栅条净距宜采用 15～25 mm，浓缩池给矿管（槽）应安装在桁架上，并留有便于检修的（　），通道宽度不应小于 0.5 m。

  A．控制柜   B．人行通道   C．设备通道

（5）（　）不宜时开时停，以免发生堵塞或卡机事故。凡需开机或停机，应预先通知主厂房和泵站，采取相应的安全措施。

  A．浓缩机   B．输送泵   C．旋流器

（6）浓缩机的类型和规格的确定，一般根据所处理的（　）性质、生产和建设条件以及试验研究提供的有关技术资料进行。

  A．材料   B．矿浆   C．物料

（7）浓缩机单位面积的生产能力与所处理的物料（　）或絮团的粒

度、密度，给矿和底流的浓度、料浆成分、泡沫黏度、矿浆温度和物料的价值有关。

A．浓度　　　　　　B．性质　　　　　　C．颗粒

(8) 随着尾矿干式堆存技术的出现及应用，水力旋流器在尾矿高效脱水环节也有很多应用。具有代表性的是以水力旋流器为核心的（　　）流程，该流程分为"水力旋流器-浓密机串联流程"和"水力旋流器-浓密机闭路流程"两类。

A．联合浓缩　　　　B．独立浓缩　　　　C．矿浆输送

(9) 矿浆池来矿口处的格栅，应经常冲洗，池内液位指示器应定期维护。注意观察池内液位，当液位（　　）时，必须及时调整，保证液位高于排矿口足够高度，防止空气进入泵内。

A．过快　　　　　　B．过低　　　　　　C．过高

(10) 矿浆浓度过高，粒度过粗，可能引起电机过载，且长时间运转易造成烧毁电机。一般采用（　　）的方法解决。

A．降低矿浆粒度　　B．补加清水稀释　　C．缩短作业时间

(11) 泵池打空、泵体进气发生气蚀现象引起泵体强烈振动，严重损坏泵体及过流件。一般处理方法是（　　），或补加清水。

A．调整给矿量　　　B．及时停止运行　　C．稀释矿浆

(12) 尾矿输送管槽线路的选择和设计，不得通过陷（崩）落区、爆破危险区和（　　）堆放区，应邻近道路、水源和电源，便于施工及维修。

A．尾矿　　　　　　B．物资　　　　　　C．废石

(13) 尾矿输送管槽的临界流速（临界管径或断面）及摩阻损失（水力坡降），可根据计算或经验数据确定。但对线路较长、矿浆浓度较高、固体密度较大的输送管槽宜通过（　　）确定。

A．勘察　　　　　　B．试验　　　　　　C．设计

(14) 输送线路应保持矿浆的设计流量，维持水力输送的（　　），以

保证输送管道不堵塞。当流速低于正常流速时，应及时加水调节。

      A．正常流速   B．矿浆压力   C．最大流速

（15）寒冷地区应加强管、阀的维护管理和防冻措施，尽量避免停产。如停产必须及时（　），严防发生冻裂事故。

      A．放空   B．抢修   C．加温

（16）通过居民区、农田、交通线的管、槽、沟、渠及构筑物应加强检查和维修管理，防止发生破管、（　）和漏矿等事故。

      A．泄压   B．堵塞   C．喷浆

（17）管道敷设应避免凹形管段，如避免不了，应在凹形管段的最低点设置可迅速开启的（　）。

      A．法兰开关   B．放矿阀   C．警报器

（18）管道堵塞比较严重时，一般采取先用高压水（　）向管内注水，使管道内沉积的尾砂慢慢稀释，待管道的末端有少量高浓度的矿浆外溢时，再加大洗管的清水量，直至疏通为止。

      A．小流量   B．大流量   C．冲击型

（19）发现正在使用的沟槽中有（　）时，应立即查明原因，如有沉积杂物应及时清除。

      A．泄漏问题   B．杂物堵塞   C．液面壅高

（20）尾矿管槽的保温可加保温层或改明设为埋设（全埋或半埋）。由于尾矿管道磨损严重，每隔一段时间应将管道（　）。

      A．更换   B．翻身   C．维修

3. 多项选择题

（1）尾矿排矿浓度一般不宜小于30%，当一段浓缩满足不了溢流水水质或排矿浓度的要求时，可采用（　）等处理方式。

      A．多段浓缩   B．分流浓缩

      C．投加絮凝剂   D．循环浓缩

（2）给入和排出浓缩机的尾矿（　　）和溢流水的水质、流量等，应按设计要求进行控制，并定时测定和记录。

　　A．浓度　　B．流量　　C．粒度　　D．密度

（3）浓缩机的安全保护装置设过负荷报警器，主要有（　　）3种。

　　A．电子式　　B．液压式　　C．机械式　　D．电控式

（4）浓缩机的类型和规格有：周边转动浓缩机，大型中心转动浓缩机，大型沉箱中心柱式浓缩机和（　　）等。

　　A．缆绳式中心转动浓缩机　　B．数字浓缩机

　　C．层中心转动浓缩机　　　　D．高效浓缩机

（5）通过控制底流泵的转速来控制高效浓缩机的底流浓度，当底流浓度高时，（　　）；反之，则减小泵的转速，扬出量相应减小，底流浓度变稠。只有当底流浓度符合要求时，泵的转速才保持不变。

　　A．泵的转速加快　　　　B．扬出量加大

　　C．底流浓度由稠变稀　　D．矿浆流速加快

（6）深锥浓缩机具有较普通浓缩机（　　）等优点。

　　A．占地面积小　　　　B．处理能力大

　　C．自动化程度高　　　D．节电

（7）矿浆池可设于室外，并应设有（　　）。矿浆池应设溢流管，其泄流能力应按最大矿浆流量计算。溢流矿浆应引入事故池。

　　A．上下用的斜梯　　　B．池内爬梯

　　C．事故池　　　　　　D．有栏杆围护的操作平台

（8）尾矿水力输送可根据地形条件采用（　　）等方式，也可以采用几种形式联合的输送方式。

　　A．无压自流输送　　　B．静压自流输送

　　C．加压输送　　　　　D．有压输送

（9）引起输送管道堵塞的原因很多，但归结到底就是管道中矿浆的

实际流速低于当时输送矿浆的临界流速而造成的。究其原因有矿浆的（　　）；另外泵本身的原因，如叶轮及过流件严重磨损而引起的输送能力下降；还有操作上的原因，如给矿不平衡等。

A．流速变慢　　　　　　B．浓度突然增大

C．粒度变粗　　　　　　D．尾砂级配不合理

（10）输送线路通过的隧洞，应加强巡视。发现（　　）及其他险情，必须及时采取措施，保持隧道内排水畅通。

A．衬砌破坏　　　　　　B．围岩松动

C．冒顶　　　　　　　　D．大量喷水漏砂

（三）尾矿库放矿与筑坝

1．判断题

（1）尾矿筑坝一般先堆筑子坝，再通过排放尾矿，靠尾矿自然沉积形成尾矿坝主体，所以说尾矿筑坝应包含堆筑子坝和尾矿排放两部分，但前者更为重要。（　　）

（2）尾矿粒径在 0.005～0.019 mm 的为流动质，在静水中沉降较慢，为矿泥沉积区的主要部分；粒径小于 0.005 mm 的则为悬浮质，在静水中也不易沉降，是水中悬浮物。（　　）

（3）当尾矿中高岭土、蒙脱石、伊利石等黏土矿物含量较高时，一般堆坝较容易，即使是粒径比较细的尾矿，在黏土矿物含量高时堆坝也比较容易。（　　）

（4）放矿方式是否合理也影响尾矿堆坝的高度；故在放矿堆坝时，要考虑矿物的组成和粒度组成，控制合适的浓度，在子坝周边集中放矿以达到设计要求。（　　）

（5）由于堆积边坡较缓，在同样沉积规律下，堆积坝垂直剖面上的粒度分布规律是上粗下细，即自上而下逐渐变细。（　　）

（6）堆积坝的另一个特点是细粒或矿泥夹层多。水位高时细粒沉积在离子坝远的地方，水位低时细粒沉积在离子坝近的地方。（ ）

（7）若遇有泉眼、水井、洞穴等，应进行妥善处理，并做好隐蔽工程记录，经作业班长检验合格后，方可筑坝。（ ）

（8）采用分段筑坝时，要特别重视段与段之间连接部位的密实情况。（ ）

（9）坝前沉积的大片矿泥会抬高坝体内的浸润线。因此，在放矿过程中，应尽量避免大量矿泥分布于坝前。（ ）

（10）冲积法筑坝的子坝不宜太高，一般以 1～3 m 为宜。尾矿坝上升速度较快者可低些；尾矿坝上升速度较慢者可以高些。（ ）

（11）池填法筑坝围埝筑成后，即可向池内排放尾矿浆，粗粒尾矿沉积于池内，细颗粒尾矿进入溢流圈，由溢流管流入库内。（ ）

（12）渠槽法筑坝有单槽法和多槽法，它可用于需较缓加高或缩窄子坝，以满足洪水位时的干滩长度的需要，也可起到增加调洪库容的作用。（ ）

（13）上游式尾矿坝只有原尾矿颗粒较粗者才采用水力旋流器进行分级筑坝。（ ）

（14）对中粗尾矿，采用单面子坝总和法比较简单，筑子坝的工程量较小，减轻了筑坝工人的劳动强度。从理论上来讲，水力冲积法是一种较好的筑坝方法。（ ）

（15）边坡放缓以后相当于作了削坡减载，对稳定有利；但放缓边坡对尾矿库动力稳定极为不利，很容易出现振动液化，对渗流稳定也不利，而且又减少了库容，因此放缓设计堆积边坡不一定安全。（ ）

（16）每期堆坝作业之前必须严格按照设计的坝面坡度，结合本期子坝高度放出子坝坝基的轮廓线。筑成的子坝应轮廓清楚、坡面平整、坝顶标高一致。（ ）

（17）坝肩和坝坡面需建纵横排水沟，并应经常疏浚，保证水流畅通，以防止雨水冲刷坝坡。对降雨或漏矿造成的坝坡面冲沟，应及时回填并夯实。（　）

（18）要求尾矿堆积坡面应设置排水沟和截水沟，并禁止有植被或被土石覆盖；平时应做好这些设施的维护，并随子坝的加高及时增补。（　）

（19）0.05～0.037 mm 的尾矿粒组可在有效沉积滩区沉积。排矿单管流量 q 大于 20 L/s 时，在 100 m 内的沉积量，一般相当于原矿中相应粒组的 50%；当排矿单管流量 q 小于 20 L/s 时，在坝前 100 m 内的沉积量相当于原矿中相应粒组的 30%。（　）

（20）在尾矿排放时，尾矿的沉积都是以支管口的抛落点为圆心，由低到高，由远到近呈扇形彼此叠加。（　）

（21）在排放尾矿作业时，应根据排放的尾矿量，开启足够的放矿主管直径，使尾矿均匀沉积。（　）

（22）严禁出现矿浆冲刷子坝内坡的现象。（　）

（23）有副坝且需在副坝上进行尾矿堆坝的尾矿库，不能提前在副坝上放矿，以免影响后期堆坝的坝基条件。（　）

（24）在强风天气放矿时，应尽量使矿浆至溢水塔的流径最短且在逆风的排放点排放。（　）

（25）上游式筑坝法，应于坝前均匀放矿，维持坝体均匀上升，不得任意在库后或一侧岸坡放矿。应做到粗粒尾矿沉积于坝前，细粒尾矿排至库内，在沉积滩范围内应有大面积矿泥沉积。（　）

（26）为保护初期坝上游坡及反滤层免受尾矿浆冲刷，应采用多管小流量的放矿方式，以利尽快形成滩面，并采用导流槽或软管将矿浆引至远离坝顶处排放。（　）

（27）岩溶发育地区的尾矿库，可采用周边放矿，形成防渗垫层，

减少渗漏和落水洞事故。尾矿坝下游坡面上不得有积水坑。（　　）

（28）在放矿过程中最重要的是要求做到均匀放矿，使矿浆能沿横向平行于坝轴线的方向流动沉积，避免纵向流动，出现细粒级尾矿夹层。（　　）

（29）在分散放矿过程中，每个分散放矿管的粒度组成、浓度都有所不同，自第一个放矿口至最末一个放矿口，粒度由细逐渐变粗，浓度逐渐由低变高，由于这个原因，前几个放矿管堆坝快，最后一两个放矿口堆坝上升慢，甚至会出现拉成沟的现象。（　　）

（30）提高浓度可使沉积滩坡度变陡，将最末端几个浓度高、粒度粗的放矿管接到库内积水区排放，而用前几个浓度高、粒度粗的分散管排出的尾矿形成滩面，也就是相当于提高了浓度，并可适当提高纵坡坡度。（　　）

（31）尾矿中高岭土、蒙脱石、伊利石等黏土矿物含量小于 15%还可以堆低坝，但其含量超过 50%时，堆坝就很困难。（　　）

（32）尾矿浓度低，有利于水力自然分级，对堆坝有利。浓度过高，分选性差，对堆坝是否有利还有待研究。从堆坝的角度来讲，浓度在30%～40%时比较有利。（　　）

2. 单项选择题

（1）尾矿粒径大于 0.037 mm 的称为沉砂质，在动水中沉降较快，是沉积滩的主要部分；粒径在 0.019～0.037 mm 的为（　　），在动水中沉降较慢，是形成沉积滩的次要部分，是水下沉积坡的主要部分。

　　　A．流动质　　　　　B．推移质　　　　　C．悬浮质

（2）尾矿浓度低，有利于水力（　　），对堆坝有利。浓度过高，分选性差，对堆坝是否有利还有待研究。从堆坝的角度来讲，浓度在 30%～40%时比较有利。

A．自然分级　　　　　B．沉降分级　　　　　C．悬浮流动

（3）分段放矿时由于摆流作用，滩面高的地方尾矿相对较粗，滩面低的地方尾矿相对较细。这样不断循环，整个尾矿场就是一个无数粗细尾矿（　　）的堆积体，造成后期堆积坝浸润线升高，不利于坝体的稳定。

A．沉降　　　　　　　B．堆积　　　　　　　C．互层

（4）每期堆坝作业之前必须严格按照设计的（　　），结合本期子坝高度放出子坝坝基的轮廓线。筑成的子坝应轮廓清楚、坡面平整，坝顶标高要一致。

A．坝面坡度　　　　　B．技术参数　　　　　C．堆坝要求

（5）尾矿堆坝的稳定性取决于沉积尾砂的粒径粗细和（　　）程度，因此必须从坝前排放尾矿，以使粗粒尾矿沉积于坝前。

A．沉降　　　　　　　B．密实　　　　　　　C．流速

（6）在沉积滩上取尾矿堆子坝时，不允许（　　）取尾矿，也不允许形成倾向下游的倒坡，以免放矿时形成积水坑，造成矿泥沉积。

A．库内　　　　　　　B．大量　　　　　　　C．挖坑

（7）在汛前及汛期筑坝时，一定要保证调洪水深和调洪库容，且不允许（　　）挡水。

A．基础坝　　　　　　B．挡水坝　　　　　　C．子坝

（8）冲积法筑坝的子坝顶宽一般为 1.5～3 m，视放矿主管（　　）及行车需要而定。

A．大小　　　　　　　B．多少　　　　　　　C．流速

（9）池填法筑坝，池子中部埋设溢流圈、溢流管，通向库内。（　　）可采用承插式的陶土管、混凝土预制管或钢管。

A．溢流管　　　　　　B．溢流圈　　　　　　C．放矿管

（10）池填法筑坝，在筑坝期间细粒矿泥容易沉积在子坝前，对坝体稳定不利。如果子坝太高，坝前沉积矿泥较厚，还会抬高坝体内的（　　）。

所以子坝高度不宜大于 2 m。

　　　　A．沉积滩　　　　B．库水位　　　　C．浸润线

　　(11) 旋流器筑坝对加快粗粒尾矿的堆坝上升速度是有效的也是可取的，只是管理较复杂。另外旋流器的溢流不要排放到子坝附近的（　　）上，最好送到库内的积水区排放。

　　　　A．干滩　　　　　B．沉积滩　　　　C．坝坡

　　(12) 尾矿堆坝的（　　）取决于沉积尾砂的粒径粗细和密实程度。因此，必须从坝前排放尾矿，以使粗粒尾矿沉积于坝前。子坝力求夯实或碾压。

　　　　A．稳定性　　　　B．上升速度　　　　C．固结性

　　(13) 浸润线的高低也是影响尾矿（　　）稳定性的重要因素。坝前沉积大片矿泥会抬高坝体内的浸润线。因此，在放矿过程中，应尽量避免大量矿泥分布于坝前。

　　　　A．坝基　　　　　B．堆坝　　　　　C．沉积

　　(14) 在坝顶和坝坡应覆盖护坡土，厚度为坝顶 500 mm，坝坡（　　）mm，并种植草皮，防止坝面尾砂被大风吹走，造成扬尘污染环境。

　　　　A．400　　　　　　B．300　　　　　　C．200

　　(15) 新筑的子坝坝体的密实度较差，且放矿支管的支架不牢固，因此须勤换放矿地点，杜绝回流掏刷坝址，造成拉坝或（　　）悬空。

　　　　A．主管　　　　　B．坝体　　　　　C．支架

　　(16) 每期坝不宜过高，一般在 2 m 左右，应严格按照设计规定的（　　）控制子坝轴线位置，同时在子坝堆积过程中应进行适当压实。

　　　　A．尾矿沉积速度　　B．坝坡上升速度　　C．堆积坝坡比

　　(17) 尾矿堆积坝的坡比主要指外坡比和滩面坡比。（　　）直接影响尾矿坝稳定，设计给定的堆积坡比是经稳定分析确定的，若生产中为扩大库容自行将坡比变陡，则必将降低坝体稳定性，这是不允许的。

A．外坡坡比　　　　B．滩面坡比　　　　C．内坡坡比

（18）沿坝顶敷设的尾矿输送管称为放矿主管。冬季昼夜温差较大时，因管道延伸不均匀，其薄弱处极易开焊或被拉断，此时矿浆易（　），造成事故。

A．冲刷基础坝　　　B．冲毁子坝　　　　C．流失库外

（19）在尾矿排放时，尾矿的沉积都是以（　）的抛落点为圆心，由高到低，由近到远呈扇形彼此叠加。一般支管的间距以交线与抛落点高差不大于 200 mm 为宜。

A．主管口　　　　　B．支管口　　　　　C．放矿管

（20）水力旋流器是一种分级设备，其种类较多，以（　）旋流器应用较广。

A．方形　　　　　　B．圆形　　　　　　C．锥形

（21）严禁独头放矿，因独头放矿会造成坝前尾矿沉积粗细不均，（　）在坝前大量集中，对坝体稳定不利。

A．细粒尾矿　　　　B．粗粒尾矿　　　　C．矿泥

（22）放矿主管一旦出现漏矿，极易冲刷坝体。发现此情，应立即汇报车间调度，停止运行，及时处理。特别是（　）接近坝顶又未堆筑子坝时，是矿浆漫顶事故的多发期。

A．浸润线　　　　　B．库内水位　　　　C．沉积滩顶

（23）在冰冻期一般采用库内（　），以免在尾矿沉积滩内（特别是边棱体）有冰夹层存在而影响坝体强度。

A．集中放矿　　　　B．冰下集中放矿　　C．分散放矿

（24）放矿时应有专人管理，不得离岗。在生产中应根据放矿计划和矿浆流量、浓度，随时调整（　）间距、位置，保证滩顶均匀上升。

A．放矿支管　　　　B．放矿口　　　　　C．放矿主管

（25）放矿口的间距、位置、（　）的数量、放矿时间以及水力旋流

器使用台数、移动周期与距离，应按设计要求和作业计划进行操作。

　　A．同时开放　　　　B．控制开放　　　C．矿浆流动

　　（26）目前不少矿山尾矿库坝顶（滩顶）高程相差很大，一端高一端低的现象十分严重，这种现象必然导致尾矿浆要沿坝（　　），细尾矿集中到坝的低端区域沉积，造成该区域坝体力学指标降低，影响坝体稳定性。对这些坝体应尽快按规程要求调整改进放矿方式。

　　A．纵向流动沉积　　B．横向流动沉积　　C．边沿流动沉积

　　（27）从尾矿坝的稳定性来看，（　　）的坝体是影响尾矿坝整体稳定性的关键区域，这一区域的材料应是力学指标较高的粗粒级尾矿，不希望存在细粒级夹层。

　　A．子坝外坡　　　　B．坝前干滩段　　　C．子坝内坡

　　（28）减小流量的同时，也会使沉积滩的（　　）变陡。减小流量，只需减小分散放矿口的直径，增加放矿口的个数即可。

　　A．横坡　　　　　　B．坡比　　　　　　C．纵坡

　　（29）尾矿库后期坝由于堆积边坡较缓，在上述同样沉积规律下，使堆积坝（　　）上粒度分布规律是上粗下细，即自上而下逐渐变细。

　　A．纵剖面　　　　　B．垂直剖面　　　　C．横剖面

　　（30）凡用机械或人工堆积的坝体，均应进行（　　），子坝力求夯实或碾压密实。

　　A．分层碾压　　　　B．机械碾压　　　C．人工碾压

　　（31）（　　）中如果子坝较长时，围埝、放矿、干燥可交替进行。但整个坝体应均匀上升。

　　A．池填式筑坝　　　B．渠槽法筑坝　　　C．冲积式筑坝

3. 多项选择题

（1）不同类型的尾矿对尾矿筑坝工艺及设计参数会产生影响，尾矿

分类的方法有（　　）等方法。

    A．按粒级分布所占比例的分类方法

    B．按岩石生成方式的分类方法

    C．按土力学-塑性指数的分类方法

    D．按土壤黏度指数的分类方法

（2）从事尾矿库堆坝作业前应做出堆坝计划，从时间安排、人力组织、物资准备，到技术问题的决定等；技术问题包括（　　）等。

    A．筑坝高度　　　　　　B．子坝边坡

    C．坝顶宽度　　　　　　D．基础处理

（3）池填法筑坝操作中，待尾矿沉满池顶并干到能站人以后，可再在其上继续构筑围埝。如果子坝较长时，（　　）可交替进行，但整个坝体应均匀上升。

    A．沉积　　B．围埝　　C．放矿　　D．干燥

（4）旋流器筑坝方法生产管理的任务就是要调整给矿压力和排矿口的大小，使（　　）符合设计要求。

    A．沉砂流量　　　　　　B．矿浆流速

    C．排矿浓度　　　　　　D．分级粒度

（5）（　　）均属尾矿排矿设施的易磨损件，一旦漏矿应及时处理，否则会冲坏子坝。

    A．放矿管　　B．三通　　C．阀门　　D．闸阀

（6）堆积坝坝外坡面维护工作应按设计要求进行，或视具体情况采取（　　）等措施。

    A．坡面修筑人字沟或网状排水沟

    B．坡面植草或灌木类植物

    C．采用碎石、废石或山坡土覆盖坝坡

    D．埋设防渗管

（7）每期子坝堆筑完毕，应进行质量检查，检查记录需经主管技术人员签字后存档备查。主要检查内容有（　　）等。

　　A．子坝长度　　　　　　B．剖面尺寸

　　C．轴线位置　　　　　　D．内外坡比

（8）影响干滩坡度的因素较多，主要有（　　）、排水条件和地形条件等。

　　A．尾矿粒度　　B．放矿方式　　　C．流量　　　D．浓度

（9）尾矿排放的管件主要指放矿主管、放矿支管、调节阀门、（　　）等。

　　A．连接软管　　　　　　B．三通连接管

　　C．铠装胶管　　　　　　D．水力旋流器

（10）支管一般采用焊接钢管，放矿支管的分布间距、长度、管径的大小可根据各矿山（　　）等情况确定。

　　A．尾矿库等别　　　　　B．尾矿性质

　　C．尾矿排量　　　　　　D．子坝宽度

（11）经常调整放矿地点，使滩面沿着平行坝轴线方向均匀整齐，避免出现（　　）等起伏不平现象，以确保库区所有堆坝区的滩面均匀上升。

　　A．侧坡　　B．凹陷　　C．凸堆　　D．扇形坡

（12）放矿管线阀门在严寒的环境下极易冻裂，因此，冬季应采取措施予以保护，一般情况下可采用（　　）保温，也可根据当地的最大冻层厚度，用尾砂覆盖阀门体等措施。

　　A．草绳或麻绳多层缠绕　　B．加快矿浆流速

　　C．电热带缠绕　　　　　　D．涂刷保温层

（13）放矿支管的支架变形或折断，会造成放矿支管、调节阀门、三通和放矿主管之间漏矿，从而冲刷坝体。因此如（　　），应及时处理

修复。

  A．支架松动 B．悬空 C．折断 D．沉陷

（14）坝体较长时应采用分段交替作业，使坝体均匀上升，避免滩面出现（ ）。

  A．侧坡

  B．扇形坡

  C．细粒尾矿大量集中沉积于某端或某侧

  D．斜坡

（15）池填法筑坝应在池子中部埋设溢流圈、溢流管，通向库内。溢流管可采用承插式的（ ）。

  A．陶土管   B．混凝土预制管

  C．铸铁管   D．钢管

（16）渠槽法筑坝的成本低，操作简单，但槽内沉积的尾矿（ ）。密实度也不如压实的效果好。

  A．一端粗 B．一端细 C．不均匀 D．较松散

（四）尾矿库防洪与排渗

1．判断题

（1）在库水位一定时，坝体横剖面上稳定渗流的自由水面线或渗流顶面线叫浸润线。（ ）

（2）由于渗流受到土粒的阻力，浸润线就产生水力坡降，称为渗透坡降。（ ）

（3）使土体开始产生不允许的管涌、流土等变形的渗透坡降称为流土。（ ）

（4）现行尾矿设计规范中对渗透稳定的安全系数尚无具体规定，一般可根据坝的级别将此安全系数值限制在 3～3.5 为宜。（ ）

（5）由于尾矿坝是一个特别复杂的非均质体，目前尾矿坝渗流研究成果还难以准确确定浸润线的位置。（ ）

（6）从安全角度考虑，对级别较高的尾矿坝结合抗滑稳定的需要，大多采取措施使浸润线不致在坡面逸出；对级别较高的尾矿坝可在逸出部位采取贴坡反滤加以保护。（ ）

（7）选择适当的可能最大降水值需要掌握有关尾矿库设计的极限使用值和所设计尾矿库类型的知识。（ ）

（8）普通暴雨可能产生最大的总流入量，这是确定后期坝型尾矿库蓄洪量的重要因素。（ ）

（9）暴雨可能产生较高的峰值流速，是控制溢洪道和引水渠道设计的重要因素。（ ）

（10）控制洪水的主要方法是在库内蓄积洪水，尾矿库无论何时都能以充足的容积接受设计洪水流入量，而上升坝仍保持适当的超高。（ ）

（11）在多数场合，引水渠道适于疏导正常径流量，但不可以用作尾矿周围排洪。（ ）

（12）如果尾矿库处在较浅的基岩上，岩石中开挖引水渠费用太高；可以在尾矿库上游、尽可能靠近尾矿库、横跨尾矿库排水区构筑导流堤。（ ）

（13）如尾矿库处在一个狭小、缩窄的谷地，上游排水区域又很大，而陡峭的谷坡不可能在尾矿库周围采用引水渠或导流堤排洪，这时，需在尾矿库的上游构筑单独的洪水控制坝。（ ）

（14）渗流障也适于上游型坝，因为它也有不透水心墙。（ ）

（15）排水井开挖后的地基与设计条件相差较大，遇有软弱地基，有断裂或滑坡等不良地基时，应立即加固解决。（ ）

（16）平井壁板和封井平盖板，应有明显的正面标志。（ ）

（17）管（槽）基开挖：排水管（槽）的基槽不得欠挖并应减少超

挖，超挖值不宜大于 50 mm。（　　）

（18）浇筑排水管（槽）混凝土时应仔细振捣，使管（槽）壁的混凝土呈蜂窝麻面。（　　）

（19）排水管接头施工要求：按设计规定的每段管长分段施工，混凝土浇筑分段完成，不得留横向施工缝。（　　）

（20）按设计要求应在施工中加盖的斜槽段，应做好盖板间和盖板的止水。（　　）

（21）堆石坝内排水管的周围应填碎石保护，管体不得与块石直接接触。排水管施工完毕并经验收后，管顶应用厚不小于 1 m 的松土覆盖，或按设计要求覆盖其他松散物料。（　　）

（22）排水隧洞的洞倾角小于 6°时，施工按平洞开挖的规定执行；倾角 6°～25°时，按斜洞开挖的规定执行；倾角大于 25°时，按竖洞开挖的规定执行。（　　）

（23）排水隧洞洞口开挖要求：开挖前须对洞口岩体进行鉴定，确认稳定或采取措施后，方可开挖。削坡应自上而下进行，严禁上下垂直作业。（　　）

（24）平洞掘进作业中，需要衬砌的长隧洞或在Ⅳ、Ⅴ类围岩中掘进时，掘进与衬砌应交叉或平行进行；掘进不应欠挖，并应减少超挖，超挖值不宜大于 0.2 m。（　　）

（25）竖洞与斜洞的掘进采用自上而下全断面开挖方法时，应锁好洞口，确保洞口稳定，防止洞台上杂物坠入洞内；提升设施应有专门设计；洞深超过 20 m 时，人员上下宜采用提升设备。（　　）

（26）尾矿库隧洞施工中，构架支撑应定期检查，发现杆件破裂、倾斜、扭曲、变形及其他异常情况时，应立即加固。（　　）

（27）在松散、破碎的岩体中开挖洞室，应尽量减少对围岩的扰动，宜采用先护后挖或边挖边护的方法。（　　）

（28）尾矿堆积建坝的尾矿库，可在坝顶一端的山坡上开挖溢洪道排洪。其形式与水库的溢洪道相类似。（　）

（29）当尾矿库淹没范围以上具备较缓山坡地形时，可沿库周边开挖截洪沟或在库后部的山谷狭窄处设拦洪坝和溢洪道分流，以减小库区外的排洪系统的规模。（　）

（30）排洪系统出水口以下用隧洞与下游水系连通。（　）

（31）一般情况下尾矿库都有一定的调洪库容，但不足以容纳全部洪水。（　）

（32）确定防洪标准后，可从当地水文手册查得有关降雨量等水文参数，先求出尾矿库不同高程汇水面积的洪峰流量和洪水总量，再根据尾矿沉积滩的坡度求出不同高程的调洪库容，进行调洪演算。（　）

（33）设计者以尾矿库所需排洪流量作为依据，进行排洪构筑物的结构计算，以确定构筑物的净空断面尺寸。（　）

（34）排水构筑物的基本类型有排水井、排水斜槽、溢洪道以及山坡截洪沟等。（　）

（35）排水井是最常用的进水构筑物。有窗口式、框架式、井圈叠装式和砌块式等形式。（　）

（36）排水斜槽既是进水构筑物，又是输水构筑物；它没有复杂的排水井，但进水量小，一般在排洪量较小时采用。（　）

（37）斜槽的盖板采用钢筋混凝土板，槽身有钢筋混凝土和浆砌块石两种。钢筋混凝土整体性好，承压能力高，使用于堆坝较高的尾矿库。（　）

（38）沿山坡与坝坡结合部设置钢筋混凝土截水沟，以防止山坡暴雨汇流冲刷坝肩。（　）

（39）尾矿库的汇水面积常常很小，而水面面积所占的比例有时就较大（尤其是在尾矿库使用后期），这种情况下的尾矿库汇流条件与天然

河谷一致，不宜再用一般的方法计算洪水，而需考虑水面对尾矿库汇流的影响。（　　）

（40）当库内水面面积超过汇水面积的 30%时，应考虑水面对尾矿库汇流条件的影响，可用水量平衡法计算洪水。（　　）

（41）排洪隧洞一般通过多个沟谷，各沟谷的洪水分别于不同的里程上汇入，各汇入点的洪峰流量可按推理公式求解。（　　）

（42）对于一般情况的调洪演算，可根据来水过程线和排水构筑物的泄水量与尾矿库的蓄水量关系曲线，通过水量平衡计算求出泄洪过程线，从而定出泄流量和调洪库容。（　　）

（43）井-管（或隧洞）式排水系统的工作状态，随泄流水头的大小而异。当水头较低时，泄流量较小，排水井内水位低于最低工作窗口的下缘，此时为自由泄流。（　　）

（44）高速水流无压流排水管（或隧洞）的直径或高度，无需考虑掺气影响，通过水工模型试验即可确定。（　　）

（45）某些断面如排水管（或隧洞）进口附近、管道急转弯处、断面形状突变处以及消能工等部位在高速水流下可能出现负压，产生气蚀，使管道的正常工作受到影响，甚至使构筑物表面产生剥蚀，严重时形成空洞，危及构筑物的安全运用。（　　）

（46）隧洞的进口不设其他进水构筑物，由洞口直接进水，称为明口隧洞。（　　）

（47）一般工程的泄水道多为明流陡槽，有时受地形条件的限制，也可用有压隧洞。泄水道与侧槽的连接，应以不影响侧槽的泄水能力为原则。（　　）

（48）尾矿库隧洞线路布置应尽可能避开断层和大破碎带，不能避免时，轴线应与断层平行。（　　）

（49）填充碎石的作用是保证衬砌与围岩紧密结合，从而使山岩压

力均匀地作用在衬砌上，使岩层产生应有的弹性抗力，还可减少接触渗漏。（　）

（50）沉积滩顶标高，是指沉积滩滩面顶部标高或沉积滩坡面线与堆积外坡坡线交点的标高。（　）

（51）尾矿库防排洪应根据尾矿库地形变化情况、堆积尾矿量和堆积高度的变化，确定尾矿库一致的代表性堆积标高。（　）

（52）库水位的高低影响尾矿库的洪水安全，也影响尾矿库的稳定，还影响尾矿库的回水量和回水水质（或外排水的水质）。（　）

（53）尾矿库库水位的控制原则是：在可能的条件下尽可能满足回水及外排水的水质要求，回水和外排水水质要服从环境保护的要求。（　）

（54）库内水与沉积滩交线（水边线）应基本平行于堆积顶部轴线，才能保持沉积滩的长度基本一致，当有几座堆积坝时，应控制各堆积坝的沉积滩条件基本一致。（　）

（55）尾矿库的调洪性能，也就是调洪库容应该比一般水工建筑物稳定可靠。（　）

（56）尾矿库调蓄回水应服从排洪度汛的要求，这是统一排洪与调蓄回水之间矛盾的主要点。（　）

（57）应定期检查排洪构筑物，确保畅通无阻。特别是有截洪沟的尾矿库，在汛期之前，必须将沟内杂物清除干净，并将薄弱沟段进行加固处理。（　）

（58）确定与控制浸润线相应的沉积滩的长度（也称控制沉积滩长度，简称控制滩长），一般是在计算浸润线时所取尾矿池水位所相应的沉积滩长度，比较可靠的取法是取平均洪水位来计算水位。（　）

（59）渗透坡降有平均渗透水力坡降和出口水力坡降之分，平均渗透水力坡降反映渗流是稳定渗流还是出现渗流破坏。（　）

（60）如果渗流量发生急剧变化，说明渗流状态也出现急剧改变，

应引起密切注意，必要时应立即降低库水位及停止滩面放矿，做好降水准备。（　）

（61）渗透水的水质如果出现浑浊水，可能已出现渗流破坏，反之则为正常稳定渗流。（　）

（62）盲沟排渗法是通过一条总干管将各井点连接在一起，通过集中设置的虹吸泵水（干式真空泵、射流泵、隔膜泵)系统排水，起到降低或截断地下水的作用。（　）

（63）为了了解尾矿库渗流浸润线的埋深情况，一般需要埋置浸润线水位观测孔，并经常进行观测，绘于剖面图上，这样可以直接从剖面图上量得浸润线的埋深，并可与设计要求的控制浸润线进行比较，直观地反映实测浸润线是否满足设计要求。（　）

（64）尾矿库的渗流方向与沉积滩的坡向相同，库水位以下的坡向库内（与渗流方向相同）的沉积坡的坡度较缓。（　）

（65）采用降低库水位的方法来控制浸润线，能立即见到效果。（　）

（66）滩面上的矿浆流是尾矿库渗流的补给源，停止在滩面放矿，滩面上没有矿浆流，也就消除了这一补给源，当然可有效地降低浸润线；所以应长期使用该措施。（　）

（67）尾矿的临界坡降很小，容易产生渗流破坏，为安全起见，最好控制浸润线不在坡面溢出。（　）

（68）不能在裸露的尾矿坡面上加渗水性好的护坡或贴坡反滤层，以免改变渗流出口处土料的性质，使边坡渗流不稳定。（　）

（69）砂石料贴坡反滤层在施工时，应严格控制施工质量，反滤层的层次应清楚，每层料的级配应当均匀，要特别注意边界部位的连接与处理，保护层不能封闭被保护的一层。（　）

（70）矿泥强度的高低是影响边坡稳定的重要因素，矿泥强度提高就能有效地提高边坡的稳定性。（　）

（71）尾矿坝的雨量监测要求具有采集精度高、反应灵敏度高等功能。（ ）

（72）当透水层深厚、地下水位低于地面时，可在坝下游河床中设测压管，通过监测地下水坡降计算出渗流量。（ ）

2．单项选择题

（1）尾矿坝渗水设施一般有渗水盲管、无砂混凝土、挡水板墙、砂石级配反滤层、（ ）等。

  A．无纺土工布　　　B．坝坡排水沟　　　C．库底排水管

（2）尾矿库（ ）用来观测坝体的形变、坝体内浸润线位置，以便于采取措施治理坝体内存在的隐患。

  A．地基　　　　　　B．观测设施　　　　C．浸润线

（3）空余库容是为确保设计洪水位时坝体（ ）和沉积滩面以及地面以上所形成的空间容积，此库容是不允许占用的，故又称安全库容。

  A．有效库容、　　　B．全库容　　　　　C．安全超高

（4）设计时，可根据（ ）曲线确定各使用期的尾矿库等别；生产部门可根据有效库容曲线推算各年坝顶所达标高，以便制订各年尾矿坝筑坝生产计划。

  A．空余库容　　　　B．死水库容　　　　C．全库容

（5）某尾矿库库容 900 万 m^3，坝高 58 m，该尾矿库等别应划分为（ ）库。

  A．三等、　　　　　B．四等　　　　　　C 五等

（6）当渗流的（ ）时，将尾砂中小颗粒从孔隙中带走，并形成越来越大的孔隙或空洞，这种现象称之为管涌。

  A．流速较大　　　　B．速度加快　　　　C．流速较小

（7）当土体中的颗粒群体受渗透水作用同时启动而流失的现象称之

为（　）。

  A．流土   B．管涌   C．渗漏

  (8) 尾矿坝渗流分析的任务之一是确定浸润线的位置，从而判断浸润线在坝体（　）逸出部位的渗透坡降是否超过临界坡降。

  A．上游坡面   B．下游坡面   C．内部

  (9) 排洪系统应靠尾矿库一侧山坡进行布置，选线应力求短直；地基的工程地质条件应尽量好，最好无断层、破碎带、滑坡带及（　）或结构面。

  A．堆积层   B．软弱岩层   C．残坡层

  (10) 尾矿库排洪系统布置的关键是（　）构筑物的位置。

  A．进水   B．出水   C．排洪

  (11) 尾矿库洪水计算应根据当地水文图册或有关部门建议的适用于特小汇水面积的计算公式计算。当采用全国通用的公式时，应当用当地的水文参数。有条件时应结合（　）洪水调查予以验证。

  A．现场   B．历史   C．大面积

  (12) 尾矿库排洪构筑物宜控制常年洪水（多年平均值）不产生无压与有压流交替的工作状态。无法避免时，应加设通气管。当设计为（　）时，排水管接缝处止水应满足工作水压的要求。

  A．自流   B．无压流   C．有压流

  (13) 排洪计算的目的在于根据选定的排洪系统和布置，计算出不同库水位时的泄洪流量，以确定排洪构筑物的（　）。

  A．结构尺寸   B．布置位置   C．泄洪能力

  (14) 进行尾矿库洪水计算，确定防洪标准后，可从当地水文手册查得有关降雨量等水文参数，先求出尾矿库不同高程汇水面积的设计洪峰流量和设计（　）及设计洪水过程线。

  A．防洪参数   B．排洪流量   C．洪水总量

（15）经调洪演算确定的最高洪水位，不仅应符合尾矿坝安全超高和最小干滩长度的规定，而且还应满足尾矿坝（　　）的要求。

　　　A．水位控制　　　　B．筑坝　　　　C．稳定性

（16）排水构筑物是尾矿库重要的安全设施，又是隐蔽工程，必须安全可靠。因此，要求排水构筑物的基础应尽量设置在基岩上，当无法设置在基岩上时，应进行（　　），满足构筑物稳定和结构要求。

　　　A．基础处理　　　　B．排洪处理　　　　C．坝基强化

（17）在（　　）构筑物上或尾矿库内适当地点，应设置清晰醒目的水位标尺。

　　　A．进水　　　　B．排水　　　　C．防渗

（18）框架式排水井由（　　）构成框架，用预制薄拱板逐层加高，结构合理，进水量大，操作也比较简便。从 20 世纪 60 年代后期起，被广泛采用。

　　　A．预制混凝土　　　　B．现浇梁柱　　　　C．混凝土

（19）排水斜槽没有复杂的排水井，但毕竟（　　）小，一般在排洪量较小时经常采用。

　　　A．容积率　　　　B．出水量　　　　C．进水量

（20）尾矿库输水构筑物采用钢筋混凝土管整体性好，承压能力高，适用于（　　）的尾矿库。但当净空尺寸较大时，造价偏高。

　　　A．干滩较长　　　　B．堆坝较高　　　　C．堆坝较低

（21）对于坝前干滩坡度较大者，只要安全滩长满足要求，（　　）一般都能满足要求，而无需检测安全超高。

　　　A．安全超高　　　　B．调洪库容　　　　C．坝体上升

（22）对于坝前干滩坡度较缓者，只要安全超高满足要求，（　　）一般都能满足要求，而无需检测安全滩长。

　　　A．调洪库容　　　　B．坝体稳定　　　　C．安全滩长

（23）尾矿坝（　）观测通常是在坝坡上埋设水位观测管。

　　　A．库水位　　　　B．浸润线　　　　C．防渗漏

（24）尾矿坝浸润线观测管埋设深度是个关键，浅了测不到水位；深了所测得的水位往往（　）实际浸润线。

　　　A．低于　　　　　B．高于　　　　　C．超过

（25）尾矿坝浸润线观测管（　）设置在设计所需浸润线的下面1～1.5 m处为宜，这样测得的水位比较接近实际浸润线。

　　　A．连接线　　　　B．渗水段　　　　C．传感器

（26）尾矿水在坝体、坝肩和坝基土中受（　）作用总是由高处向低处渗透流动，简称渗流。

　　　A．应力　　　　　B．压力　　　　　C．重力

（27）设计洪水的量值决定于尾矿库的规模、坝高、破坏的环境、经济和伤亡后果等因素。一般除小型尾矿库，大多数尾矿库都要以（　）洪水进行设计。

　　　A．可能最大　　　B．可能最小　　　C．平均

（28）洪水的主要威胁是（　）危险，最好是通过合理选择尾矿库址实现入库水量控制。

　　　A．冲刷　　　　　B．泥石流　　　　C．漫坝

（29）为了显著地减小渗漏量，（　）必须穿过透水基础地层达到不透水地层。

　　　A．截流沟　　　　B．渗流障　　　　C．垫层

（30）排尾矿过程中，坝上排矿口的位置在使用过程中是不断改变的，进水构筑物与排矿口之间的距离应始终能满足（　）和尾矿水得以澄清的要求。

　　　A．回水水量　　　B．干滩长度　　　C．安全排洪

（31）进水构筑物以下可采用排水涵管或排水（　）的结构形式进

行排水。

  A．隧洞   B．截洪沟   C．排水槽

（32）当采用排水斜槽方案排洪时，为了适应排矿口位置的不断改变，需根据地形条件和排洪量大小确定斜槽的（ ）和敷设坡度。

  A．断面   B．取水口   C．管径

（33）排洪计算的目的在于根据选定的排洪系统和布置，计算出不同库水位时的（ ），以确定排洪构筑物的结构尺寸。

  A．汇水总量 B．泄洪流量 C．洪水总量

（34）排洪构筑物（ ）的选择，应根据尾矿库排水量的大小、尾矿库地形、地质条件、使用要求以及施工条件等因素，经技术经济比较确定。

  A．材料   B．类型   C．规格

（35）（ ）排水井由现浇梁柱构成框架，用预制薄拱板逐层加高，结构合理，进水量大，操作也比较简便，从20世纪60年代后期起被广泛采用。

  A．砌块式   B．框架式   C．窗口式

（36）溢洪道常用于一次性建库的排洪进水构筑物，为了尽量减小进水深度，往往做成（ ）结构。

  A．宽浅式   B．狭窄式   C．阶梯式

（37）（ ）也是进水构筑物兼作输水构筑物，沿全部沟长均可进水，在较陡山坡处易遭暴雨冲毁，管理维护工作量大。

  A．山坡截洪沟 B．排水斜槽 C．溢洪道

（38）（ ）是最常用的输水构筑物。埋设在库内最底部，荷载较大，一般采用钢筋混凝土管。

  A．排水井   B．排水斜槽 C．排水管

（39）在坝体下游坡面设置纵横排水沟，将坝面的雨水导流排出坝

外，以避免雨水滞留在坝面造成（　　），影响坝体的安全。

    A．坝面冲刷   B．坝面沉降   C．坝面拉钩

（40）小流域的设计洪水过程线多简化为某种形式，常用的有（　　）概化过程线和概化多峰三角形过程线。

    A．矢量形   B．三角形   C．多维形

（41）概化多峰三角形洪水过程线是结合一定的设计雨型计算绘制的，它结合了（　　）公式的特点，并能反映我国台风季风区暴雨洪水的特点，比较切合实际，适用于中小型水利工程设计。

    A．推理   B．经验   C．洪水频率

（42）调洪演算的目的是根据既定的排水系统确定所需的调洪库容及泄洪流量。对一定的来水过程线，排水构筑物越小，所需（　　）就越大，坝也就越高。

    A．安全库容   B．调洪库容   C．泄洪流量

（43）排水系统水力计算的目的在于根据选定的排水系统和布置，计算出（　　）时的泄流量，供尾矿库调洪计算用。

    A．不同库水位   B．最低库水位   C．最大库水位

（44）尾矿库排水系统（排水管或隧洞）采用何种流态工作，应通过技术经济比较来确定。一般可设计为在（　　）的洪水时为压力流，而在常水位时为无压流的工作状态。

    A．平均水量   B．设计频率   C．最大洪水量

（45）当斜槽上水头较低时，为自由泄流，由水位以下的斜槽侧壁和斜槽盖板上缘泄流；当水位升高斜槽入口被淹没时，泄流量受斜槽断面控制，成为（　　），当水位继续升高，排水斜槽与排水管均呈满管流时，即为压力流。

    A．无压力流   B．常压力流   C．半压力流

（46）隧洞断面的最小尺寸主要根据施工条件决定，一般圆形断面

净空内径不小于（　），非圆形断面净高不小于 1.8 m,净宽不小于 1.5 m。

　　　A．2 m　　　　　　B．1.5 m　　　　C．2.5 m

　　（47）尾矿库隧洞布置线路力求平直，如需转弯时，转弯半径不宜小于 （　） 洞径或洞宽，转角不宜大于 60°。

　　　A．5 倍　　　　　　B．3 倍　　　　　C．4 倍

　　（48）在隧洞的横断面突然变化的地方，或穿过较宽的断层破碎带的地方，为了防止由于不均匀沉降产生裂缝，应设置（　），并做好止水。

　　　A．衬砌　　　　　　B．支撑　　　　　C．沉降缝

　　（49）固结灌浆孔的布置与地质条件关系密切，应由灌浆试验确定。灌浆孔深一般不超过洞径的 2/3，以便于施工。固结灌浆应在 （　） 之后进行。

　　　A．支护　　　　　　B．回填灌浆　　　C 衬砌、

　　（50）隧洞开挖后应及时 （　），拱脚上下 1m 左右回填应密实，否则可引起围岩松弛和坍塌，从而造成很大的围岩压力。

　　　A．灌浆　　　　　　B．衬砌　　　　　C．回填

　　（51）混凝土衬砌的浇筑程序，一般 （　），以利于工作缝的紧密结合；如地质条件不好，先衬顶拱时，对反缝要进行妥善处理，目前多采用灌浆接缝。

　　　A．先边墙、后顶拱、再底拱

　　　B．先顶拱、后底拱、再边墙

　　　C．先底拱、后边墙、再顶拱

　　（52）当尾矿库周边有合适的山凹或山势较平缓的山坡时，可采用（　）溢洪道。如岸坡较陡或在狭窄的山谷中开溢洪道，为了减少土石方量，大都采用侧槽式溢洪道。

　　　A．宽浅式　　　　　B．深窄式　　　　C．侧槽式

　　（53）当尾矿库的库内水位高于设计正常高水位时，就不能保证调

洪水深，相应地就不能满足（　　）和泄洪能力的要求，尾矿库就不能安全度汛。

　　　　A．澄清水位　　　　B．安全滩长　　　　C．调洪库容

　　（54）在汛前及汛期，必须控制汛前（　　）、沉积滩顶标高满足调洪水深、安全超高的要求。

　　　　A．库水位　　　　B．浸润线　　　　C．安全库容

　　（55）最高洪水位时应满足最小沉积滩长度的要求，这也是防止洪水时产生渗流破坏的控制条件，也是避免（　　）的条件。

　　　　A．浸润线溢出　　　　B．子坝挡水　　　　C．坝体沉陷

　　（56）尾矿库度汛的汛前准备：汇总尾矿库的浸润线水位观测、位移观测、沉积滩顶（　　）、渗水量和水质及其他观测资料，进行分析研究，了解尾矿库的运行情况，重点是上年汛期以来的情况。

　　　　A．堆积高度　　　　B．稳定情况　　　　C．上升速度

　　（57）（　　）是否满足调洪水深（调洪库容）和安全超高的要求。如不满足要求，应研究出切实可行的措施，并在汛前完成设计要求，具体措施有：降低库内水位、加速尾矿冲积加高沉积滩、旋流分级筑坝等。

　　　　A．干滩长度　　　　B．浸润线　　　　C．汛前水位

　　（58）一般不在坝肩大量放矿，避免造成此处的沉积滩长度短和沉积滩顶标高低，导致调洪水深和调洪库容都最小。这种情况也容易造成（　　）。

　　　　A．浸润线上升　　　　B．子坝挡水　　　　C．尾矿水浑浊

　　（59）尾矿坝（　　）上的排水沟除了要经常疏通外，还要将坝面积水坑填平，让雨水顺利流入排水沟。

　　　　A．下游坡面　　　　B．上游坡面　　　　C．库内淹没线

　　（60）尾矿坝是一种散粒体堆筑的水工构筑物，当上游存在（　　）水位时，坝体内必然形成复杂的渗流场。

A．高势能　　　　B．低势能　　　　C．大量洪水

（61）坝体浸润线还直接影响坝体（　　）稳定性。因此，在尾矿坝设计上和管理上都必须严格控制坝体渗流，保证尾矿坝的稳定性。

A．静力　　　　　B．静力和动力　　　C．动力

（62）确定满足维持边坡稳定条件（包括动力稳定和静力稳定）的浸润线 （也称控制浸润线），并根据此浸润线提出坝坡（　　）要求（也就是浸润线最小埋深要求）。

A．上升速度　　　B．疏干厚度　　　　C．堆积厚度

（63）（　　）是较早用于尾矿坝降水的方法，在尾矿坝上开凿垂直管井至应控制的浸润线以下，内设抽水泵，通过抽水达到降低浸润线的目的。

A．管井法　　　　B．盲沟法　　　　　C．辐射井法

（64）在每个井管内采用虹吸排水装置，可节省能源；经改进，已成功地解决了（　　）"气塞"断流问题，目前已在许多尾矿库采用，效果明显。

A．垂直-水平法　　B．辐射井法　　　　C．虹吸法

（65）垂直-水平排渗系统是在尾矿坝内设置（　　）的排渗墙、砂袋、碎石桩柱、插板等，其底部再以水平排水管连接，通至坝外，进行自流排水。

A．阻挡渗水　　　B．平行透水　　　　C．垂直透水

（66）辐射井排渗系统由垂直大口井和多条水平辐射状滤水管及通往坝坡的（　　）组成。堆积坝中的渗流水在地下水头的作用下向辐射滤水管汇流，并通过滤水管汇入辐射井，辐射井汇集各辐射滤水管的渗水，再由一条设于辐射井底部的水平排水管排出坝坡。

A．自流排水管　　B．溢流排渗管　　　C．水平排水管

（67）为了确保尾矿库的安全运行，应努力控制尾矿库浸润线不在

坝坡溢出。因为尾矿的渗透（　　）很小，浸润线在坝坡溢出段如果没有护坡的尾砂或尾砂处的护坡局部破坏，则很容易出现渗流破坏。

    A．允许坡降　　　　B．最大坡降　　　　C．最小坡降

（68）应时常巡查和观察渗流水的水质，以渗流水的水质（主要是固体颗粒的含量）来判断其渗流稳定与否，一旦出现浑浊渗流水，应立即做（　　）。

    A．降低放矿量　　　B．贴坡反滤层　　　C．控制渗流措施

（69）贴坡反滤层的施工，如果以土工布做（　　）层，只要平整渗流溢出部位坡面（应超过逸出范围外 2～3 m），在其上铺一层土工布，土工布上压 0.5 m 的碎石即可。

    A．堵漏　　　　　　B．反滤　　　　　　C．防渗

（70）如果渗流量增加幅度很大或渗流中有固体颗粒，可能危及坝的安全时，应当降低尾矿池水位或采取反滤层（　　）出水部分，待查明原因后，再研究处理措施。

    A．封闭　　　　　　B．疏导　　　　　　C．引流

（71）能达到理想要求的排渗设施并不多，目前从国内看只有（　　）排渗系统。

    A．辐射式　　　　　B．虹吸式　　　　　C．盲沟式

（72）当下游有渗漏水溢出时，应在下游（　　）设导渗沟（可分区、分段设置），在导渗沟出口或排水沟内设量水堰测其溢出（明流）流量。

    A．距离坝址较远处　　B．适当位置　　　　C．坝趾附近

3. 多项选择题

（1）尾矿库的排洪方式根据地形、地质条件、（　　　　）、操作条件与使用年限等因素，经过技术比较确定。

    A．设施材料　　　　　　B．调洪能力

C．回水方式　　　　D．洪水总量

（2）进水构筑物与排矿口之间的距离应始终满足安全排洪和尾矿水得以澄清的要求；这个距离一般应不小于（　　）三者之和。

A．尾矿水最小澄清距离

B．安全库水位

C．调洪所需滩长

D．设计最小安全滩长（或最小安全超高所对应的滩长）

（3）当采用排水斜槽方案排洪时，为了适应排矿口位置的不断改变，需根据（　　）确定斜槽的断面和敷设坡度。

A．汇水面积　　　　B．进水量

C．排洪量大小　　　D．地形条件

（4）尾矿库的防洪标准应根据各使用期库的等别，综合考虑（　　）和对下游可能造成的危害等因素，按规范确定。

A．库容　　B．坝高　　C．使用年限　　D．汇水面积

（5）尾矿库排洪计算的步骤是确定防洪标准、（　　）。

A．排洪设施

B．洪水计算

C．作水位-调洪库容和水位-泄洪流量关系曲线图

D．调洪演算

（6）尾矿库进水构筑物的基本形式有（　　）以及山坡截洪沟等。

A．排水井　　B．排水隧洞　　C．排水斜槽　　D．溢洪道

（7）排水井是最常用的进水构筑物，有（　　）和砌块式等形式。

A．窗口式　　B．斜槽式　　C．框架式　　D．井圈叠装式

（8）尾矿库输水构筑物的基本形式有（　　）和山坡截洪沟等。

A．排水管　　B．隧洞　　C．斜槽　　D．排水井

（9）坝坡排水沟有两类：一类是沿山坡与坝坡结合部设置（　　），

以防止山坡暴雨汇流冲刷坝肩。另一类是在坝体下游坡面设置（　　），将坝面的雨水导流排出坝外，以免雨水滞留在坝面造成坝面拉沟，影响坝体的安全。

  A．浆砌块石截水沟　　　　B．纵横排水沟

  C．反滤层压坡　　　　　　D．混凝土沟

（10）通过确定尾矿库（　　）和水力计算等步骤设计的排洪构筑物，应能确保设计频率的最高洪水位时的干滩长度不得小于设计规定的长度。

  A．防洪标准　　　　　　B．洪水计算

  C．泄洪流量　　　　　　D．调洪演算

（11）尾矿库观测设施主要有人工观测和全自动在线观测两大类。人工观测主要包括库水位观测和（　　）。

  A．排水构筑物观测　　　B．浸润线观测

  C．坝体位移观测　　　　D．进水构筑物

（12）一项完善的尾矿库设计必须给生产管理部门提供该库在各运行期的（　　）以作为控制库水位和防洪安全检查的依据。

  A．最小调洪深度　　　B．最小安全超高

  C．设计洪水位时的最小干滩长度　　　D．最大洪水流量

（13）生产过程中浸润线的位置还会受（　　）以及坝体升高等因素的影响，经常会有些变动。

  A．干滩长度　　B．放矿水　　C．矿浆浓度　　D．雨水

（14）最常用的排水方法是根据（　　）需求，在库内预设一系列排水井，各排水井超过库底基础的排水涵洞排出洪水。

  A．防洪标准　　　　　　B．库基地形

  C．尾矿坝升高　　　　　D．排洪能力

（15）渗漏控制策略的类型应当适应废水的（　　）等条件。

A. 化学条件   B. 库区地球化学条件

C. 水文地质   D. 影响地下水

(16) 尾矿库最常用的垫层材料有（   ）。

A. 尾矿泥垫层   B. 土工布

C. 黏土垫层   D. 合成垫层

(17) 非一次建坝的尾矿库，排洪系统应靠尾矿库一侧山坡进行布置，选线应力求短直，地基的工程地质条件应尽量好，最好无（   ）。

A. 断层   B. 破碎带

C. 滑坡带   D. 软弱岩层结构面

(18) 进水构筑物与排矿口之间的距离一般应不小于尾矿水最小（   ）三者之和。

A. 澄清距离   B. 调洪所需滩长

C. 设计安全超高   D. 设计最小安全滩长

(19) 尾矿库洪水计算的任务是确定设计洪水的（   ）和洪水过程线，以供尾矿库排洪设计用。

A. 洪峰流量   B. 泄洪总量

C. 排渗总量   D. 洪水总量

(20) 洪峰流量一般的常用计算方法有：（   ）等。

A. 小流域概化计算方式   B. 简化推理计算公式

C. 经验公式   D. 调查洪水资料推求方式

(21) 水量平衡法是非线性汇流计算法，用水动力学方法分别解决（   ）的汇流计算问题，从而求出坝址断面处的洪水过程线及洪峰流量。

A. 坡面   B. 地下   C. 河槽   D. 库区

(22) 常见的消除气蚀措施主要有（   ）几种。

A. 改善水流流态   B. 通气

C. 选用高强度材料   D. 调整设计

(23) 尾矿库排水管的形式根据（　　）、施工及当地的建筑材料的条件等因素而定。

    A．库容量　　　　　　　　B．泄洪量

    C．荷载　　　　　　　　　D．地形地质情况

(24) 喷锚衬砌的类型有喷射混凝土衬砌、（　　）等几种。

    A．锚杆衬砌　　　　　　　B．喷锚联合衬砌

    C．喷网联合衬砌　　　　　D．喷锚网联合衬砌

(25) 宽浅式溢洪道由（　　）三部分组成。有的溢洪道在进口段和陡坡段之间还有一个由宽到窄的渐变段。

    A．进口段（引水渠及溢流堰）

    B．缓坡段

    C．陡坡段

    D．出口段（消能设施及泄水渠）

(26) 尾矿库防排洪设计时，应确定不同时期洪水的洪峰流量、洪水总量、洪水过程线、泄水构筑物的（　　），并提出汛前沉积滩顶标高与正常高水位之间的高度要求和设计洪水条件下的最小沉积滩长度要求，以利于生产期间的库水位控制和安全度汛。

    A．形式尺寸　　　　　　　B．调洪水深

    C．调洪库容　　　　　　　D．下泄流量

(27) 沉积滩的长度反映渗流的渗径长短，也就影响到（　　），这是关系到尾矿库的动、静力稳定和渗流稳定的问题，此时库水位应满足渗流控制沉积滩长度的要求。

    A．尾矿水澄清程度　　　　B．浸润线的高低

    C．渗流量　　　　　　　　D．渗透平均坡降

(28) 尾矿库度汛准备工作之一：将尾矿库的堆积情况测绘成平面图和剖面图，图中应表达出（　　）、澄清距离等。

A. 沉积滩标高　　　　B. 沉积滩纵坡

C. 沉积滩长度　　　　D. 库内水位

(29) 排洪通路的淤积清理、坝坡冲沟的修补、（　　）。这些均属于尾矿库安全度汛工作内容。

A. 坝坡溢出范围的贴坡反滤层施工

B. 沉积滩面补充冲积

C. 库内尾矿水的控制

D. 坝肩排洪沟的延长及修复

(30) 应准备好必要的（　　），及时维修上坝公路，以便防洪抢险。

A. 抢险　　　　　　　B. 交通

C. 通信供电　　　　　D. 照明器材设备

(31) 当尾矿坝渗、漏水"跑浑"或下游坡面出现（　　）迹象时，应及时处理，以避免加剧渗流破坏。

A. 渗流　　B. 管涌　　C. 沉陷　　D. 流土

(32) 坝体浸润线的高低直接影响坝体（　　），因此，为提高坝体稳定性，工程上常采取在尾矿坝体增设排渗降水设施的措施降低浸润线。

A. 静力稳定　　　　　B. 应力稳定

C. 动力稳定　　　　　D. 渗流稳定

(33) 影响尾矿库边坡稳定的主要因素有（　　）。

A. 尾矿本身的强度　　B. 外部水头作用下的渗流

C. 地震时的地震作用力　D. 尾矿筑坝的工艺

(34) 大幅度、大面积降低浸润线可以达到（　　）。

A. 部分消除渗流的影响

B. 提高尾矿库中软弱矿泥层的强度

C. 提高尾矿库的边坡稳定性

D. 提高尾矿堆坝高度

（35）野外实施环境艰苦恶劣，雨量监测仪器应具有稳定可靠、寿命长、供电方式多样等特点，尤其是野外线路供电比较困难，可采用（　　）等供电方式，确保供电的稳定性。

　　　　A．太阳能　　　　　　　B．风力发电或者风电互补

　　　　C．蓄电池　　　　　　　D．双电源冗余供电系统

（36）对（　　）的渗流量，应分区、分段进行测量；所有集水和量水设施均应避免客水干扰；对排渗异常的部位应专门监测。

　　　　A．坝体　　　B．坝基　　　C．绕渗　　　D．导渗

（五）尾矿库回水设施

1. 判断题

（1）只要澄清距离足够长，在库内经过曝气自净后的澄清水一般均可直接回收，供选厂生产重复使用。（　　）

（2）人工净化就是尾矿浆排入尾矿库后，先在水面以上的沉积滩上流动，这个阶段曝气较充分，残存药剂气味大量挥发。（　　）

（3）如果有害物的含量超过有关标准又需大量外排时，须进行净化处理，使其水质达到国家和地方制定的污水排放标准。（　　）

（4）尾矿水中往往含有不止一种有害物质，对这些有害物质应尽可能选用综合的净化剂，在多级净化流程内完成综合净化。（　　）

（5）尾矿水中的有害成分来源于矿石中的元素和选矿过程加入的药剂。常见的有铜、铅、锌、硫、黄药、黑药、松油等，极少数选厂的尾矿水中还含有氰化物、砷、酚、汞等。（　　）

（6）尾矿库回水设施是补充选矿厂正常生产用水的重要设施；但并不是防止尾矿水污染环境的有效措施。（　　）

（7）尾矿库回水在选厂生产供水中仅占较小比重，不能作为主要水源。（　　）

（8）尾矿库回水率在使用初期受库区水文地质条件影响较小，随着尾矿的不断排入，渗透通道逐渐被尾矿淤塞，回水率可逐渐降低。（　）

（9）取水设备的选择，应留有一定的富裕能力或逐步增大取水能力。（　）

（10）对于库内取水囤船的系缆及固定件、取水缆车的提升固定装置，尤须经常检修。（　）

（11）正常情况下，生产管理应按设计规定的最大澄清距离控制水位，这样，既能确保干滩长度满足安全要求，又能加速沉积尾矿的固结。（　）

（12）当回水水质稍差，库内的干滩长度又没有余地，采用其他的方法费用较高时，可在非雨季节适当延长澄清距离来改善水质；一到雨季必须提前降低库水位，恢复防洪所需的干滩长度。但是必须经生产部门主管领导批准才能实施。（　）

2. 单项选择题

（1）库内尾矿澄清水的回水方式大多通过（　）或斜槽进入排水管，流至下游回水泵站，再扬送到高位水池，供选厂使用。

　　　A．溢流井　　　　　B．进水井　　　　　C．隧洞

（2）如果有合适的地形条件，可在库内水区旁边建立（　），不需经排水井和排水管，直接将澄清水扬送到高位水池。

　　　A．回水泵站　　　　B．固定回水泵站　　C．活动回水泵站

（3）（　）就是尾矿浆排入尾矿库后，先在水面以上的沉积滩上流动，这个阶段曝气较充分，残存药剂气味大量挥发，接着进入库内水域，细粒尾矿大量沉淀水质逐渐变清，最后澄清水由排水井溢出。

　　　A．工程净化　　　　B．自然净化　　　　C．人工净化

（4）尾矿水中往往含有不止一种有害物质，对这些有害物质应尽可

能选用单一的净化剂，在一级净化流程内完成综合净化。当不可能应用单一的净化剂完成综合净化时，则需采用几种净化剂（　）进行净化。

  A．多级   B．综合   C．分级

 （5）个别尾矿水中因含有某些选矿药剂，致使极细粒尾矿呈胶体（　）难以澄清。对此，可适当地添加凝聚剂聚沉。

  A．悬浮状态   B．固结状态   C．黏接状态

 （6）回水取水构筑物的形式对回水率及回水（　）有很大影响，一般来说设于坝内的取水构筑物回水率较高，回水量比较均匀且易得到保障。

  A．均衡性   B．澄清程度   C．可靠性

 （7）坝外固定式泵站取水，回水水量受库内排水构筑物（　）布置的影响，常产生波动。

  A．数量   B．排水孔   C．进水口

 （8）尾矿库回水（　）主要有固定式泵站、移动式泵站两大类型。

  A．进水构筑物 B．取水构筑物 C．输水构筑物

 （9）不论坝下的回水泵站，还是库内的取水趸船和缆车内的（　），都须由专人管理，确保正常运行。

  A．机械设备   B．电器设备   C．机电设备

 （10）改善回水水质的最简单办法是抬高库水位，延长澄清距离。但往往又与需确保（　）发生矛盾。遇到这种情况，生产管理应依据"生产必须服从安全"的原则，慎重对待处理。

  A．子坝安全稳定 B．安全干滩长度 C．库区水位控制

 （11）当生产实践表明设计规定的最小澄清距离偏小，回水水质确实难以满足使用要求，而干滩长度又有余地时，可经（　）批准，通过抬高水位以延长澄清距离来改善水质。

  A．班组领导   B．车间领导   C．主管领导

（12）当回水水质稍差，库内的干滩长度又没有余地，采用其他的方法费用较高时，可在非雨季节适当延长澄清距离来改善水质；一到雨季必须提前降低库水位，恢复防洪所需的干滩长度。但是必须经过技术论证取得（　　）同意，并经生产部门主管领导批准才能实施。

    A．设计部门　　　　B．勘察部门　　　　C．技术部门

3. 多项选择题

（1）可减少回水扬程，节省电力的泵站形式有（　　）等。

    A．缆车式取水泵站（又称斜坡道式取水泵站）

    B．囤船式取水泵站（又称浮船式取水泵站）

    C．地下式取水泵站

    D．地面简易取水泵站

（2）对浮选常用的黄药、松根油、2 号浮选油、各号黑药和油酸等有机药剂，可使用（　　）等进行净化。

    A．活性炭　　　　　B．铅锌矿粉
    C．石灰乳　　　　　D．漂白粉

（3）氰化物的净化一般可用（　　）和吸附等法进行。

    A．碱性氯化法

    B．硫酸亚铁-石灰法

    C．空气吹脱法（酸化曝气法）

    D．重力沉降法

（4）当回水水质很差，干滩长度又较难保证时，万万不可单纯为了改善水质，擅自抬高库水位；在这种情况下，势必要求寻求其他净化方案，如（　　）等措施来解决。

    A．另建沉淀池　　　　B．施加药剂
    C．加絮凝剂　　　　　D．减少排矿量

(5) 尾矿库回水设施的维护工作主要包括 （　　） 等事务。

　　A. 冬季防回水管冻裂

　　B. 防取水设施周围结冰

　　C. 定期检修取水趸船 （缆车） 的提升固定装置

　　D. 专人管理配置的机电设备

(6) 尾矿库回水水质控制要点，包括 （　　） 等。

　　A. 常态时按设计规定控制最小澄清距离

　　B. 回水水质难以满足使用要求，干滩长度有余地时经主管领导批准适当抬高库水位

　　C. 非雨季适当延长澄清距离但一到雨季立即降低库水位至设计位置

　　D. 加宽子坝坝顶宽度提高库水位 BC

（六）尾矿库常见病患及治理

1. 判断题

(1) 尾矿设施的建设投资，一般约占矿山建设总投资的 5%～10%；占选厂基建投资的 20% 左右，有些甚至与建厂投资相当。（　）

(2) 尾矿库从勘察、设计、施工到使用的全过程，所有环节有毛病，才可能导致尾矿库不能正常使用。（　）

(3) 排水构筑物出现断裂、气蚀、倒塌等病害不会是设计人员技术欠缺或经验不足所造成。（　）

(4) 初期坝施工中清基不彻底、坝体密实度不均、坝料不符合要求、反滤层铺设不当等，会造成坝体沉降不均、坝基或坝体漏矿、后期坝局部塌陷。（　）

(5) 操作中不均匀放矿，可避免沉积滩此起彼伏，局部坝段干滩过短。（　）

（6）未能有效地对勘察、设计、施工和操作进行必要的审查和监督，属于尾矿库安全管理中的技术问题。（　）

（7）由于矿石性质或选矿工艺流程变更，引起尾矿性质（粒度组成、粒径、密度、矿浆浓度等）的改变，而这种改变如果对坝体稳定和防洪不利时，自然会成为隐患。（　）

（8）有的尾砂由排水涵洞口随回水流走，时间一长，将导致后期坝的外坡面或在沉积滩面出现大大小小的坍陷坑洞，严重威胁坝体安全。（　）

（9）当矿浆淹没漏砂点不久就出现时，应加快放矿，找出漏砂点仔细处理好即可。（　）

（10）利用池内的水头减少内外的水头压差，控制漏砂的发展，是尾矿库漏砂治理措施中的贴坡反滤层方法。（　）

（11）让渗透水顺利流到坝外，而坝体的土粒受到反滤层的保护，是治理浸润线过高隐患使用的蓄水减渗法。（　）

（12）裂缝对水工混凝土建筑物的危害程度不一，严重的裂缝不仅危害建筑物的整体性和稳定性，而且还会产生大量的漏水，使坝体及其他水工建筑物的安全运行受到严重威胁。（　）

（13）渗漏会使建筑物内部产生较大的渗透压力和浮托力，甚至加速混凝土结构老化，缩短建筑物的使用寿命。（　）

（14）根据渗漏水的速度，渗漏又可分为慢渗、快渗、漏水和射流等4种，渗漏水量与渗径长度、静水压力、渗流截面积等3个因素没有关系。（　）

（15）水工混凝土产生剥蚀破坏是由于环境因素与混凝土及其内部的水化产物、砂石骨料、掺合料、外加剂、钢筋相互之间产生一系列机械的、物理的、化学的复杂作用，从而形成大于混凝土抵抗能力的破坏应力所致。（　）

（16）据统计资料，尾矿库因洪水漫坝而失事的比例占 30%～35%，居尾矿库事故类型的第二位。（　　）

（17）尾矿库出现洪水计算依据不充分，洪峰流量和洪水总量计算结果偏低问题，应用当地最新版本水文手册中的大流域或特大流域参数进行洪水计算及调洪演算。（　　）

（18）对因施工质量问题或运行中各种不利因素引起排洪设施损坏（如混凝土剥落、裂缝漏砂、砂石磨蚀、钢筋外露等）应及时进行修补、加固等处理。（　　）

（19）出现坝体浸润线过高，抗滑稳定性不足问题，生产上可增设排渗降水设施，如垂直水平排渗井、辐射排水井，降低库内水位，增加干滩长度。（　　）

（20）避免非法采掘引起地质灾害、导致尾矿库事故的办法有：采取有效措施杜绝尾矿库周边非法采掘。加强巡视，发现异常及时查明原因，采取措施，防止地质灾害发生。（　　）

2. 单项选择题

（1）对尾矿堆坝坝体及沉积滩的（　　）质量低劣，则导致稳定分析、排洪验算等结论的不可靠。

    A．筑坝材料　　　　　B．勘察　　　　　　　C．设计

（2）对库区、坝基、排洪管线等处的不良（　　）未能查明，就可能造成库内滑坡、坝体变形、坝基渗漏、排洪管涵断裂、排水井倒塌等病害。

    A．地质条件　　　　　B．水文条件　　　　　C．地貌条件

（3）排洪构筑物有蜂窝、麻面或强度不达标，当（　　）逐渐增大时，会造成掉块、漏筋、断裂甚至倒塌等病害。

    A．流量　　　　　　　B．压力　　　　　　　C．荷载

（4）放矿支管开启太少，容易造成沉积滩（　　），导致调洪库容

不足。

    A．坡度不均衡   B．坡度过陡   C．坡度过缓

（5）长期（　），致使矿浆顺坝流淌，冲刷子坝坡脚，且易造成细粒尾矿在坝前大量聚积，严重影响坝体稳定。

    A．固定放矿   B．独头放矿   C．单管放矿

（6）坝面维护不善，雨水冲刷（　），严重时会造成局部坝段滑坡。

    A．坝肩   B．拉沟   C．坝体

（7）长期对（　）不进行检查、维修，将导致堵塞、露筋、塌陷等隐患不能及时发现。

    A．排洪构筑物   B．进水构筑物   C．输水构筑物

（8）尾矿坝（　）措施：当坝坡或沉积滩面出现坍陷时，可用土工布袋装粗砂和碎石混合料堆放在塌陷坑内，让其自行下沉，最终自然堵塞漏矿点。

    A．滑坡治理   B．沉陷治理   C．漏砂治理

（9）漏砂面积较小者，在漏砂砂环的外围，用土（砂）袋围一个井，然后用级配符合一定要求的滤料分层铺压；也可用土工布或铜纱网代替砂石反滤层，上部覆盖砾石或碎石，围井内的水用导水管将水导出。此方法为（　）。

    A．反滤井法   B．蓄水减渗法   C．土工布防渗法

（10）特别是在地震区的尾矿坝，浸润线的深度要求达到（　）m以下。

    A．6~8   B．5~6   C．8~9

（11）尾矿设施裂缝按（　）不同，可分为表层裂缝、深层裂缝和贯穿裂缝。

    A．温度   B．深度   C．宽度

（12）按产生原因分，裂缝可分为温度裂缝、干缩裂缝、钢筋锈蚀

裂缝、超载裂缝、碱骨料反应裂缝、地基（　　）裂缝等。

      A．沉陷　　　　　　B．沉陷均衡　　　　　C．不均匀沉陷

（13）按照渗漏表现的（　　）可以分为点渗漏、线渗漏和面渗漏 3 种。线渗漏较为常见，发生率高。线渗漏又可分为病害裂缝渗漏和变形缝渗漏两种。

      A．化学形态　　　　B．物理形态　　　　　C．几何形状

（14）对于还处于发展中的裂缝，有可能（　　），不易堵塞，可采用弹性材料填塞、水溶性聚氨酯灌缝，也可以用环氧树脂粘贴橡皮。

      A．延长缝隙　　　　B．继续变形　　　　　C．停止发展

（15）坝体（　　）不合格，或坝体外坡过陡或坝体浸润线过高将引起坝坡出现裂缝、坍塌、滑坡等隐患，进而使坝体丧失稳定而发生溃坝事故。

      A．勘察质量　　　　B．施工质量　　　　　C．设计质量

（16）（　　）往往被忽视，它却能引起管涌、流土、跑浑、滑坡、塌坑、坝脚沼泽化等现象，进而造成溃坝。

      A．渗漏　　　　　　B．漏砂　　　　　　　C．渗流

（17）由于（　　）的原因，造成坝体的沉陷、塌坑、裂缝、滑坡，及排水涵管等排水构筑物的断裂而失事。

      A．工程地质　　　　B水文地质　　　　　C．勘察地质

（18）对因地基问题引起排洪设施倾斜、沉陷断裂和裂缝的，应及时进行加固处理，必要时，可（　　）排洪设施；对地基情况不明的，禁止盲目设计。

      A．改造　　　　　　B．扩建　　　　　　　C．新建

（19）生产上应在汛前通过（　　），采取加大排水能力等措施达到防洪要求，严禁子坝挡水。必要时，可增大尾矿子坝坝顶宽度，使其达到最高洪水位时能满足设计规定的最小安全滩长和安全超高要求。

A．泄洪计算　　　B．洪水计算　　　C．调洪演算

（20）避免在尾矿坝上和库内（　　），破坏坝体和排洪设施，一是严禁非法作业，二是及时巡视并修复尾矿库安全设施。

A．乱采滥挖　　　B．违规放矿　　　C．超速筑坝

3. 多项选择题

（1）国内尾矿库病害类型有：坝坡失稳滑坡，初期坝漏矿，坝面溃决，库内滑坡，尾矿坝渗水、管涌、流砂和（　　）。

A．坝面沼泽化　　　　B．洪水漫顶溃坝

C．排洪构筑物损坏　　D．地震液化

（2）由于生产管理不善、操作不当或外界环境因素干扰所造成的病害比较容易检查发现；而（　　）或其他原因造成的隐患，在使用初期不易显现出来，这些常被人忽视的隐患往往属于很难补救和治理的病害。

A．勘察　　B．评价　　C．设计　　D．施工

（3）设计质量低劣表现在基础资料不确切、（　　），或要求不切实际等方面。

A．库区选址留下隐患

B．设计方案及技术论证方法不当

C．不遵循设计规范

D．对库水位及浸润线深度的控制要求不明确

（4）每级子坝高度堆筑太高，将致使（　　），对坝体稳定十分不利。

A．坝前沉积厚层抗剪强度很低

B．尾矿固结的时间过短

C．渗透性极差的矿泥抬高坝体内浸润线

D．堆积坝外坡过陡

（5）新建尾矿库漏砂原因一般可分成（　　）几种情况。

A．因初期坝内坡面与坝基接触部位处理不严造成漏砂

B．由于初期坝内坡面的反滤层受到破坏而引起漏砂

C．由于坝基土产生渗透破坏而漏砂

D．由于浆砌石涵洞不密实或混凝土涵管产生裂缝而漏砂

（6）等别较高的尾矿坝一般不允许浸润线从坝坡溢出，为此，国内矿山一般采取降低坝体内浸润线的措施进行治理。具体方法有（　　）。

A．预埋盲沟排渗法

B．轻型井点管抽水排渗法

C．水平滤管-塑料插板联合排渗法

D．辐射井内水平滤管排渗法

（7）水工混凝土结构按照国家工程结构可靠度设计统一标准，必须满足（　　）和坚固性 4 项功能要求。

A．承载能力　　　　　　　B．正常使用

C．耐久性　　　　　　　　D．抗压性

（8）造成尾矿坝渗漏的原因主要有（　　）等方面。

A．裂缝　　　　　　　　　B．止水结构失效

C．管涌　　　　　　　　　D．混凝土施工质量差

（9）尾矿库事故主要可以归纳为（　　）等类型。

A．洪水及排水系统引起的事故

B．坝体及坝基失稳的事故

C．渗漏及排渗系统引起的事故

D．周边环境不利因素引起的事故

（10）坝体抗剪强度低，边坡过陡，抗滑稳定性不足。应采取的避免措施有（　　）。

A．上部削坡，下部压坡，放缓坡比

B．压坡加固

C．碎石桩、振冲等加固处理，提高坝体密度和抗剪强度

D．反滤层贴坡

（七）尾矿库安全检查

1. 判断题

（1）尾矿库安全检查的目的在于及时发现安全隐患，以便及时处理，避免隐患扩大，防患于未然。（　）

（2）尾矿库防洪安全检查要求库水位检查平时每月一次，汛期 3 日一次。（　）

（3）尾矿库防洪安全检查要求防洪能力检查每年进行一次，在每个汛期前一个月完成。（　）

（4）尾矿库排洪设施安全检查要求排水井每月进行一次，在排洪时设专人看管，防止漂浮物淤堵。（　）

（5）尾矿坝的坝面裂缝、滑坡等变形检查，要求每月进行一次，如果出现异常还应增加次数。（　）

（6）尾矿坝渗漏水水量及水质要求每季度检查一次。（　）

（7）尾矿库区安全检查要求对周边地质稳定性情况进行检查，每月进行一次。（　）

（8）进行尾矿库防洪安全检查应首先检查其防洪标准是否满足过去规定的防洪标准。（　）

（9）尾矿库水位检测，其测量误差应小于 20 mm。在遇有风浪时，更需准确测定其稳定水位，控制其衰减在规定范围内。（　）

（10）尾矿库滩顶高程检测时，当滩顶一端高一端低时，应在低标高段选较高处检测 1～3 个点，当滩顶高低相同时，应选较高处不少于 3 个点。（　）

（11）尾矿库滩顶高程检测时，各测点中最低点作为尾矿库滩顶标

高。（　）

（12）进行滩顶高程的测定，目的在于确定最低滩顶高程，这是检查尾矿库安全超高和安全滩长的基准参数。（　）

（13）测量断面应平行于坝轴线布置，在几个测量结果中，选最大者作为该尾矿库的沉积滩干滩长度。（　）

（14）尾矿库沉积干滩平均坡度，应按各测量断面的尾矿沉积干滩加权平均坡度平均计算。（　）

（15）尾矿库排洪设施基本上是属于排水类水工构筑物，为保证其功能有效，其稳定、结构强度和过水能力都应达到设计要求。（　）

（16）排洪构筑物安全检查的主要内容：构筑物有无变形、位移、损毁、淤堵，排水能力是否满足要求等。（　）

（17）排水井检查内容：井的内径、窗口尺寸及位置，井壁剥蚀、脱落、渗漏、最大裂缝开展宽度，井身倾斜度和变位，井、管联结部位，进水口水面漂浮物，停用井封盖方法等。（　）

（18）如发现排水井已在井身顶部封堵，则应立即采取补救措施，在井座顶部实行封堵。（　）

（19）无法入内检查的小断面排水管和排水斜槽也不能根据施工记录和过水畅通情况判定。（　）

（20）排水井常见的问题是结构裂缝、受损、基础沉陷错位、漏砂、淤堵等。（　）

（21）对溢洪道还应检查溢流坎顶高程、消力池及消力坎等。（　）

（22）排水斜槽、排水管涵常见的问题是边坡塌方淤堵、护砌破损等，应及时检查，妥善处理。（　）

（23）尾矿坝的水位监测包括库水位监测和浸润线监测；水位监测每月不少于1次，暴雨期间和水位异常波动时应增加监测次数。（　）

（24）尾矿坝实际坡度缓于设计坡比时，应进行稳定性复核，若稳

定性不足，则应采取措施。（　）

（25）检查坝体位移，要求坝的位移量变化应均衡，无突变现象，且应逐年减小。（　）

（26）检查坝体浸润线的位置，仅需查明坝面浸润线出逸点位置即可。（　）

（27）检查坝体排渗设施，应查明排渗设施是否完好、排渗效果及排水水质是否符合要求。（　）

（28）隐患治理要求核实尾矿库的最小安全超高、最小干滩长度、排洪设施、尾矿坝浸润线埋深、坝体外坡坡比、排渗设施等是否满足设计与《尾矿库安全监督管理规定》要求。（　）

（29）需要启动 I 级响应的尾矿库灾难事故；跨省级行政区、跨多个领域（行业和部门）的尾矿库事故；国务院领导同志有重要批示，社会影响较大的尾矿事故；需要国家安全生产监督管理总局组织处置的重大事故，适用于省级应急预案指导应急处置。（　）

（30）安全监管总局成立尾矿库事故应急工作领导小组，在国务院及国务院安委会统一领导下，负责统一指导、协调特别重大尾矿库事故灾难应急救援工作。国务院安委办具体承办有关工作。（　）

（31）特别重大事故现场应急救援指挥部由省级人民政府负责组织成立，总指挥由省级人民政府负责人担任。（　）

（32）尾矿库发生事故时，事故现场人员应立即将事故情况报告单位负责人，并按照有关应急预案立即开展现场自救、互救。（　）

2. 单项选择题

（1）尾矿库等别变化时应检查一次，属于防洪安全检查（　）的检查内容。

　　A．库水位检查　　　　　　B．防洪标准检查

C．干滩长度及坡顶测定

（2）尾矿库干滩长度及坡顶测定在（　）中要求平常时期每月一次，汛期每日一次或配置自动监测设施。

A．防洪安全检查　　　　B．排洪设施安全检查

C．库区安全检查

（3）尾矿库排洪设施安全检查中要求平时一个月检查一次，汛期增加到每天检查一次的设施是（　）。

A．排水斜槽　　　　B．排水涵管　　　C．截洪沟和溢洪道

（4）要求在平时每季度检查一次，在排洪时设专人看管，防止漂浮物淤堵的排洪设施是（　）。

A．排水斜槽　　　　B．排水隧洞　　　C．截洪沟

（5）尾矿坝的坝面裂缝、滑坡等变形检查要求（　）一次，出现异常时，还应增加次数。

A．2月　　　　　B．3月　　　　　C．1月

（6）尾矿坝的排水沟等保护设施，要求（　）检查一次。

A．1月　　　　　B．1季度　　　　C．1年

（7）尾矿库库区安全检查中要求每月进行一次检查的项目是（　）。

A．周边地质稳定性

B．违章作业及违章建筑

C．库区私挖滥采

（8）检查尾矿库设计的（　）首先是核实其是否符合《尾矿库安全监督管理规定》和《尾矿库安全技术规程》中的相关规定。

A．排洪设施　　　　B．坝坡坡度　　　C．防洪标准

（9）检查中发现尾矿库设计的防洪标准低于规程规定时，应重新进行（　）及调洪演算。

A．洪水计算　　　　B．泄洪流量　　　C．汇水计算

（10）当尾矿库防洪标准低于规定需重新进行洪水计算时，应用当地最新版本水文手册中（　　）参数进行洪水计算及调洪演算。

A．平均流域

B．小流域、特小流域

C．大流域、特大流域

（11）尾矿库滩顶高程的检测，应沿坝（滩）顶方向布置测点进行实测，其测量误差应小于（　　）mm。

A．40　　　　　　　　B．30　　　　　　　　C．20

（12）尾矿库滩顶高程的检测，每（　　）m 坝长选较低处检测 1～2 个点，但总数不少于 3 个点。

A．100　　　　　　　B．50　　　　　　　　C．70

（13）尾矿库干滩长度的测定，视坝长及水边线弯曲情况，选干滩长度（　　）布置 1～3 个断面。

A．较短处　　　　　B．最长处　　　　　C．平均处

（14）检查尾矿库沉积滩干滩的（　　）时，应视沉积干滩的平整情况，每 100 m 坝长布置不少于 1～3 个断面。

A．平均长度　　　　B．平均坡度　　　　C．沉积坡度

（15）尾矿库安全检查还需要确定库内水位、最低滩顶标高、沉积滩面坡度，再根据排洪设施的排水能力，进而进行（　　）。

A．汇水能力　　　　B．泄洪能力　　　　C．调洪演算

（16）调洪演算是尾矿库安全检查和安全现状评价中对尾矿库防洪能力复核的主要手段和主要内容，应认真对待，保证其（　　）的可靠性。

A．测算　　　　　　B．演算　　　　　　C．复核

（17）严禁在停用排水井井身顶部封堵，应按设计要求，在（　　）封堵。

A．井身底部　　　　B．井座顶部　　　　C．井身中部

(18)（　）检查内容：断面尺寸、槽身变形、损坏或坍塌，盖板放置、断裂，最大裂缝开展宽度，盖板之间以及盖板与槽壁之间的防漏充填物，漏砂，斜槽内淤堵等。

　　　　A．排水斜槽　　　　B．排水井　　　　C．排水隧洞

(19)（　）检查内容：断面尺寸、变形、破损、断裂和磨蚀，最大裂缝开展宽度，管间止水及充填物，涵管内淤堵等。

　　　　A．排水斜槽　　　　B．排水涵管　　　　C．排水井

(20)（　）检查内容：断面尺寸，洞内塌方，衬砌变形、破损、断裂、剥落和磨蚀，最大裂缝开展宽度，伸缩缝、止水及充填物，洞内淤堵及排水孔工况等。

　　　　A．排水涵管　　　　B．排水斜槽　　　　C．排水隧洞

(21) 当隧洞进口段出现水压过大有漏砂现象时，必须引起高度重视，应立即查明原因，妥善处理，必要时可进行（　）处理。

　　　　A．喷锚支护　　　　B．衬砌　　　　C．高压灌浆

(22)（　）检查内容：断面尺寸，沿线山坡滑坡、塌方，护砌变形、破损、断裂和磨蚀，沟内淤堵等。

　　　　A．排水隧洞　　　　B．溢洪道、截洪沟　　　　C．排水斜槽

(23) 尾矿坝的位移监测可采用视准线法和前方交汇法，尾矿坝的位移监测每年不少于（　），位移异常变化时应增加监测次数。

　　　　A．2 次　　　　B．4 次　　　　C．6 次

(24) 检测坝的外坡坡比。每 100 m 坝长不少于 2 处，应选在（　）断面和坝坡较陡断面。

　　　　A．最大坝高　　　　B．最小坝高　　　　C．平均坝高

(25) 坝体出现滑坡时，应查明滑坡位置、范围和形态以及滑坡的（　）。

　　　　A．动态趋势　　　　B．危害程度　　　　C．影响

（26）检查坝体渗漏，应查明有无渗漏出逸点，出逸点的位置、形态、流量及（　　）等。

　　　　A．浑浊程度　　　　B．含砂量　　　　C．出水量

（27）检查（　　）：检查坝肩截水沟和坝坡排水沟断面尺寸，沿线山坡稳定性，护砌变形、破损、断裂和磨蚀，沟内淤堵等；检查坝坡土石覆盖保护层实施情况。

　　　　A．坝体稳定程度　　B．坝坡安全程度　　C．坝面保护设施

（28）当尾矿坝（　　）陡于设计时，应进行稳定复核；当出现异常时，应及时查明原因，妥善处理。

　　　　A．外坡坡比　　　　B．内坡坡比　　　　C．子坝坡比

（29）尾矿库事故灾难现场应急处置的领导和指挥以（　　）为主，发生事故的单位是事故应急救援的第一响应者，地方各级人民政府根据信息报告，按照分级响应的原则及时启动相应的应急预案。国务院有关部门指导、协助做好救援工作，协调调动社会资源参与救援。

　　　　A．省安监局　　　　B．地方人民政府　　C．地方安监局

（30）生产经营单位按照《尾矿库安全监督管理规定》和《尾矿库安全技术规程》，定期对尾矿库进行（　　），完善应急预案和管理制度，建立尾矿库档案，并将有关材料根据尾矿库的等别，报送省或市级安全生产监督管理部门和环境保护部门备案。

　　　　A．安全整改　　　　B．安全评价　　　　C．安全检查

（31）尾矿库坝体出现管涌、流土等现象，威胁坝体安全时；尾矿库坝体出现严重裂缝、坍塌和滑动迹象，有垮坝危险时；尾矿库库内水位超过限制最高洪水水位，有洪水漫顶危险时；在用排水井倒塌或者排水管坍塌堵塞，丧失或者降低排洪能力时，（　　）要立即报告当地安全生产监督管理部门和人民政府，并启动应急预案，进行应急救援，防止险情扩大，避免人员伤亡。

    A．尾矿库车间班组

    B．尾矿库操作人员

    C．生产经营单位

（32）地方人民政府和有关部门接到事故报告后，应当按照规定逐级上报，并应当在（　　）内报告至省（区、市）人民政府，紧急情况下可越级上报。

    A．4小时　　　　　B．1小时　　　　　C．2小时

3. 多项选择题

（1）尾矿库安全检查分为（　　　）4级。

    A．日常安全检查（含日常巡视）　　　　B．定期安全检查

    C．特殊安全检查　　　　　　　　　　　D．安全评价

（2）尾矿库防洪安全检查中，要求在汛期进行每日一次密集型检查的项目有（　　　）。

    A．防洪标准检查　　　　B．库水位检查

    C．滩顶高程测定　　　　D．防洪能力复核

（3）尾矿库排洪设施要求每季度检查一次的设施包括（　　　　）。

    A．排水井　　　　　　　B．排水斜槽

    C．排水涵管　　　　　　D．排水隧洞

（4）尾矿坝安全检查中要求（　　　）设施每月检查一次，出现异常应增加检查次数或设置自动监测设施。

    A．位移　　　B．浸润线　　　C．排渗设施　　　D．外坡比

（5）尾矿库库水位检查的检测方法有（　　　）。

    A．查阅现场近期实测记录

    B．库内水位标尺记录

    C．根据排水设施关键部位的标高进行推算

D．用水准仪实测

（6）检查尾矿库沉积滩干滩的平均坡度时，应视沉积干滩的平整情况，每100 m 坝长布置不少于1~3 个断面，并要求测量时做到（   ）。

A．测量断面应垂直于坝轴线布置

B．测点应尽量在各变坡点处进行布置

C．测点间距不大于 10~20 m（干滩长者取大值）

D．测点高程测量误差应小于 5 mm

（7）尾矿库安全检查需要确定（   ），再根据排洪设施的排水能力，进而进行调洪演算，确定最高洪水位及相应的安全超高和安全滩长是否满足设计要求。

A．库内水位　　　　　B．防洪标准

C．最低滩顶标高　　　D．沉积滩面坡度

（8）钢筋混凝土排水井常见的问题是（   ）等，应及时进行加固处理，必要时增建新设施。

A．裂缝　　　　　　　B．井身倾斜

C．"豆腐渣"工程　　　D．封井方式不得当

（9）排水斜槽、排水涵管常见的问题是（   ）、漏砂、淤堵等。应及时进行加固、清淤等。

A．结构裂缝　　　　　B．受损

C．衬砌剥落　　　　　D．基础沉陷错位

（10）排水隧洞常见的问题是（   ）等，应及时加强砌护，疏通排水孔等。

A．洞内塌方　　　　　B．衬砌剥落和磨蚀

C．排水孔失效　　　　D．结构裂缝

（11）尾矿坝安全检查内容包括坝的轮廓尺寸，（   ），坝面保护等。

A．变形　　B．裂缝　　C．滑坡　　D．渗漏

（12）检查坝体位移，要求坝的位移量（　　）。当位移量变化出现突变或有增大趋势时，应查明原因，妥善处理。

A．变化缓慢　　　　B．变化均衡

C．无突变现象　　　D．逐年减小

（13）检查坝体有无纵、横向裂缝。坝体出现裂缝时，应查明裂缝的（　　）、形态和成因，判定危害程度，妥善处理。

A．长度　　B．宽度　　C．深度　　D．走向

（14）尾矿库库区安全检查主要内容包括（　　）等情况。

A．周边山体稳定性　　B．违章建筑

C．违章施工　　　　　D．违章采选作业

（15）尾矿库隐患治理要求，对存在危害尾矿库安全的（　　）等隐患进行整改。

A．违规设计　　　　B．超量储存

C．违规勘察　　　　D．超能力生产

（16）矿山企业应在企业应急救援体系中专门设立尾矿库应急救援指挥系统、针对尾矿库事故的特点（　　）等。

A．成立专业救援组织和队伍

B．储备应急物质和器材

C．编制尾矿库应急救援预案

D．组织尾矿库专项应急救援演练

（八）尾矿库安全生产管理

1．判断题

（1）矿山企业应在以人为本、风险控制、持续改进原则基础上，结合本企业的安全生产条件基础，确立具有本企业特色、能够被全体员工认同的企业安全生产方针。（　　）

（2）有效提升企业所有员工安全生产意识的核心要务，就是全面、及时、规范地宣贯国家安全生产法律、法规、规章和技术规范、标准。（　）

（3）企业的安全生产规章制度及执行体系，与国家法律法规、技术规范和标准关联度一般。（　）

（4）在企业的主要危险作业场所均能够有安全管理岗位及称职的安全管理人员值守。（　）

（5）企业生产事故处理不用单独设立机构及管理制度，只要能按照程序规定上报事故即可。（　）

（6）尾矿库病害的治理和抢险工作不属于安全管理范畴。（　）

（7）尾矿库安全管理制度建设，必须结合本矿山及尾矿库的实际情况进行，切忌照抄照搬其他尾矿库的管理模式。（　）

（8）排除库内蓄水或大幅度降低库水位时，应注意控制流量，紧急情况下不宜骤降。（　）

（9）雨季时雨水对尾矿坝体的浸透饱和，易造成坝体的垮塌滑坡。（　）

（10）库区干滩面的平缓，使库区调洪、蓄洪能力变小，发生洪水时，易漫过坝顶，因此必须保证尾矿库排洪系统的安全畅通（　）

（11）所有员工有责任和义务参与矿山及尾矿库的防洪抢险工作，接到命令后必须立即赶到事故现场参与抢险。（　）

（12）尾矿坝坡面上的排水沟要进行经常性的清理疏通，让雨水顺利流出排水沟。（　）

（13）当现场不具备现场抢险的条件和可能危及人员的安全时，应及时组织人员撤退。（　）

（14）现场救护的一般原则是：先救命后救伤，沉着、冷静、迅速地优先紧急处理危重伤病人。（　）

（15）搬运伤病员之前，应将病人的骨折及创伤部位予以相应处理，保留离断的肢体或器官，如断肢、断指等。（　）

（16）在实行心脏按压救护前，应迅速将伤者身上妨碍呼吸的衣领、上衣、腰带等解开，并迅速取出伤者口中妨碍呼吸的食物、血块、黏液等，以免堵塞呼吸道。（　）

（17）迅速将溺水者营救出水，立即清理其口、鼻内的淤泥、杂草及呕吐物。对开口困难者，可先按捏两侧颊肌，然后再用力开启。为了保持呼吸通畅，不能将伤员的舌头拉出口外。（　）

（18）在搬运车祸伤员时，要特别注意防止颈椎错位和脊椎损伤。从车内搬动、移出重伤员时，应在地面上提前放置颈托（现场可用硬纸板、硬橡皮或厚的帆布等做成简易颈托）。（　）

（19）在运送伤员的过程中，一般应将伤员采用仰卧位平放在担架或者木板上。不要使伤员采用半卧位、半坐位和歪侧卧位，以免加重伤势。（　）

（20）在绑扎止血带后，要立即进行伤口内蛇毒的清除以及全身蛇毒的中和治疗。现场可用肥皂水和清水清洗伤口及其周围的皮肤，再用温水或 0.02% 的高锰酸钾溶液反复冲洗伤口，洗去黏附在身体上的蛇毒液。（　）

（21）搬运和转送高处坠落伤员过程中，颈部和躯干不能前屈或扭转，应使伤员脊柱伸直。为抢时间可以一人抬腿、一人抬肩或抬头。（　）

（22）对冻伤人员中的体弱年老病人多用较快的速度复温：将病人放入 38～42℃ 温水中，口鼻要露在水面外，一直到指（趾）甲床潮红为止。（　）

（23）尾矿库后期堆积坝作业既是生产运行行为，也是坝体建设不断延续的过程，随着坝体不断升高的同时其安全风险程度也在逐步降低，需要在堆积过程中不间断地质勘察、技术论证和工程设计等支撑系统的

运行。（　　）

（24）企业上下全体负责人要形成自觉将自己管理尾矿库工作的一切资料及时整理归档的氛围，档案室负责人也要积极主动地咨询和督促资料归档。（　　）

2. 单项选择题

（1）尾矿库从业员工应清楚自身的任何不安全行为都是对某条安全法规条款的违背，都将受到何种性质和程度的处罚。强化安全法制观念，自觉摈弃"三违"行为，努力做到（　　）！

    A．"本质安全"　　　B．"三不伤害"　　　C．"四不放过"

（2）企业从法人岗位一直到后勤服务的临时工岗位，从安全生产专职管理机构到生产、技术、财务、供应等所有的管理机构，都应编制有可监督、可量化考核的（　　）条款。

    A．安全生产责任制　　B．安全管理职责　　C．安全考核指标

（3）作业现场的安全标志、安全色、（　　）等应符合相关规范要求。

    A．安全距离　　　　　B．安全通道　　　　C．安全防护设施

（4）健全企业的安全生产管理绩效考核体系，完善从企业法人代表到基层普通员工的（　　）制度，切实保障企业每一个员工的安全生产管理业绩得到考评，并依据考评结果获得鼓励和鞭策。

    A．安全奖惩　　　　　B．安全考核　　　　C．安全培训

（5）编制尾矿库安全工作、年度计划和长远规划，并组织实施。属于尾矿库安全管理（　　）部门的职责。

    A．企业管理机构　　　B．车间班组　　　　C．尾矿工。

（6）严格按要求做好尾矿输送、浓缩、分级、尾矿排放、筑坝、防洪排洪、坝体位移和浸润线的观测记录等各项工作，属于（　　）的职责。

A．尾矿库安全员　　B．尾矿工　C．尾矿坝巡视人员

（7）深入现场检查，督促巡管、巡坝人员对坝首执行 24 h 监控，对存在的不安全因素，提出整改措施和处理意见，属于（　）的职责。

A．尾矿坝巡视人员　B．尾矿工　　　　C．尾矿库安全员

（8）在尾矿坝运行过程中如需增设或更新（　），应经技术论证，并经企业安全管理部门批准。

A．防洪设施　　　　B．排渗设施　　　C．排水设施

（9）库区上部的（　）在大暴雨时，易随着洪水流到尾矿库排洪明渠进口端，从而堵住排洪明渠，致使洪水进入库区。

A．雨水　　　　　　B．废弃渣石　　　C．洪水

（10）应定期检查排洪明渠和排洪斜槽等排洪构筑物，确保安全畅通无阻，特别是（　），在汛期之前必须将沟内杂物清除干净，并将薄弱地段进行加固处理。

A．截洪沟　　　　　B．排水斜槽　　　C．排水井

（11）撤离灾区时，必须保持清醒的头脑，情绪镇定，做到临危不乱，并坚定（　）的信念。

A．应急处置　　　　B．抗灾　　　　　C．逃生

（12）撤退前，要根据灾害事故的性质和具体情况，确定正确的撤退路线。要尽量选择安全条件好、（　）的行动路线。

A．距离危险远　　　B．可靠性高　　　C．距离短

（13）现场救护时，对呼吸、心力衰竭或心跳停止的病人，应清理（　），立即进行人工呼吸或胸外心脏按压。

A．口腔杂物　　　　B．呼吸道　　　　C．身体杂物

（14）现场抢救的方法很多，但主要是人工呼吸法和（　）。

A．胸外按压法　　　B．担架固定法　　　C．脱离危险法

（15）如果触电者伤势较重，已失去知觉，但心脏跳动和呼吸还存

在，应使触电者舒适、安静地平卧，严禁将触电者（　）。

　　　　A．留置地面　　　　B．抬离地面　　　　C．身体俯卧

（16）做胸外心脏按压时，掌根用力垂直向下朝脊背方向按压，压挤心脏里面的血液，对成年人应压陷 3～4 cm，以每分钟按压（　）为宜。

　　　　A．70 次　　　　　B．60 次　　　　　C．50 次

（17）一旦伤者呼吸和心脏跳动都停止了，应及时进行口对口人工呼吸和胸外心脏按压，每次吹 2～3 次，再按压 10～15 次，吹气和按压的速度都应（　）。

　　　　A．快速提高　　　　B．平均提高　　　　C．慢慢提高

（18）人体触电以后，可能由于痉挛或失去知觉等原因而（　）带电体，不能自己摆脱电源。此时，抢救触电者的首要步骤就是使触电者尽快脱离电源。

　　　　A．紧抓　　　　　　B．靠近　　　　　　C．缠绕

（19）抢救溺水人员，倒水时可以抱起伤员的腰腹部，使其（　），或抱起伤员的双腿，将其腹部放在抢救者的肩膀上，快步奔跑。或者将伤员的腹部放在半跪着的抢救者的腿上，使伤员头部下垂，用手按压其背部。

　　　　A．背朝上、头朝下　B．背朝下、头朝上　C．曲体

（20）在抢救被毒蛇咬伤人员的过程中，要力求减少蛇毒的吸收，应尽快在伤口上方或超过一个关节的地方（　）。

　　　　A．进行挤压　　　　　B．进行毒液抽放　　　C．绑扎止血带

（21）生产经营单位应当建立尾矿库（　）和日常管理档案，特别是隐蔽工程档案、安全检查档案和隐患排查治理档案，并长期保存。

　　　　A．建设档案　　　　B．工程档案　　　　C．技术档案

（22）尾矿库（　）资料包括：开工批准文件、征地资料、工程施工记录、隐蔽工程的验收记录。

A．档案　　　　　B．施工　　　　　C．建设

（23）尾矿库工程的特点是：（　）即是进入续建工程施工期，如筑坝工作是利用排放出的尾矿材料自身进行堆筑，而且是边生产边筑坝的。

A．进入设计期　　　B．工程开工期　　　C．投入运行期

（24）企业应该制订档案管理办法，对资料归档、档案入库、（　）管理、档案借阅等都要有明确的考核办法。

A．档案目录　　　　B．档案保存　　　　C．档案检索

3．多项选择题

（1）企业的安委会（或安全领导小组）、安全管理部门机构以及下属的安全生产管理网络，应通过企业正式的文件形式予以确认和公示，并应明确其职责，还要（　　），确保所有员工了解。

A．吸收员工代表　　　　B．及时安排传达

C．培训提升能力　　　　D．定期开展活动

（2）要求每一个岗位均编制有可操作的作业指导书，作业指导书应简明扼要、步骤清楚、完整和（　　）。

A．危险源辨识全面

B．关键步骤确定准确

C．安全措施齐全

D．工艺流程安全

（3）企业应有安全教育培训计划目标和考核，确保年度的安全教育培训工作规范有序；（　　）必须持证作业，并按期参加复训。

A．企业员工　　　　　B．企业法人

C．安全生产管理人员　　　D．特种作业岗位人员

（4）在尾矿库投入运行之前，尾矿库的（　　）等工作是确保尾矿库安全运行的基础。

A．工程地质   B．水文地质勘察

C．尾矿库设计   D．初期坝及排洪构筑物的施工与监理

(5) 尾矿库投入运行以后，企业的（   ）等工作是确保尾矿库安全运行的关键。

A．技术管理   B．生产操作与维护

C．安全检查与监督   D．人员培训与教育

(6) 灾害事故发生后，受灾人员及波及人员应沉着冷静，认真分析和判断灾情，对灾害可能（   ）作出判断。

A．波及范围   B．危害程度

C．现场条件   D．发展趋势

(7) 人员受伤现场救护的应急程序一般为（   ）。

A．立即发出急救信号，并报告值班人员

B．尽快与120急救中心或医院联系，必要时马上出动救护车

C．单位应急小组人员（含医生）立即赶到人员受伤现场

D．检查伤员受伤情况，并采取必要的救护和有针对性的急救措施。

(8) 有（   ）属危重病人。

A．呼吸浅快、极度缓慢、不规则或停止者

B．心率或心律显著过速、过缓，心律不规则或心跳停止者

C．平躺不能起身者

D．瞳孔散大或缩小，两侧不等大，对光反射迟钝或消失者

(9) 口对口人工呼吸法的操作步骤主要有（   ）。

A．救护人员深吸一口气后，紧贴伤者的口鼻向内吹气。

B．吹气完毕立即离开伤者的口鼻，并松开伤者的鼻孔或嘴唇，让伤者自己呼气，时间为3 s

    C. 如发现伤者胃部充气鼓胀，可一面用手轻轻加压于其腹部，一面继续吹气换气

    D. 如果无法使伤者张开嘴，可改用口对鼻人工呼吸法

（10）对于低压触电事故，可采用（   ）方法使触电者尽快脱离电源。

    A. 立即拉下开关或拔出插销，断开电源

    B. 用有绝缘柄的电工钳或有干燥木柄的斧头切断电线，或用干木板等插入触电者身下隔断电流

    C. 用干燥衣服、手套、绳索、木板、木棒等绝缘物拉开触电者或拉开电线

    D. 等待医生救护

（11）尾矿库档案要求保存的设计资料：包括不同设计阶段的有关（   ）等。

    A. 设计文件   B. 详勘报告

    C. 图纸   D. 有关审批文件

（12）尾矿库运行期要求保存的资料包括（   ）。

    A. 尾矿坝筑坝资料   B. 排水构筑物资料

    C. 安全综合治理资料   D. 其他资料

题库答案

第一部分 必知必会试题

1. 判断题

(1) √　(2) ×　(3) ×　(4) √

2. 单选题

(1) A　(2) C　(3) A　(4) C

第二部分 应知应会试题

一、综合部分试题

1. 判断题

(1) √	(5) ×	(9) ×
(2) ×	(6) √	(10) √
(3) ×	(7) √	(11) ×
(4) √	(8) ×	(12) √

(13) √

(14) ×

(15) ×

(16) √

(17) ×

(18) √

(19) ×

(20) ×

(21) ×

(22) √

(23) √

(24) ×

(25) ×

(26) √

(27) √

(28) √

(29) √

(30) ×

(31) ×

(32) √

(33) √

(34) √

(35) ×

(36) ×

(37) ×

(38) ×

(39) √

(40) ×

2. 单项选择题

(1) C

(2) B

(3) A

(4) C

(5) C

(6) B

(7) A

(8) B

(9) A

(10) C

(11) B

(12) A

(13) B

(14) C

(15) B

(16) C

(17) B

(18) A

(19) B

(20) C

(21) B

(22) B

(23) A

(24) C

(25) A

(26) C

(27) B

(28) C

(29) C

(30) A

(31) B

(32) B

(33) C

(34) A

(35) A

(36) B

(37) C

(38) C

(39) A

(40) B

3. 多项选择题

(1) ABCD
(2) AC
(3) BCD
(4) ACD
(5) ABD
(6) ABC
(7) ABD

(8) ABCD
(9) ACD
(10) ABCD
(11) ABCD
(12) BCD
(13) ACD
(14) BD

(15) ABCD
(16) ABC
(17) ABCD
(18) ACD
(19) ABCD
(20) ABCD

二、专业部分试题

（一）尾矿库基本概念及基础知识

1. 判断题

(1) ×
(2) √
(3) √
(4) ×
(5) ×
(6) ×
(7) √
(8) ×
(9) ×
(10) √
(11) ×
(12) √

(13) √
(14) ×
(15) √
(16) √
(17) ×
(18) ×
(19) √
(20) ×
(21) ×
(22) √
(23) ×
(24) √

(25) ×
(26) ×
(27) √
(28) ×
(29) ×
(30) √
(31) √
(32) ×
(33) ×
(34) ×
(35) √
(36) ×

(37) √	(48) √	(59) √
(38) ×	(49) ×	(60) ×
(39) ×	(50) ×	(61) √
(40) √	(51) √	(62) ×
(41) ×	(52) √	(63) √
(42) √	(53) ×	(64) ×
(43) ×	(54) √	(65) √
(44) ×	(55) ×	(66) ×
(45) √	(56) ×	(67) √
(46) √	(57) ×	(68) √
(47) ×	(58) √	

2. 单项选择题

(1) B	(14) C	(27) B
(2) A	(15) B	(28) A
(3) C	(16) B	(29) A
(4) B	(17) A	(30) C
(5) C	(18) A	(31) B
(6) C	(19) C	(32) B
(7) A	(20) B	(33) C
(8) B	(21) C	(34) C
(9) C	(22) B	(35) B
(10) B	(23) A	(36) A
(11) A	(24) A	(37) A
(12) A	(25) C	(38) C
(13) B	(26) B	(39) A

(40) C	(50) B	(60) B
(41) C	(51) A	(61) C
(42) A	(52) B	(62) A
(43) B	(53) C	(63) B
(44) B	(54) B	(64) B
(45) C	(55) A	(65) A
(46) B	(56) A	(66) C
(47) B	(57) B	(67) B
(48) A	(58) C	(68) A
(49) C	(59) C	

3. 多项选择题

(1) ABCD	(13) ABCD	(25) AD
(2) BCD	(14) ABC	(26) ABCD
(3) ACD	(15) AD	(27) ABCD
(4) ABD	(16) BC	(28) ACD
(5) ABC	(17) ABC	(29) BCD
(6) ABCD	(18) ABD	(30) ABC
(7) ABCD	(19) AC	(31) CD
(8) ABC	(20) ABCD	(32) ABCD
(9) BC	(21) ABCD	(33) ABCD
(10) ACD	(22) ABD	(34) ABCD
(11) BCD	(23) BCD	
(12) AB	(24) ABCD	

（二）尾矿浓缩与输送

1. 判断题

(1) √   (8) ×   (15) ×

(2) ×   (9) ×   (16) ×

(3) ×   (10) √   (17) ×

(4) √   (11) √   (18) √

(5) ×   (12) √   (19) ×

(6) √   (13) ×   (20) √

(7) ×   (14) √

2. 单项选择题

(1) C   (8) A   (15) A

(2) A   (9) B   (16) C

(3) B   (10) B   (17) B

(4) B   (11) A   (18) A

(5) A   (12) C   (19) C

(6) C   (13) B   (20) B

(7) C   (14) A

3. 多项选择题

(1) ABC   (5) ABC   (9) BCD

(2) ABCD   (6) ABCD   (10) ABCD

(3) BCD   (7) ABD

(4) ACD   (8) ABC

（三）尾矿库放矿与筑坝

1. 判断题

(1) ×   (4) ×   (7) ×

(2) √   (5) √   (8) √

(3) ×   (6) ×   (9) √

(10) ×   (18) ×   (26) ✓
(11) ✓   (19) ×   (27) ✓
(12) ×   (20) ×   (28) ×
(13) ×   (21) ×   (29) ×
(14) ✓   (22) ✓   (30) ×
(15) ✓   (23) ×   (31) ×
(16) ✓   (24) ×   (32) ✓
(17) ✓   (25) ×

2. 单项选择题

(1) B   (12) A   (23) B
(2) A   (13) B   (24) B
(3) C   (14) B   (25) A
(4) A   (15) C   (26) A
(5) B   (16) C   (27) B
(6) C   (17) A   (28) C
(7) C   (18) B   (29) B
(8) A   (19) B   (30) A
(9) A   (20) C   (31) A
(10) C   (21) A
(11) B   (22) C

3. 多项选择题

(1) ABC   (5) ABC   (9) BCD
(2) ABCD   (6) ABC   (10) BC
(3) BCD   (7) ABCD   (11) AD
(4) ACD   (8) ABCD   (12) AC

(13) ABC   (15) ABD

(14) ABC   (16) ABD

（四）尾矿库防洪与排渗

1. 判断题

(1) √	(22) ×	(43) √
(2) √	(23) √	(44) ×
(3) ×	(24) √	(45) √
(4) ×	(25) ×	(46) √
(5) √	(26) √	(47) ×
(6) ×	(27) √	(48) ×
(7) √	(28) ×	(49) ×
(8) ×	(29) ×	(50) √
(9) √	(30) ×	(51) ×
(10) √	(31) √	(52) √
(11) ×	(32) √	(53) ×
(12) √	(33) ×	(54) √
(13) √	(34) ×	(55) ×
(14) ×	(35) √	(56) √
(15) ×	(36) √	(57) √
(16) ×	(37) √	(58) ×
(17) √	(38) ×	(59) ×
(18) ×	(39) ×	(60) √
(19) √	(40) ×	(61) √
(20) ×	(41) ×	(62) ×
(21) √	(42) √	(63) √

(64) ✕	(67) ✓	(70) ✓
(65) ✕	(68) ✕	(71) ✓
(66) ✕	(69) ✕	(72) ✓

2. 单项选择题

(1) A	(22) C	(43) A
(2) B	(23) B	(44) B
(3) C	(24) A	(45) C
(4) C	(25) B	(46) A
(5) B	(26) C	(47) A
(6) A	(27) A	(48) C
(7) A	(28) C	(49) B
(8) B	(29) B	(50) B
(9) B	(30) C	(51) C
(10) A	(31) A	(52) A
(11) A	(32) A	(53) C
(12) C	(33) B	(54) A
(13) A	(34) B	(55) B
(14) C	(35) B	(56) C
(15) C	(36) A	(57) C
(16) A	(37) A	(58) B
(17) B	(38) C	(59) A
(18) B	(39) C	(60) A
(19) C	(40) B	(61) B
(20) B	(41) A	(62) B
(21) A	(42) B	(63) A

(64) C   (67) A   (70) A

(65) C   (68) B   (71) A

(66) A   (69) B   (72) C

3. 多项选择题

(1) BCD   (13) ABD   (25) ACD

(2) ACD   (14) BCD   (26) ABCD

(3) CD   (15) ABC   (27) BCD

(4) ABC   (16) ACD   (28) ABCD

(5) BCD   (17) ABCD   (29) ABD

(6) ACD   (18) ABD   (30) ABCD

(7) ACD   (19) AD   (31) BD

(8) ABC   (20) BCD   (32) ACD

(9) AB   (21) ABC   (33) ABC

(10) ABD   (22) ABC   (34) ABCD

(11) ABC   (23) BCD   (35) ABD

(12) ABC   (24) ABCD   (36) ABCD

（五）尾矿库回水设施

1. 判断题

(1) √   (5) √   (9) √

(2) ×   (6) ×   (10) √

(3) √   (7) ×   (11) ×

(4) ×   (8) ×   (12) ×

2. 单项选择题

(1) A   (3) B   (5) A

(2) C   (4) C   (6) A

(7) B

(9) C

(11) C

(8) B

(10) B

(12) A

3. 多项选择题

(1) ABD

(3) ABC

(5) ABCD

(2) ABCD

(4) AB

(6) ABC

（六）尾矿库常见病患及治理

1. 判断题

(1) √

(8) √

(15) √

(2) ×

(9) ×

(16) ×

(3) ×

(10) ×

(17) ×

(4) √

(11) ×

(18) √

(5) ×

(12) √

(19) √

(6) ×

(13) √

(20) √

(7) √

(14) ×

2. 单项选择题

(1) B

(8) C

(15) B

(2) A

(9) A

(16) A

(3) C

(10) A

(17) A

(4) C

(11) B

(18) C

(5) B

(12) C

(19) C

(6) B

(13) C

(20) C

(7) A

(14) B

3. 多项选择题

(1) ABCD

(3) BCD

(5) ABCD

(2) ACD

(4) AC

(6) ABCD

(7) ABC   (9) ABD

(8) ABD   (10) ABC

（七）尾矿库安全检查

1. 判断题

(1) √   (12) √   (23) √

(2) ×   (13) ×   (24) ×

(3) ×   (14) √   (25) √

(4) √   (15) ×   (26) ×

(5) √   (16) √   (27) √

(6) ×   (17) √   (28) ×

(7) ×   (18) √   (29) ×

(8) ×   (19) ×   (30) ×

(9) √   (20) ×   (31) √

(10) ×   (21) √   (32) √

(11) √   (22) ×

2. 单项选择题

(1) B   (10) B   (19) B

(2) A   (11) C   (20) C

(3) C   (12) A   (21) C

(4) A   (13) A   (22) B

(5) C   (14) B   (23) B

(6) B   (15) C   (24) A

(7) B   (16) C   (25) A

(8) C   (17) B   (26) B

(9) A   (18) A   (27) C

(28) A   (30) B   (32) C

(29) B   (31) C

3. 多项选择题

(1) ABCD   (7) ACD   (13) ABCD

(2) BC   (8) ABCD   (14) ABCD

(3) BCD   (9) ABD   (15) ABD

(4) ABC   (10) ABC   (16) ABCD

(5) ABCD   (11) ABCD

(6) ABCD   (12) BCD

（八）尾矿库安全生产管理

1. 判断题

(1) √   (9) ×   (17) ×

(2) √   (10) √   (18) √

(3) ×   (11) √   (19) √

(4) ×   (12) ×   (20) √

(5) ×   (13) √   (21) ×

(6) ×   (14) √   (22) ×

(7) √   (15) √   (23) ×

(8) ×   (16) ×   (24) √

2. 单项选择题

(1) B   (6) B   (11) C

(2) A   (7) C   (12) C

(3) C   (8) B   (13) B

(4) A   (9) B   (14) A

(5) A   (10) A   (15) B

(16) B   (19) A   (22) B
(17) C   (20) C   (23) C
(18) A   (21) B   (24) A

3. 多项选择题

(1) ACD   (5) ABC   (9) ABCD
(2) ABC   (6) ABCD   (10) ABC
(3) BCD   (7) ABCD   (11) ACD
(4) ABCD   (8) ABD   (12) ABCD

参考文献

[1] 国家安监总局. 特种作业人员安全技术培训大纲和考核标准. 内部资料, 2011.

[2] 四川省安全生产条例释义编委会. 四川省安全生产条例释义[M]. 成都：四川科学技术出版社, 2007.

[3] 全国特种作业人员安全技术培训考核统编教材编委会编. 尾矿工[M]. 北京：气象出版社, 2002.

[4] 金有生. 尾矿库建设、生产运行、闭库与再利用、安全检查与评价、病案治理及安全监督管理实务全书[M]. 北京：中国煤炭出版社, 2005.

[5] 田文旗, 薛剑光. 尾矿库安全技术与管理[M]. 北京：煤炭工业出版社, 2006.

[6] 国家安全生产监督管理总局宣传教育中心. 尾矿作业[M]. 北京：团结出版社, 2010.

[7] 周汉民. 尾矿库建设与安全管理技术[M]. 北京：化学工业出版社, 2011.